电机与拖动基础

高红亮　嵇海旭　裴小娜　主编

吉林科学技术出版社

图书在版编目（CIP）数据

电机与拖动基础 / 高红亮，嵇海旭，裴小娜主编
. -- 长春：吉林科学技术出版社，2019.5
ISBN 978-7-5578-5485-0

Ⅰ．①电… Ⅱ．①高… ②嵇… ③裴… Ⅲ．①电机②电力传动 Ⅳ．① TM3② TM921

中国版本图书馆 CIP 数据核字（2019）第 106160 号

电机与拖动基础

主　　编	高红亮　嵇海旭　裴小娜
出 版 人	李　梁
责任编辑	王明明
封面设计	晟　熙
制　　版	王　朋
开　　本	16
字　　数	350 千字
印　　张	16
版　　次	2019 年 5 月第 1 版
印　　次	2019 年 5 月第 1 次印刷
出　　版	吉林出版集团 吉林科学技术出版社
发　　行	吉林科学技术出版社
地　　址	长春市人民大街 4646 号
邮　　编	130021
电　　话	0431—86142870
网　　址	www.jlstp.net
印　　刷	北京市迪鑫印刷厂
书　　号	ISBN 978-7-5578-5485-0
定　　价	49.00 元

版权所有　翻版必究

前 言

随着我国高等教育规模的不断扩大，高等教育由精英教育逐步向大众教育方向转变。教育对象的特点发生了较大的变化，应用型人才的培养已经成为一批院校的培养目标。为了更好地适应当前我国高等教育跨越式发展的需要，满足社会对高校应用型人才培养的需求，全面提高应用型人才培养的质量，编写适应应用型人才培养需要的专业教材，有其积极的作用和使用价值。

"电机与拖动基础"是自动化专业领域内各专业方向的一门重要的专业基础课。为适应应用型人才培养需要，专业理论课的学时数大幅缩减，课程内容与学时之间的矛盾更显突出，这就要求课程的教材在篇幅上作必要精简、在内容上作必要调整。目前适用于应用型人才培养的本门课程的教材较少，大部分国家级教材面向普通高等院校，这类教材对于培养应用型人才院校来说，起点较高、难度较大、内容较多，难以适应教学需要。

本书正是出于上述考虑而编写的。根据应用型人才培养目标和教学要求，基本理论够用即可，重点突出基础理论的实际应用。在本书的编写过程中，编者对相关内容做了删减与调整，比如对于电机原理部分，遵循"少而精"的原则，适当删减部分理论性强又较为抽象的内容，增强教学内容的针对性和实用性；对于拖动基础部分，重点突出电动机的机械特性以及启动、调速和制动的原理及特点。

在本书编写过程中，我们在以下三方面进行了积极探索：

1. 紧扣培养目标。根据教育部颁发的专业培养目标及本课程最新教学指导方案、相应工种的国家职业技能鉴定标准编写。本教材教学目标明确（基本知识教学目标、基本能力教学目标、思想教育目标），体现了"以全面素质为基础，以能力为本位"的职教课程改革指导思想。编写的内容、设计的习题、安排的实验，便于学生"想一想、查一查、写一写、动一动、练一练"，引导学生观察、实践、合作交流以及体验、感悟和反思，拓展学生的学习时间和空间，使学生能够运用所学知识对电机应用中的实际问题进行深层次的思索，增强了教材的实用性、开放性。

2. 删减以往教材中过多的理论推导及复杂的计算等深层次的理论内容，重视基础知识的传授。使用了较多的电机结构图、实验接线图、技术数据和图表等，图文并茂、通俗易懂，使学生自己能够阅读并初步运用这些资料，使教学形象、直观，又有利于培养提高学生的逻辑思维能力，同时也为今后继续学习及解决实际问题奠定基础。

由于编写水平有限，错误和疏漏之处在所难免，希望各位专家、读者批评指正。

目 录

第一章 直流电机 ... 1
- 第一节 直流电机的工作原理 ... 1
- 第二节 直流电机的主要结构及用途 ... 4
- 第三节 直流电机的电枢绕组 ... 9
- 第四节 直流电机的励磁方式与磁场 ... 15
- 第五节 直流电机的感应电动势、电磁转矩与电磁功率 ... 21
- 第六节 直流电机的基本方程式和功率流程图 ... 23
- 第七节 直流电动机的工作特性 ... 26
- 第八节 直流电机的换向 ... 29
- 习 题 ... 34

第二章 直流电动机的电力拖动 ... 35
- 第一节 直流电动机的起动 ... 35
- 第二节 直流电动机的调速 ... 38
- 第三节 直流电动机的反转和制动 ... 42
- 第四节 直流电动机的使用、维护及常见故障的处理方法 ... 46
- 习 题 ... 51

第三章 变压器的工作原理和基本结构 ... 53
- 第一节 变压器的基本工作原理 ... 53
- 第二节 变压器的分类 ... 55
- 第三节 变压器的基本结构 ... 55
- 第四节 变压器的铭牌 ... 63
- 习 题 ... 64

第四章 三相异步电动机的基本结构和工作原理 ... 66
- 第一节 异步电动机的用途和分类 ... 66

第二节	异步电动机的基本结构	67
第三节	三相交流绕组	71
第四节	三相旋转磁动势	77
第五节	异步电动机的工作原理	81
第六节	异步电动机的铭牌	83
习　题		87

第五章　交流电机电枢绕组的电动势与磁动势 89

第一节	交流电机电枢绕组	89
第二节	交流电机电枢绕组的电动势	95
第三节	交流电机电枢单相绕组产生的磁动势	99
第四节	三相电枢绕组产生的磁动势	103
习　题		104

第六章　异步电动机的电力拖动 106

第一节	异步电动机的起动概述	106
第二节	鼠笼式异步电动机的起动	107
第三节	绕线式异步电动机的起动	113
第四节	深槽式和双鼠笼式异步电动机	117
第五节	异步电动机的调速	119
第六节	异步电动机的反转与制动	128
第七节	异步电动机的使用、维护及常见故障处理方法	132
习　题		138

第七章　三相感应异步电动机与电力拖动 140

第一节	三相感应异步电动机	140
第二节	三相异步电动机的电力拖动	147
习　题		158

第八章　同步电机 160

| 第一节 | 同步电机的工作原理和结构 | 160 |
| 第二节 | 同步发电机 | 165 |

第三节　同步电动机 …………………………………………………………… 167
　　第四节　同步电动机的调相运行及同步调相机 ……………………………… 173
　　习　题 …………………………………………………………………………… 176

第九章　电动机的选择 …………………………………………………………… 178
　　第一节　电动机的发热和冷却 ………………………………………………… 179
　　第二节　电动机的工作制 ……………………………………………………… 180
　　第三节　电动机类型、电压和转速的选择 …………………………………… 181
　　第四节　电动机额定功率的选择 ……………………………………………… 184
　　习　题 …………………………………………………………………………… 186

第十章　微特电机与控制电机 …………………………………………………… 187
　　第一节　单相异步电动机 ……………………………………………………… 187
　　第二节　伺服电动机 …………………………………………………………… 192
　　第三节　微型同步电动机 ……………………………………………………… 201
　　第四节　步进电动机 …………………………………………………………… 205
　　第五节　旋转变压器 …………………………………………………………… 213
　　第六节　自整角机 ……………………………………………………………… 216
　　第七节　测速发电机 …………………………………………………………… 219
　　第八节　无刷直流电动机 ……………………………………………………… 224
　　第九节　开关磁阻电动机 ……………………………………………………… 226
　　第十节　交流伺服电动机实验 ………………………………………………… 230
　　习　题 …………………………………………………………………………… 234

参考文献 ……………………………………………………………………………… 236

第一章 直流电机

 导读

　　直流电动机是将直流电能转换成机械能带动机械负载运转。由于直流电机具有调速范围广，易于平滑调节，过载、启动、制动转矩大，调速时的能量损耗较小，易于控制，可靠性高等优点，所以在电气传动系统中，尤其是对启动及调速性能要求较高的生产机械，一般都用直流电动机进行拖动。直流电动机广泛应用在轧钢机、电车、电气铁道牵引、造纸及纺织等行业。

　　直流发电机与直流电动机原理正好可逆，即将机械能转换成直流电能对外部负载供电。它主要作为直流电动机、电解、电镀、电冶炼、充电及交流发电机的励磁等所需的直流电机。虽然在需要直流电的地方，也用电力整流元件，把交流电变成直流电，但从使用方便、运行的可靠性及某些工作性能方面来看，交流电整流还不能与直流发电机相比。

学习目标

1. 掌握直流电机的基本结构与工作原理
2. 理解直流电枢绕组的基本概念
3. 了解直流电机励磁方式的分类
4. 理解直流电机型号、额定值的含义

第一节　直流电机的工作原理

一、直流电动机的工作原理

　　如图 1-1 所示是一台直流电机的最简单模型。N 和 S 是一对固定的磁极，可以是电磁铁，也可以是永久磁铁。磁极之间有一个可以转动的铁质圆柱体，称为电枢铁芯。铁芯表面固定一个用绝缘导体构成的电枢线圈，线圈的两端分别接到相互绝缘的两个半圆形铜片（换向片）上，它们组合在一起称为换向器。在每个半圆铜片上又分别放置一个固定不动

而与之滑动接触的电刷 A 和 B，线圈通过换向器和电刷接通外电路。

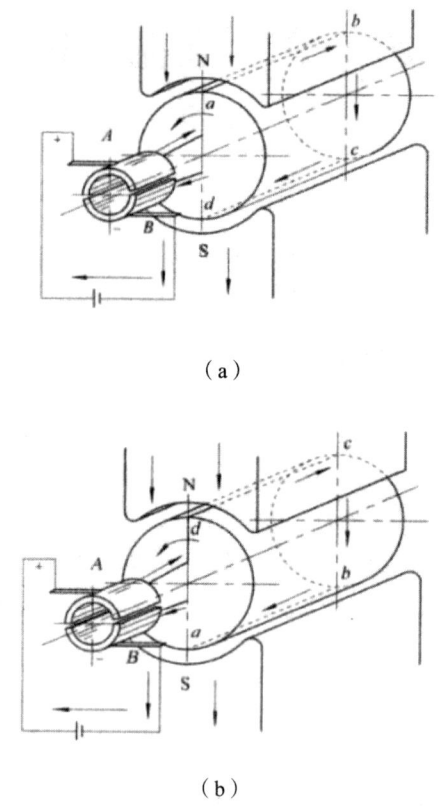

图1-1 直流电机的最简单模型

将外部直流电源加于电刷 A（正极）和 B（负极）上，则线圈中流过电流，在导体 ab 中，电流由 指向，在导体 中，电流由 指向。导体 和 分别处于 N、S 极磁场中，受到电磁力的作用。用左手定则可知导体 ab 和 cd 均受到电磁力的作用，且形成的转矩方向一致，这个转矩称为电磁转矩，为逆时针方向。这样，电枢就顺着逆时针方向旋转，如图 1-1（a）所示。当电枢旋转 180°，导体 转到 N 极下， 转到 S 极下，如图 1-1（b）所示，由于电流仍从电刷 A 流入，使 其中的电流变为由 流向，而 中的电流由 流向，从电刷 B 流出，用左手定则判别可知，电磁转矩的方向仍是逆时针方向。

由此可见，加于直流电动机的直流电源，借助于换向器和电刷的作用，使直流电动机电枢线圈中流过的电流，方向是交变的，从而使电枢产生的电磁转矩的方向恒定不变，确保直流电动机朝确定的方向连续旋转。这就是直流电动机的基本工作原理。

实际的直流电动机，电枢圆周上均匀地嵌放许多线圈。相应的换向器由许多换向片组成，使电枢线圈所产生的总的电磁转矩足够大并且比较均匀，电动机的转速也就比较均匀。

二、直流发电机的工作原理

直流发电机的模型与直流电动机模型相同，不同的是用原动机（如汽轮机等）拖动电枢朝某一方向（例如逆时针方向）旋转，如图1-2（a）所示。这时导体ab和cd分别切割N极S极下的磁力线，感应产生电动势，电动势的方向用右手定则确定。由此可知，导体中ab电动势的方向由b指向a，导体中电动势的方向由d指向c，在一个串联回路中是相互叠加的，形成电刷A为电源正极，电刷B为电源负极。电枢转过180°后，导体cd与导体ab交换位置，但电刷的正负极性不变，如图1-2（b）所示。可见，同直流电动机一样，直流发电机电枢线圈中的感应电动势的方向也是交变的，而通过换向器和电刷的整流作用，在电刷A、B上输出的电动势是极性不变的直流电动势。在电刷A、B之间接上负载，发电机就能向负载供给直流电能。这就是直流发电机的基本工作原理。

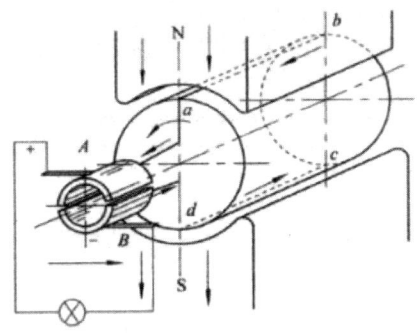

（a）逆时针旋转

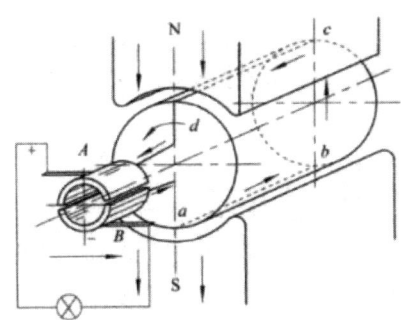

（b）电枢转过180°

图1-2 直流发电机的最简单模型

从以上分析可以看出：一台直流电机原则上可以作为电动机运行，也可以作为发电机运行，取决于外界不同的条件。将直流电源加于电刷，输入电能，电机将电能转换为机械能，拖动生产机械旋转，作为电动机运行；如用原动机拖动直流电机的电枢旋转，输入机械能，电机将机械能转换为直流电能，从电刷上引出直流电动势，作为发电机运行。同一台电机，既能作为电动机运行，又能作为发电机运行的原理，称为电机的可逆原理。

第二节　直流电机的主要结构及用途

一、直流电机的基本结构

从电机的基本工作原理可知，电机的磁极和电枢之间必须有相对运动，因此，任何电机都由固定不动的定子和旋转的转子两部分组成，这两部分之间的间隙叫空气隙。图1-3是一台小型直流电机的纵向剖视图。

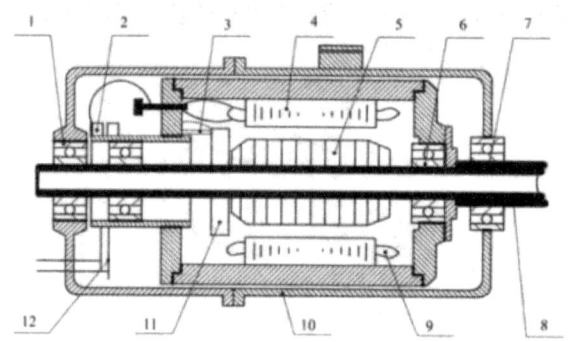

1—转子轴承；2—滑环；3—换向器电刷；4—磁系统；5—电枢；6—磁系统轴承；7—外轴；8—内轴；9—磁绕组；10—壳体；11—换向器；12—滑环电刷

图1-3　小型直流电机的纵向剖视图

1. 定子

定子的作用是产生磁场和作为电机机械支撑。它由主磁极、换向磁极、电刷、机座、端盖和轴承等组成。

（1）主磁极——产生主磁通

主磁极的作用是建立主磁场。绝大多数直流电机的主磁极不是用永久磁铁而是由励磁绕组通以直流电流来建立磁场。主磁极由主磁极铁芯和套装在铁芯上的励磁绕组构成。主磁极铁芯靠近转子一端的扩大的部分称为极靴，它的作用是使气隙磁阻减小，改善主磁极磁场分布，并使励磁绕组容易固定。为了减少转子转动时由于齿槽移动引起的铁耗，主磁极铁芯采用1～1.5mm的低碳钢板冲压一定形状叠装固定而成。主磁极上装有励磁绕组，整个主磁极用螺杆固定在机座上。主磁极的个数一定是偶数，励磁绕组的连接必须使得相邻主磁极的极性按N、S极交替出现。改变励磁电流的方向，就可改变主磁极极性，也就改变了磁场方向。

（2）换向磁极——产生附加磁场

换向磁极的作用是产生附加磁场，改善电机的换向，减小电刷与换向器之间的火花，不致使换向器烧坏。

在两个相邻的主磁极之间中性面内有一个小磁极，这就是换向磁极。它的构造与主磁极相似，它的励磁绕组与主磁极的励磁绕组串联。

主磁极中性面内的磁感应强度本应为零值，但是，由于电枢电流通过电枢绕组时所产生的电枢磁场，使主磁极中性面的磁感应强度不能为零值。于是使转到中性面内进行电流换向的绕组产生感应电动势，使得电刷与换向器之间产生较大的火花。

用换向磁极的附加磁场来抵消电枢磁场，使主磁极中性面内的磁感应强度接近于零，这样就改善了电枢绕组的电流换向条件，减小了电刷与换向器之间的火花。

（3）电刷装置

电刷装置主要由用碳——石墨制成导电块的电刷、加压弹簧和刷盒等组成。固定在机座上（小容量电机装在端盖上）不动的电刷，借助于加压弹簧的压力和旋转的换向器保持滑动接触，使电枢绕组与外电路接通。

电刷数一般等于主磁极数，各同极性的电刷经软线汇在一起，再引到接线盒内的接线板上，作为电枢绕组的引出端。

（4）机座

直流电机的机座既是磁的通路又起固定作用，因此要求机座既要导磁性好和足够的导磁面积，又要有足够的机械强度和刚度。机座中作为磁通通路的部分称为磁轭。机座一般用厚钢板弯成筒形以后焊成，或者用铸钢件（小型机座用铸铁件）制成。机座的两端装有端盖。机座上的接线盒有励磁绕组和电枢绕组的接线端，用来对外接线。

（5）端盖

端盖由铸铁制成，用螺钉固定在底座的两端，端盖装在机座两端并通过端盖中的轴承支撑转子，将定转子连为一体。同时端盖对电机内部还起防护作用。

2. 转子

转子又称电枢，是电机的旋转部分。它由电枢铁芯、绕组、换向器等组成。

（1）电枢铁芯

电枢铁芯既是主磁路的组成部分，又是电枢绕组支撑部分；电枢绕组就嵌放在电枢铁芯的槽内。为减少电枢铁芯内的涡流损耗，铁芯一般用厚 0.5mm 的两面涂有绝缘漆的硅钢片叠压而成。小型电机的电枢铁芯冲片直接压装在轴上，大型电机的电枢铁芯冲片先压装在转子支架上，然后再将支架固定在轴上。为改善通风，冲片可沿轴向分成几段，以构成径向通风道。

（2）电枢绕组

电枢绕组由一定数目的电枢线圈按一定的规律连接组成，它是直流电机的电路部分，也是感生电动势，产生电磁转矩进行机电能量转换的部分。线圈用绝缘的圆形或矩形截面的导线绕成，分上下两层嵌放在电枢铁芯槽内，上下层以及线圈与电枢铁芯之间都要妥善地绝缘，并用槽楔压紧。大型电机电枢绕组的端部通常紧扎在绕组支架上，如图1-4所示。

（3）换向器

在直流发电机中，换向器起整流作用；在直流电动机中，换向器起逆变作用，因此换向器是直流电机的关键部件之一。换向器由许多具有鸽尾形的换向片排成一个圆筒，其间用云母片绝缘，两端再用两个V形环夹紧而构成，如图，1-5（a）所示。每个电枢线圈首端和尾端的引线，分别焊入相应换向片的升高片内。小型电机常用塑料换向器，如图1-5（b）这种换向器用换向片排成圆筒，再用塑料通过热压制成。

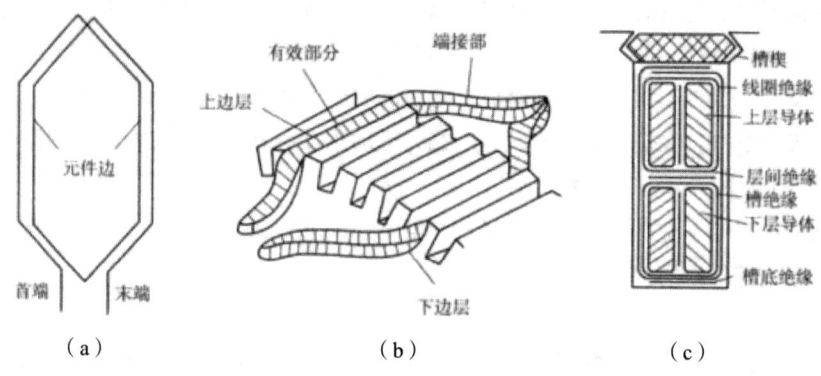

图1-4 电枢绕组的元件及其在槽中的嵌放

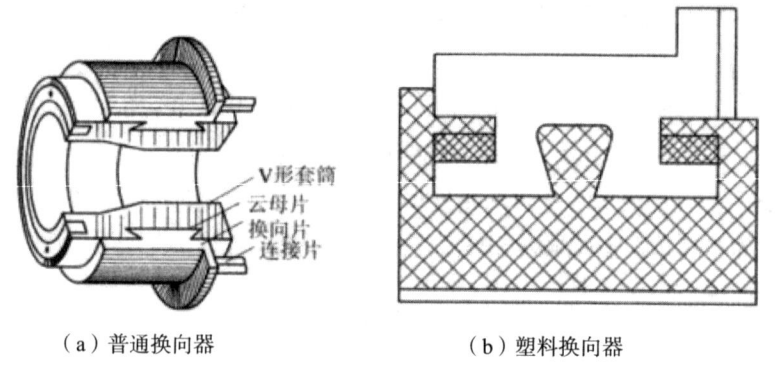

（a）普通换向器　　　　　（b）塑料换向器

图1-5 换向器结构

二、直流电机的额定数据

为了使电机安全而有效地运行，制造厂对电机的工作条件都有技术规定。按照规定的工作条件进行运行的状态叫作额定工作状态。电机在额定工作时的各种技术数据叫作额定值。这些额定值都列在电机的铭牌上，使用电机前，应熟悉铭牌。使用中的实际值，一般不应超过铭牌所规定的额定值。直流电机的额定值有以下几项：

①型号。型号表示电机的类别，例如：Z2——12，Z：直流；2：设计序号；1：铁芯

长度；2：机座号。

②额定电流 I_N。这是指发电机长期运行时电枢输出给负载的允许电流，对于电动机则是指电源输入到电动机的允许电流，单位为 A。

③额定电压 U_N。这是指发电机输出的允许端电压，对于电动机则指输入到电动机端钮上的允许电压，单位为 V。

④额定转速 n_N。这是指电机在额定工作状态时，应达到的转速，单位为 r/min。

⑤额定功率（额定容量）P_N。对于发电机来说，这是指在额定电压下，输出额定电流时，向负载提供的电功率为：

$$P_N = U_N \cdot I_N$$

对于电动机来说，则是指在额定电压、额定电流和额定转速下，电动机轴上输出的机械功率为：

$$P_N = U_N \cdot I_N \cdot \eta_N$$

⑥额定效率 η_N。额定功率与输入功率之比，称为电机的额定效率，即 $\eta_N =$（额定功率/输入功率）× 100%。

在实际运行中，如果电机的电流小于额定电流，则称为欠载或轻载；如果电流大于额定电流，则称为过载或超载；如果电流恰好等于额定电流，则称为满载运行。长期过载会使电机过热，降低电机的使用寿命，甚至损坏电机。长期轻载不仅使电机的设备容量得不到充分利用，而且会降低电机的效率。

三、直流电机的用途与分类

1. 直流电机的用途

直流电动机应用广泛，使用最广的就是直流电动工具。直流电动工具是一种运用小容量直流电动机或电磁铁，通过传动机构驱动工作头的手持式或可移式的机械化工具，世界上第一台直流电动工具是 1894 年制造的电钻。1900 年制造出三相工频电钻，由三相异步电动机驱动。1913 年生产出首批由单相串激电机驱动的交、直流两用电钻。20 世纪 80 年代后，随着世界经济的发展，电动工具技术得到迅速发展。到 21 世纪初，世界电动工具的品种发展到近千个，年产量超过 1 亿台。电动工具结构轻巧，携带方便。它比手工工具可提高劳动生产率几倍到几十倍，比传统的风动工具效率高、费用低（无需空压机）、震动和噪声小、易于自动控制。因此，电动工具逐步取代手工工具，已广泛应用于机械、建筑、机电、冶金设备安装、桥梁架设、住宅装修，农牧业生产以及医疗卫生等各个方面，并且广为个体劳动者及家庭使用，是一种量大面广的机械化工具，发展前景十分广阔。在发电厂里，同步发电机的励磁机、蓄电池的充电机等，都是直流发电机；锅炉给粉机的原动机是直流电动机。此外，在许多工业部门，例如大型轧钢设备、大型精密机床、矿井卷扬机、市内电车及电缆设备要求严格线速度一致的地方等，通常都采用直流电动机作为原动机来拖动工作机械，直流发电机通常是作为直流电源，向负载输出电能；直流电动机则是作为原动机带动各种生产机械工作，向负载输出机械能，在控制系统中，直流电机还有其他的用途，例如测速电机、伺服电机等。虽然直流发电机和直流电动机的用途各不相同，但是它们的结构基本一样，都是利用电和磁的相互作用来实现机械能与电能的相互转换。直流电机的最大弱点就是有电流的换向问题，消耗有色金属较多，成本高，运行中的维护检修也比较麻烦。因此，电机制造业中正在努力改善交流电动机的调速性能，并且大量代替直流电动机，近年来在利用可控硅整流装置代替直流发电机方面，也已经取得了很大进展。

由于直流电动机具有良好的启动和调速性能，常应用于对启动和调速有较高要求的场合，如大型可逆式轧钢机、矿井卷扬机、宾馆高速电梯、龙门刨床、电力机车、内燃机车、城市电车、地铁列车、电动自行车、造纸和印刷机械、船舶机械、大型精密机床和大型起重机等生产机械中。

直流发电机主要用做各种直流电源，如直流电动机电源、化学工业中所需的低电压大电流的直流电源及直流电焊机电源等。

2. 直流电机的分类

直流电动机的分类根据划分依据不同，其分类也不同。按结果主要分为直流电动机和直流发电机；按类型主要分为直流有刷电机和直流无刷电机。

直流电机的励磁方式是指对励磁绕组如何供电、产生励磁磁通势而建立主磁场的问题。根据励磁方式的不同，直流电机可以分为：他励直流电机、并励直流电机、串励直流电机和复励直流电机。不同励磁方式的直流电机有着不同的特性，

一般情况直流电动机的主要励磁方式是并励式、串励式和复励式，直流发电机的主要励磁方式是他励式、并励式和复励式。

我国目前生产的直流电机主要有以下系列：

- Z2 系列。该系列为一般用途的小型直流电机系列。Z：表示直流，2：表示第二次改进设计。系列容量为 0.4～200 kW，电动机电压为 110 V 和 220 V，发电机电压为 115 V 和 230 V，属防护式。

- ZF 和 ZD 系列。这两个系列为一般用途的中型直流电机系列。F：表示发电机，D：表示电动机。系列容量为 55～1 450 kW。

- ZZJ 系列。该系列为起重、冶金用直流电机系列。电压有 220 V 和 440 V 两种。工作方式有连续、短时和断续三种，ZZJ 系列电机启动快速，过载能力大。

此外，还有 ZQ 直流牵引电动机系列及用于易爆场合的 ZA 防爆安全型直流电机系列等。常见电机产品系列见表 1-1 所列。

表 1-1 最小属性表

代号	含义
Z2	一般用途的中、小型直流电机，包括发电机和电动机
Z、ZF	一般用途的大、中型直流电机系列。Z 是直流电动机系列；ZF 是直流发电机系列

「续表」

代号	含义
ZZJ	专供起重冶金工业用的专用直流电动机
ZT	用于恒功率且调速范围比较大的驱动系统里的一款调速直流电动机
ZQ	电力机车、工矿电机车和蓄电池供电电车用的直流牵引电动机
ZH	船舶上各种辅助机械用的船用直流电动机
ZU	用于龙门刨床的直流电动机
ZA	用于矿井和有易爆气体场所的防爆安全型直流电动机
ZKJ	冶金、矿山挖掘机用的直流电动机

第三节　直流电机的电枢绕组

电枢绕组是直流电机的电路部分，也是实现机电能量转换的枢纽。电枢绕组的构成，应能够产生足够的感应电动势，并允许通过一定的电枢电流，从而产生所需的电磁转矩和电磁功率。此外，还要节省有色金属和绝缘材料，且结构简单，运行可靠。

一、直流电枢绕组的基本概念

直流电机电枢绕组按其绕组元件和换向器的连接方式不同，可以分为叠绕组（单叠绕组和复叠绕组）、波绕组（单波绕组和复波绕组）和混合绕组（又称蛙形绕组）。其基本形式是单叠和单波。

1. 元件

构成绕组的线圈称为绕组元件，分单匝和多匝两种。电枢绕组元件由绝缘漆包铜线绕制而成，每个元件有两个嵌放在电枢槽内、能与磁场作用产生转矩或电动势的有效边，称为元件边。元件的槽外部分亦即元件边以外的部分称为端接部分，为便于嵌线，每个元件的一边嵌放在某一槽的上层，称为上层边，画图时以实线表示；另一边则嵌放在另一槽的下层，称为下层边，画图时以虚线表示。每个元件有两个出线端，称为首端和末端，均与换向片相连，如图 1-6 所示。每一个元件有两个边，每片换向片又总是接一个元件的上层边和另一个元件的下层边，所以元件数 S 总等于换向片数既而每个电枢槽分上下两层嵌放两个元件边，所以元件数 S 又等于槽数 Z，即 $S=K=Z$。

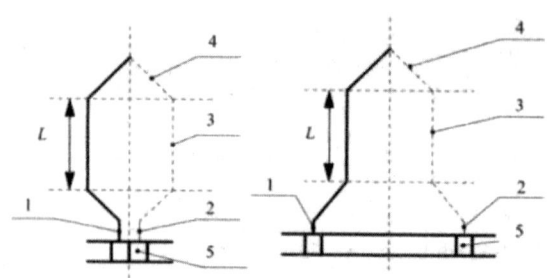

1—首端；2—末端；3—元件边；4—端接部分；5—换向片

图1-6 单叠绕组和单波绕组

2. 节距

节距是用来表征电枢绕组元件本身和元件之间连接规律的数据。直流电机电枢绕组的节距有第一节距 y_1、第二节距 y_2、合成节距 y 和换向器节距 y_k 4种，如图1-7所示。

（1）第一节距 y_1

同一元件的两个边在电枢圆周上所跨的距离，用槽数来表示，称为第一节距 y_1。一个磁极在电枢圆周上所跨的距离称为极距 τ，当用槽数表示时，极距的表达式为：

$$\tau = \frac{Z}{2p}$$

式中，p 为磁极对数，Z 为电枢的总槽数。

为使每个元件的感应电动势最大，第一节距 y_1 应等于一个极距 τ，但往往不一定是整数，而 y_1 只能是整数，因此，一般取第一节距为：

$$y_1 = \frac{Z}{2p} \pm \varepsilon$$

式中，ε 为用以凑成整数的一个小于1的数。把 $\varepsilon = 0$，$y_1 = \tau$ 的元件称为整距元件，由整距元件构成的绕组就称为整距绕组；$y_1 < \tau$ 的元件称为短距元件，相对应的绕组就称为短距绕组；$y_1 > \tau$ 的元件，称为长距元件，相对应的绕组称为长距绕组。由于长距绕组的电磁效果与短距绕组相似，但端接部分较长，耗铜较多，因此一般不采用。

（2）第二节距 y_2

第一个元件的下层边与直接相连的第二个元件的上层边之间在电枢圆周上的距离，用槽数表示，称为第二节距 y_2，如图1-7所示。

（3）合成节距 y

直接相连的两个元件的对应边在电枢圆周上的距离，用槽数表示，称为合成节距 y，如图1-7所示。

（4）换向器节距 y_k

每个元件的首、末两端所连接的两片换向片在换向器圆周上所跨的距离，用换向片数表示，称为换向器节距 y_k。由图1-7可见，换向器节距 y_k 与合成节距 y 总是相等的，即

$$y_k = y \tag{1-1}$$

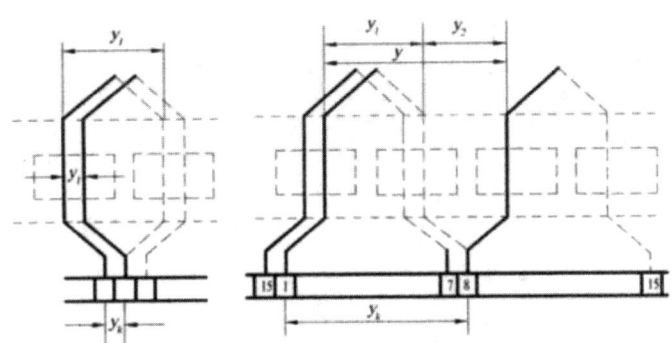

图1-7 电枢绕组节距

二、单叠绕组

后一元件的端接部分紧叠在前一元件的端接部分上，这种绕组称为叠绕组。当叠绕组的换向器节距时称为单叠绕组，如图1-7所示。

1. 单叠绕组的连接规律

【例1-1】有一台直流电机，槽数 Z、元件数 S、换向片数 K 为 $Z = S = K = 16$，极对数 $p = 2$，现要接成单叠绕组。

解：第一节距

$$y_1 = \frac{Z}{2p} \pm \varepsilon = \frac{16}{2 \times 2} \pm 0 = 4$$

所以是整距绕组。

换向器节距 y_k 和合成节距 y

$$y_k = y = 1$$

第二节距 y_2，由图1-7可见，对于单叠绕组

$$y_2 = y_1 - y = 4 - 3 = 1$$

假想把电枢从某一齿的中间沿轴向切开展成平面，所得绕组连接图称为绕组展开图，如图1-8所示。

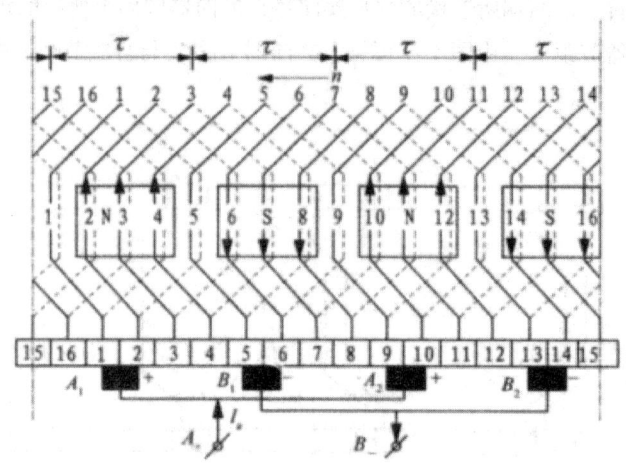

图1-8 单叠绕组展开图

绘制直流电机单叠绕组展开图的步骤如下：

①画16根等长等距的平行实线代表16个槽的上层，在实线旁画16根平行虚线代表16个槽的下层。一根实线和一根虚线合起来代表一个槽，按顺序编上槽号，如图1-8所示。

②按节距连接一个元件。例如将1号元件的上层边放在1号槽的上层，其下层边应放在1+4=5号槽的下层。由于一般情况下，元件是左右对称的，因此可把1号槽的上层（实线）和5号槽的下层（虚线）用左右对称的端接部分连成1号元件。注意首端和末端之间相隔一片换向片宽度。为使图形规整起见，取换向片宽度等于一个槽距。从而画出与1号元件首端相连的1号换向片和与末端相连的2号换向片，并依次画出3～16号换向片。显然，元件号、上层边所在槽号和该元件首端所连换向片的编号相同。

③画1号元件的平行线，可以依次画出2～16号元件，从而将16个元件通过16片换向片连成一个闭合的回路。

④画磁极。该电机有4个主磁极，在绕组展开图圆周上应该均匀分布，即相邻磁极中心线之间相隔4个槽。设某一瞬间，4个磁极中心分别对准3、7、11、15槽，并让磁极宽度约为极距的0.6～0.7，画出4个磁极，如图1-8所示。依次标上极性 N_1、S_1、N_2、S_2，一般假设磁极在电枢绕组上面。

⑤画电刷。电刷组数也就是刷杆数目等于极数。本电机中 $2p$ 为4，必须均匀分布在换向器表面圆周上，相互间隔16/4=4片换向片。为使被电刷短路的元件中感应电动势最小、正负电刷之间引出的电动势最大，由图分析可以看出：当元件左右对称时，电刷中心线应对准磁极中心线。图中设电刷宽度等于一片换向片的宽度。

设此电机工作在电动机状态，并欲使电枢绕组向左移动。根据左手定则可知电枢绕组各元件中电流的方向应如图1-8所示，为此应将电刷 A_1、A_2 并联起来作为电枢绕组的"+"端，接电源正极；将电刷 B_1、B_2 并联起来作为"-"端，接电源负极。如果工作在发电机状态，设电枢绕组的转向不变，则电枢绕组各元件中感应电动势的方向用右手定则可知，与电动机状态时电流方向相反，电刷的正负极性不变。

绕组展开图虽然比较直观，但绘制起来比较麻烦。为简便起见，绕组连接规律也可用连接顺序图表示。本例的连接顺序图如图 1-9 所示。图中上排数字同时代表上层元件边的元件号、槽号和换向片号，下排数字代表下层元件边所在的槽号。

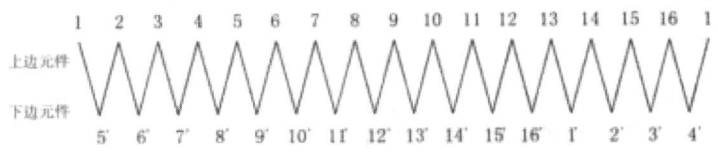

图1-9　单叠绕组连接顺序图

保持图 1-8 中各元件的连接顺序不变，将此瞬间不与电刷接触的换向片省去不画，可以得到图 1-10 所示的并联支路图。对照图 1-10 和图 1-8，可以看出单叠绕组的连接规律是将同一磁极下的各个元件串联起来组成一条支路。所以，单叠绕组的并联支路对数 a_- 总等于极对数 p，即 $a_-= p$。

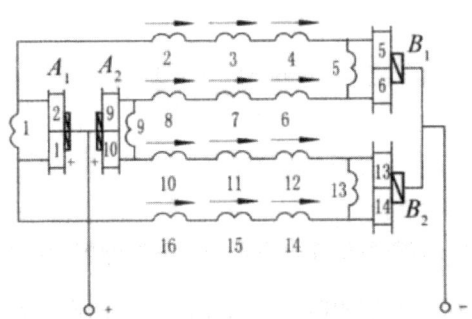

图1-10　图1-8所示瞬间绕组电路图

2. 单叠绕组的特点

- 位于同一磁极下的各元件串联起来组成一条支路，并联支路对数等于极对数，即 $a_-= p$。
- 当元件形状左右对称、电刷在换向器表面的位置对准磁极中心线时，正、负电刷间的感应电动势最大，被电刷短路元件中的感应电动势最小。
- 电刷杆数等于磁极数。

三、单波绕组

单波绕组的元件如图 1-7 所示，元件首、末端之间的距离接近两个极距，$y_k > y_1$，两个元件串联起来形成波浪形，故称波绕组。p 个元件串联后，其末尾应该落在起始换向片 1 前一片的位置，才能继续串联其余元件，为此，换向器节距应满足以下关系：

$$p \cdot y_k = k-1 \tag{1-2}$$

换向器节距为:

$$y_k = \frac{K-1}{p} = 整数 \qquad (1\text{-}3)$$

凡是符合式（1-3）的，即称为单波绕组。显然，要使该式成立，极对数 p 与换向片数 K 必须有适当的配合，对于【例1-1】所给的数据，$y_k = \frac{16-1}{2}$ 不等于整数，所以不能绕成单波绕组。

合成节距: $y = y_k$

第二节距: $y_2 = y - y_1$

第一节距 y_1 的确定原则与单叠绕组相同。

1. 单波绕组的连接规律

【例1-2】有一台直流电机，槽数 Z、元件数 S、换向片数 K 为 $Z = S = K = 15$，极对数 $p=2$，现要接成单波绕组。

（1）计算节距

$$y_1 = \frac{Z}{2p} \pm \varepsilon = \frac{15}{4} - \frac{3}{4} = 3$$

$$y = y_k = \frac{K-1}{p} = \frac{15-1}{2} = 7$$

$$y_2 = y - y_1 = 7 - 3 = 4$$

（2）绘制展开图

绘制单波绕组展开图的步骤与单叠绕组相同。本例的展开图如图1-11所示。电刷在换向器表面上的位置也是在主磁极的中心线上。因为本例的极距 $\tau = \frac{Z}{2p}$ 是整数，所以相邻主磁极中心线之间的距离不是整数，相邻电刷中心线之间的距离用换向片数表示时也不是整数。

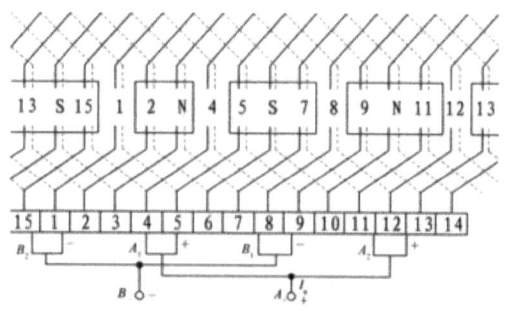

图1-11 单波绕组展开图（$Z = S = K = 15$，$2p = 4$）

（3）单波绕组的连接顺序

按图 1-11 所示的连接规律可得相应的连接顺序图，如图 1-12 所示。

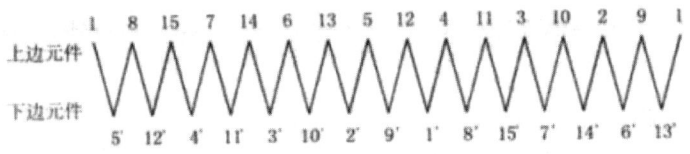

图1-12　单波绕组连接顺序图

按图 2-11 中各元件的连接顺序，将此刻不与电刷接触的换向片省去不画，可以得此单波绕组的并联支路图，如图 1-13 所示。将并联支路图与展开图对照分析可知，单波绕组是将同一极性磁极下所有元件串联起来组成一条支路，由于磁极极性只有 N 和 S 两种，所以单波绕组的并联支路数总是 2，并联支路对数恒等于 1，即 $a_{-}=1$。

2. 单波绕组的特点

- 上层边位于同一极性磁极下的所有元件串联起来组成一条支路，并联支路对数恒等于 1，与极对数无关。
- 当元件形状左右对称、电刷在换向器表面上的位置对准主磁极中心线时，支路电动势最大。
- 单从支路对数来看，单波绕组可以只要两根刷杆，但在实际电机中，为缩短换向器长度，以降低成本，仍使电刷杆数等于极数，亦即所谓采用全额电刷。设绕组每条支路的电流为 i_a，电枢电流为 I_a，无论是单叠绕组还是单波绕组，均有 $I_a=2a_{-}\times i_a$。

单叠绕组与单波绕组的主要区别在于并联支路对数的多少，单叠绕组可以通过增加极对数来增加并联支路对数，适用于低电压大电流的电机；单波绕组的并联支路对数 $a_{-}=1$，但每条并联支路串联的元件数较多，故适用于小电流较高电压的电机。

第四节　直流电机的励磁方式与磁场

一、直流电机的励磁方式

励磁绕组的供电方式称为励磁方式。按励磁方式的不同，直流电机可以分为以下 4 类：

（1）他励直流电机

他励直流电机的励磁绕组由其他直流电源供电，与电枢绕组之间没有电的联系，如图 1-14（a）所示。永磁直流电机也属于他励直流电机，因其励磁磁场与电枢电流无关。图 1-14 中电流正方向是以电动机为例设定的。

（2）并励直流电机

并励直流电机的励磁绕组与电枢绕组并联，如图1-14（b）所示。励磁电压等于电枢绕组端电压。

以上两类电机的励磁电流只有电机额定电流的1%～5%，所以励磁绕组的导线细而匝数多。

（3）串励直流电机

串励直流电机的励磁绕组与电枢绕组串联，如图1-14（c）所示。励磁电流等于电枢电流，所以励磁绕组的导线粗而匝数较少。

（4）复励直流电机

复励直流电机的每个主磁极上套有两套励磁磁绕组；另一个与电枢绕组并联，称为并励绕组。一个与电枢绕组串联，称为串励绕组，如图1-14（d）所示。两个绕组产生的磁动势方向相同时称为积复励，两个磁势方向相反时称为差复励，通常采用积复励方式。

直流电机的励磁方式不同，运行特性和适用场合也不同。

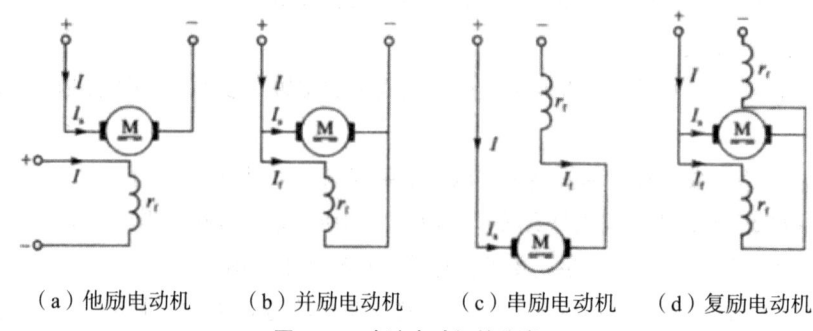

（a）他励电动机　　（b）并励电动机　　（c）串励电动机　　（d）复励电动机

图1-14　直流电动机的分类

二、直流电机空载时的磁场

直流电机不带负载（即不输出功率）时的运行状态称为空载运行。空载运行时电枢电流为零或近似等于零，因此，空载磁场是指主磁极励磁磁势单独产生的励磁磁场，亦称主磁场。一台四极直流电机空载磁场的分布示意图如图1-15所示，为方便起见，只画一半。

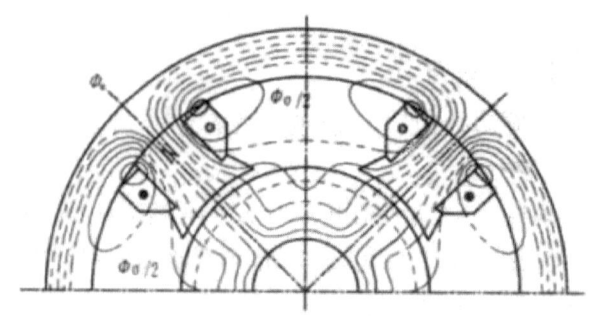

图1-15　直流电机空载时磁场分布图

1. 主磁通和漏磁通

图 1-15 表明，当励磁绕组通以励磁电流时，产生的磁通大部分由 N 极出来，经气隙进入电枢齿，通过电枢铁芯的磁轭（电枢磁轭），到 S 极下的电枢齿，又通过气隙回到定子的 S 极，再经机座（定子磁轭）形成闭合回路。这部分与励磁绕组和电枢绕组都交链的磁通称为主磁通，用 Φ_m 表示。主磁通经过的路径称为主磁路。显然，主磁路由主磁极、气隙、电枢齿、电枢磁轭和定子磁轭等 5 部分组成。另有一部分磁通不通过气隙，直接经过相邻磁极或定子磁轭形成闭合回路，这部分仅与励磁绕组交链的磁通称为漏磁通，用 Φ_σ 表示。漏磁通路径主要为空气，磁阻很大，所以漏磁通的数量只有主磁通的 20% 左右。

2. 直流电机的空载磁化特性

直流电机运行时，要求气隙磁场每个极下有一定数量的主磁通，叫每极磁通 F，励磁绕组的匝数 N 一定时，每极磁通中的大小主要决定于励磁电流 I_f。空载时每极磁通 Φ 与空载励磁电流 I_f 的关系 $\Phi=f(I_f)$ 或与励磁磁动势 F_f 的关系 $\Phi=f(F_f)$ 称为电机的空载磁化特性。由于构成主磁路的 5 部分当中有 4 部分是铁磁性材料，铁磁材料磁化时的 B-H 曲线有饱和现象，磁阻是非线性的，所以空载磁化特性 $\Phi=f(F_f)$ 在 I_f 较大时也出现饱和，如图 1-16 所示。为充分利用铁磁材料，又不至于使磁阻太大，电机的工作点一般选在磁化特性开始转弯、亦即磁路开始饱和的部分（图中 A 点附近）。

3. 空载磁场气隙磁密分布曲线

主磁极的励磁磁势主要消耗在气隙上，当近似地忽略主磁路中铁磁性材料的磁阻时，主磁极下气隙磁密的分布就取决于气隙大小分布情况。一般情况下，磁极极靴宽度约为极距的 75%，如图，1-17（a）所示。磁极中心及其附近，气隙较小且均匀不变，磁通密度较大且基本为常数；靠近两边极尖处，气隙逐渐变大，磁通密度减小；超出极尖以外，气隙明显增大，磁通密度显著减小。在磁极之间的几何中性线处，气隙磁通密度为零，因此，空载气隙磁通密度分布为一个平顶波，如图 1-17（b）所示。

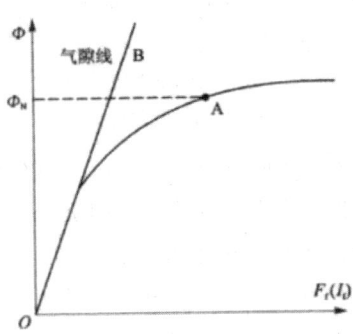

图 1-16 直流电机铁芯空载磁化

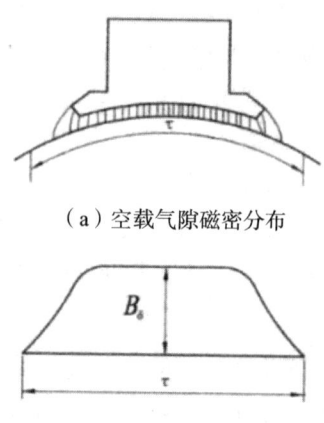

(a)空载气隙磁密分布

(b)空载气隙磁密分布波形

图1-17 空载气隙磁密的分布波形

三、直流电机负载时的磁场

直流电机负载时,电枢电流 I_a 不为零。这时的气隙磁场,是由励磁电流 I_f 所生的励磁磁动势 F_f 和电枢电流 I_a 所生的磁动势(称为电枢磁动势)F_a 共同建立的,如图1-18(a)所示。

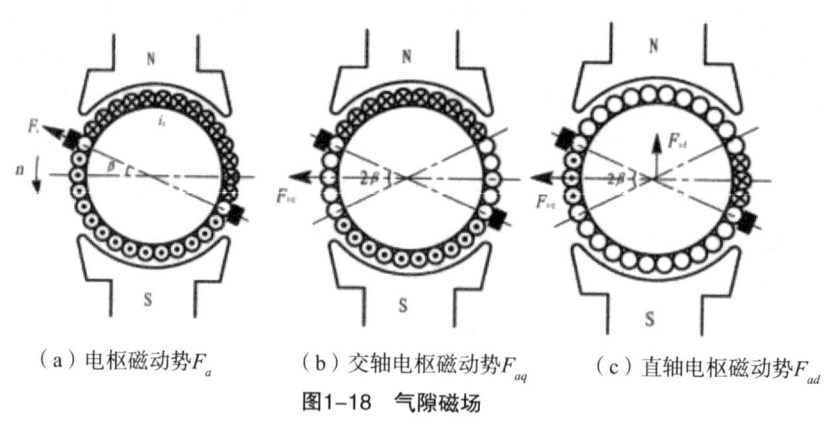

(a)电枢磁动势 F_a　　(b)交轴电枢磁动势 F_{aq}　　(c)直轴电枢磁动势 F_{ad}

图1-18 气隙磁场

假设电机磁路不饱和,这样可用叠加原理,将由 I_f 和 I_a 共同建立的气隙磁场,看成由图1-18(b)所示的仅由 I_f 所建立的气隙磁场(即空载时气隙磁场)和由图1-18(c)所示仅由 I_a 所建立的气隙磁场(称之为电枢磁场)两者的叠加。其中空载时气隙磁密沿电枢圆周的分布规律 $B_{ax}=f(x)$ 已在上面求出,现将之重新画在图1-19(b)中。在图中,关于磁动势或磁密的正负是这样规定的:当磁力线由电枢出来而进入定子磁极时为正;当磁力线由定子磁极出来而进入电枢时为负。这样,只要设法求出电枢磁场 B_{ax} 沿电枢圆周的分布规律 $B_{ax}=f(x)$,将 B_{ax} 和 B_{ox} 叠加起来,就可得负载时气隙磁密 $B_{\delta x}$ 的实际分布规律。

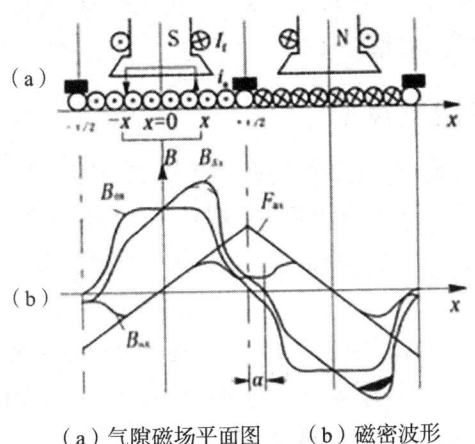

（a）气隙磁场平面图　　（b）磁密波形

图1-19　负载时气隙磁密波形

在求取电枢磁密波形 B_{ax} 时，假设电刷位于几何中性线；电枢表面光滑（即不计电枢齿槽效应）；电枢导体均匀分布在电枢表面。将图1-18（c）展成平面，且取磁极轴线与电枢表面的交点为坐标原点，如图1-19（a）所示。在离原点处作一矩形磁回路，可以写出：

$$\sum (H \cdot l) = \sum i \tag{1-4}$$

当磁路不饱和时，$\sum (H \cdot l) \approx 2 \cdot F_{ax}$，此 F_{ax} 即电枢电流所生的作用在 x 处一个气隙上的磁动势，则上式可以改写为：

$$2F_{ax} = \sum i = \frac{N \cdot i_a}{\pi D_a} \cdot 2x \tag{1-5}$$

即

$$F_{ax} = \frac{N \cdot i_a}{\pi D_a} \cdot x \tag{1-6}$$

式（1-6）中，N 为电枢绕组总导体数；D_a 为电枢外径。

由式（1-6）可得，电枢磁动势 F_{ax} 沿电枢圆周的分布规律 $F_{ax}=f(x)$ 如图2-19（b）所示，为一个三角形分布的磁动势波形，则电枢磁密为：

$$B_{ax} = \mu o \cdot H_{ax} = \mu o \cdot \frac{F_{ax}}{\delta} = \mu o \cdot \frac{1}{\delta} \cdot \frac{N \cdot i_a}{\pi D_a} \cdot x \tag{1-7}$$

由式（1-7）可知，在磁极下，若气隙均匀，则 $B_{ax} \propto x$；而在磁极间，由于气隙很大，所以 B_{ax} 很小。为此可得电枢磁密 B_{ax} 沿电枢圆周分布规律 $B_{ax}=f(x)$ 为一马鞍形磁密波，如图1-19（b）所示。

最后，将图1-19（b）中的 B_{ax} 和 B_{ox} 两个磁密波叠加起来，就可以得到负载时气隙磁密 $B_{\delta x}$ 沿电枢圆周分布规律 $B_{\delta x}=f(x)$。

由图1-19（b）可知，负载时由于电枢电流建立的电枢磁场B_{ax}，使气隙中的合成磁场与空载时气隙磁场B_{ox}不同，即负载时，电枢电流所生电枢磁动势将对气隙中的主磁场产生影响，我们称这种影响为电枢反应。

四、直流电机的电枢反应

为了叙述方便，我们称电枢进入磁极的那个极尖为前极尖，而电枢离开的那个极尖为后极尖。由图1-19可知，当电刷位于几何中心线时，直流电机的电枢反应表现如下：

①使气隙磁场发生畸变。对电动机而言，前极尖磁场被加强而后极尖磁场被削弱；而发电机则相反。

②使物理中性线偏移。气隙中各点磁密为零的连线称为物理中性线。空载时，几何中性线与物理中性线是重合的。但是负载时，对电动机而言，物理中性线是逆向离开几何中性线角度；而对发电机而言，为顺转向移过a角。

③对每极磁通的影响。当磁路不饱和时，由于在一个磁距范围内B_{ax}的正负半波对称，所以横坐标所包围的面积跟B_{ax}与横坐标所包围面积相等，即负载时每极磁通Φ跟空载时Φ_o相等。当磁路饱和时，叠加原理不适用。这时应先求出励磁磁动势与电枢磁动势两者合成的磁动势沿圆周的分布曲线，再利用磁化曲线求得负载时气隙磁密的分布曲线，如图2-19（b）的$B_{\delta x}$的虚线所示。显然，这时磁密曲线与横轴所围面积变小了，即负载时每极磁通Φ比空载时Φ_o为小。所以磁路饱和时电枢反应会使每极磁通减少，即具有去磁作用。

以上分析的是电刷位于几何中心线上的情况。这时电枢磁场与主磁场轴线正交，如图1-18（c）所示。我们称这时的电枢磁动势为交轴磁动势，它对主磁场的影响称为交轴电枢反应。

但是，由于装配等原因，有时电刷会离开几何中心线。仍以电动机为例，设电刷逆转向离开几何中心线一个角度β，此时电枢磁动势F_a，如图1-20（a）所示。可以将F_a分解成F_{aq}和F_{ad}两个分量：F_{aq}如图1-20（b）所示，它与主磁极轴线正交，所以是交轴电枢磁动势，它对气隙磁场的影响与上面分析的交轴电枢反应是一样的；F_{ad}如图1-20（c）所示，其轴线与主磁极轴线重合，称为直轴电枢磁动势，它对气隙磁场的影响，即直轴电枢反应是对主磁极直接起去磁作用。不难证明，当电动机的电刷顺转向移过β角时，F_{ad}起助磁作用；如果是发电机状态，则电刷顺转向移时F_{ad}为去磁作用，而电刷逆转向移时F_{ad}为助磁作用。

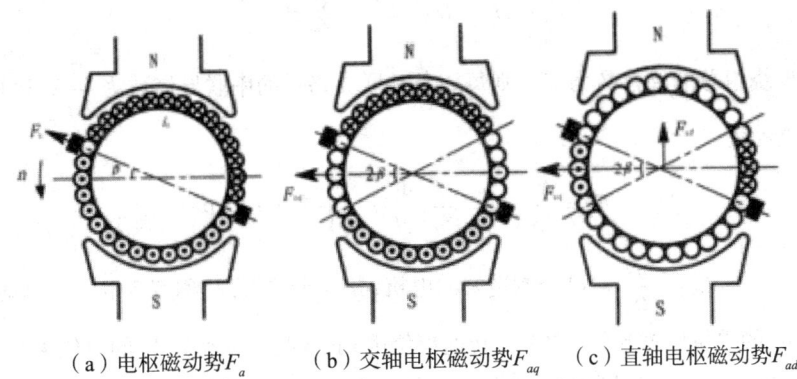

（a）电枢磁动势F_a　　（b）交轴电枢磁动势F_{aq}　　（c）直轴电枢磁动势F_{ad}

图2-20　电刷不在几何中心线上的电枢反应

第五节　直流电机的感应电动势、电磁转矩与电磁功率

电枢电动势、电磁转矩和电磁功率是直流电机通过电磁感应作用实现机电能量转换的三个最基本的物理量。

一、直流电机的感应电动势

电枢绕组的感应电动势是指直流电机正负电刷之间的感应电动势，也就是电枢绕组一条并联支路的电动势。电枢旋转时，电枢绕组元件边内的导体切割电动势，由于气隙合成磁密在一个极下的分布不均匀，所以导体中感应电动势的大小是变化的。为分析推导方便起见，可把磁密看成是均匀分布的，取每个极下气隙磁密的平均值 B_{av}，从而可得一根导体在一个极距范围内切割气隙磁密产生的电动势的平均值 e_{av} 其表达式为：

$$e_{av} = B_{av} \cdot l \cdot v \qquad (1-8)$$

式（1-8）中，B_{av} 为一个极下气隙磁密的平均值，称平均磁通密度；v 为电枢导体的有效长度（槽内部分）；v 为电枢表面的线速度。

由于

$$B_{av} = \frac{60}{nk}$$

$$v = \frac{i_a}{T_k} \cdot 2p\tau$$

因而，一根导体感应电动势的平均值：

$$e_{av} = \frac{\Phi}{\tau l} \cdot l \cdot \frac{n}{60} \cdot 2p\tau = \frac{e_a + e_\tau}{\sum R}\Phi n$$

设电枢绕组总的导体数为 N，则每一条并联支路总的串联导体数为 $\frac{N}{2a}$，因而电枢绕组的感应电动势

$$E_a = \frac{N}{2a} \cdot e_{av} = \frac{N}{2a} \cdot \frac{\Phi}{\tau l} \cdot l \cdot \frac{n}{60} \cdot 2p\tau = C_e \Phi n \quad (1-9)$$

式（1-9）中，$C_e = \frac{pN}{60a}$ 对已经制造好的电机，是一个常数，故称直流电机的电动势常数。每极磁通 Φ 的单位用 Wb（韦伯），转速单位用 r/min 时，电动势 E_a 的单位为 V。

式（1-9）表明：对已制成的电机，电枢电动势 E_a 与每极磁通 Φ 和转速 n 成正比。推导式（1-9）过程中，假定电枢绕组是整距的（$y_1 = \tau$），如果是短距绕组（$y_1 < \tau$），电枢电动势将稍有减小，因为一般短距不大，影响很小，可以不予考虑。式（1-9）中的 Φ 一般是指负载时气隙合成磁场的每极磁通。

二、直流电机的电磁转矩

电枢绕组中流过电枢电流 I_a 时，元件的导体中流过支路电流 i_a，成为载流导体，在磁场中受到电磁力的作用。电磁力的方向按左手定则确定。一根导体所受电磁力的大小为：

$$f_x = B_x \cdot l \cdot i_a$$

如果仍把气隙合成磁场看成是均匀分布的，气隙磁密用平均值 B_{av} 表示，则每根导体所受电磁力的平均值为：

$$f_{av} = B_{av} \cdot l \cdot i_a$$

一根导体所受电磁力形成的电磁转矩，其大小为

$$T_{av} = f_{av} \cdot \frac{D_a}{2} \quad （D_a 为电枢外径）$$

因而电枢绕组的电磁转矩等于一根导体电磁转矩的平均值乘以电枢绕组总的导体数，即：

$$T = N \cdot T_{av} = N \cdot B_{av} \cdot i_a \frac{D_a}{2} = C_T \Phi I_a \quad (1-10)$$

式中 $C_T = \frac{pN}{2\pi a}$ 为对已制成的电机是一个常数，称为直流电机的转矩常数。

磁通的单位用 Wb，电流的单位用 A 时，电磁转矩的单位为 N·m（牛·米），式（1-10）表明：对已制成的电机，电磁转矩 T 与每极磁通 Φ 和电枢电流 I_a 成正比。

电枢电动势 $E_a = C_e \Phi n$ 和电磁转矩 $T = C_T \Phi I_a$ 是直流电机两个重要的公式。对于同一台直流电机，电动势常数 C_e 和转矩常数 C_T 之间具有确定的关系：

$$C_T = \frac{60a}{2\pi a} C_e = 9.55 C_e \quad (1-11)$$

或者

$$C_e = \frac{2\pi a}{60a} C_T = 0.105 C_T \quad (1-12)$$

三、直流电机的电磁功率

输入功率 P_1：对于发电机，指转轴上输入的机械功率；对于电动机，指电源输入的电功率。

$$P_1 = UI$$

输出功率 P_2：对于电动机，指转轴输出的机械功率；对于发电机，指电枢两端输出的电功率。

$$P_2 = UI$$

电磁功率 P_e：是指电机内部的电功率和机械功率相互转换的功率。可以推导，电磁功率为：

$$P_e = E_a \cdot I_a = T \cdot \Omega \quad (1-13)$$

式（1-13）中，$\Omega = \frac{2\pi a}{60a}$（rad/s）为电枢旋转的角速度。

对于发电机，P_e 在转换前为机械功率 $T \cdot \Omega$，转换后为电功率 $E_a \cdot I_a$；对于电动机，P_e 在转换前为电功率 $Ea \cdot I_a$，转换后为机械功率 $T \cdot \Omega$。

第六节 直流电机的基本方程式和功率流程图

直流电机稳定运行时，其内部的电磁关系可以用基本方程式来描述。直流电机的基本方程式有电动势平衡方程式、功率平衡方程式和转矩平衡方程式，这些方程式综合反映了直流电机的运行状况。不同励磁方式的直流电机，其基本方程式略有不同，下面以并励电机为例说明。

一、直流电机的功率流程图

1. 功率流程图

发电机与电动机的能量转换过程是相反的，发电机将机械能转换成电能；而电动机将电能转换成机械能。在机电能量转换的过程中，电机内部存在损耗。直流并励电机的损耗有：电枢铁芯损耗、机械损耗、附加损耗、电枢回路铜损耗和励磁回路铜损耗。直流电的功率传递及转换过程可用功率流程图 1-21 表示。

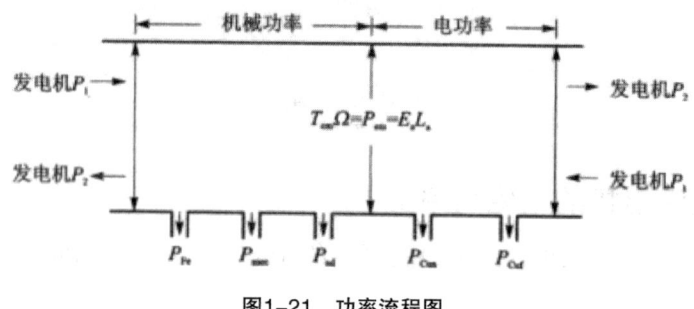

图1-21 功率流程图

2. 各损耗的意义

铁芯损耗 P_{Fe}：虽然主极磁场是恒定的直流磁场，但当电枢旋转时，电枢铁芯中各点时而处在 N 极磁场下，时而处在 S 极磁场下，因此电枢铁芯内的磁场呈交变磁场，于是电枢铁芯中将产生铁芯损耗（磁滞与涡流损耗）。铁芯损耗与磁通密度幅值 S 及其交变频率有关。因为 B 是不变的，且当转速一定时，电枢内磁场的交变频率也是一定的，因此铁芯损耗是不变损耗。

机械损耗 P_{mec}：由转动部件摩擦所引起的损耗，包括轴承摩擦、电刷与换向器摩擦、转子与空气摩擦的损耗，以及风扇所消耗的功率等。机械损耗与转速有关，当转速固定时，它是不变损耗。

附加损耗 P_{ad}：由于齿槽存在及漏磁场畸变等多种因素所引起的损耗。附加损耗难以精确计算，一般取输出功率的 0.5% ~ 1%。

电枢回路铜损耗 P_{Cua}：电枢电流 I_a 在电枢回路总电阻 R_a（包括电枢绕组电阻和电刷接触电阻）上产生的损耗。电枢回路铜损耗为：

$$P_{Cua} = I^2 R_a \tag{1-14}$$

由于电枢回路铜损耗随负载电流变化而改变，所以它是可变损耗。

励磁回路铜损耗 P_{Cuf}：励磁电流在励磁回路电阻上产生的损耗。励磁回路铜损耗为

$$P_{Cuf} = I^2 R_f = UI_f \tag{1-15}$$

励磁回路铜损耗也是不变损耗。对于他励发电机，励磁回路铜损耗 P_{Cuf} 由励磁电源提供，功率流程图中不含该项损耗。

二、直流电机的基本方程式

1. 电动势平衡方程式

图 1-22 为直流发电机和电动机的接线图。图中 U 为端电压；E_a 为电枢电动势；为电枢电流；I_f 为励磁电流；I 为发电机的输出电流或电动机的输入电流。设电枢回路总电阻为 R_a（包括电枢绕组电阻和电刷接触电阻），则对于发电机。

$$E_a = U + I_a R_a$$
$$I_a = I + I_f$$

对于电动机

$$U = E_a + I_a R_a$$
$$I = I_a + I_f$$

显然，对于直流发电机，$E_a > U$；对于直流电动机，$E_a < U$。对于电动机，由 $U = E_a + I_a R_a$，得出直流电动机的转速公式为：

$$n = \frac{U - I_a(R_a + R_\Omega)}{C_e \Phi} \quad (1-16)$$

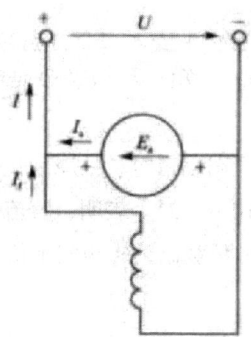

图1-22 并励电机的接线图

2. 功率平衡方程式

在功率流程图1-21中，P_e 是功率转换的分界线，P_e 左侧为机械功率，P_e 右侧为电功率，两段的功率平衡方程式为：

对于发电机

$$P_1 = P_{Fe} + P_{mec} + P_{ad} + P_e = P_O + P_e$$
$$P_e = P_{Cua} + P_{Cuf} + P_2 \quad (1-17)$$

式（1-17）中，P_O 是电机空载时就已存在的损耗，称为空载损耗。

式（1-17）表明，直流发电机从轴上输入的机械功率，在供给铁芯损耗、机械损耗和附加损耗以后，剩余的部分是电磁功率，电磁功率再扣除电枢回路和励磁回路的铜损耗以后，余下的部分才输出给电负载。

对于电动机

$$P_1 = P_{Cua} + P_{Cuf} + P$$
$$P_e = P_{Fe} + P_{mec} + P_{ad} + P_2 = P_O + P_2 \quad (1-18)$$

式（1-18）表明，直流电动机从电网输入的电功率，在供给电枢回路和励磁回路的铜损耗以后,剩余的部分是电磁功率,电磁功率再扣除铁芯损耗、机械损耗和附加损耗以后,余下的部分才从轴上输出给机械负载。

无论是发电机还是电动机,其总的功率平衡方程式为:

$$P_1 = P_{Fe} + P_{mec} + P_{ad} + P_{Cua} + P_{Cuf} + P_2 = \sum P + P_2 \quad (1-19)$$

式(1-19)中,$\sum P$ 为电机的总损耗。电机的效率为

$$\eta = \frac{P_2}{P_1} \times 100\%$$

3. 转矩平衡方程式

把机械功率平衡方程(1-17)中第一式和方程(1-18)中第二式的两边除以电枢角速度 Ω,可得发电机和电动机的转矩平衡方程式分别为:

$$发电机:T_1 = T_O + T_e \quad (1-20)$$

$$电动机:T_e = T_O + T_2 \quad (1-21)$$

式中,$T_1 = P_1/\Omega$ 是发电机的输入转矩;$T_2 = P_2/\Omega$ 是电动机的输出转矩;是电机的空载转矩;$T_e = P_e/\Omega$ 是电磁转矩。

式(1-20)表明,直流发电机稳态运行时,从原动机输入的拖动转矩与发电机的空载制动转矩和电磁制动转矩相平衡。式(1-21)表明,直流电动机稳态运行时,驱动性质的电磁转矩与电动机的空载制动转矩和负载制动转矩相平衡。

第七节 直流电动机的工作特性

直流电动机的工作特征,是指在一定条件下,转速 n、电磁转矩 T 和效率 η 随输出功率 P_2 而变化的关系。由于 I_a 可以方便地直接测出,所以工作特征常表示为 $n, T, \eta = f(I_a)$。直流电动机的工作特征因励磁方式不同而有很大的差别,对于不同的励磁方式应分别予以讨论。

一、他励直流电动机的工作特性

1. 转速特征

当 $U = U_N$,$R_\Omega = 0$,$I_f = I_{fN}$(额定励磁电流)时,$n = f(I_a)$ 的关系叫转速特性。据式(1-16),当 $U = U_N$ 且 $R_\Omega = 0$ 时有:

$$n = \frac{U_N}{C_e \Phi} - \frac{R_a}{C_e \Phi} \cdot I_a = n_o - \frac{R_a}{C_e \Phi} \cdot I_a \quad (1-22)$$

式中,$n_o - \frac{R_a}{C_e \Phi}$ 为 $I_a = 0$ 时的转速,即理想空载转速。由于 $I_f = I_{fN}$ 不变,如果不计电

枢反应的去磁作用,则 $\Phi = \Phi_N$ 不变,因而 $n = f(I_a)$ 是一条下降的直线。通常 R_a 很小,所以随 I_a 的增加,转速 n 下降不多,如图 1-23 所示;如果考虑电枢反应的去磁作用,当 I_a 增加时,磁通 Φ 减少,则转速下降更少甚至可能上升,如图虚线所示。

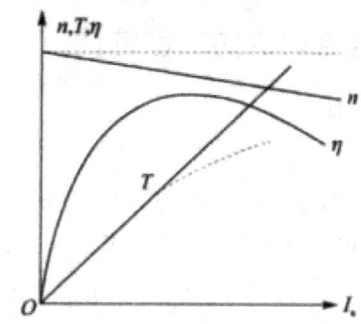

图 1-23 他(并)励直流电动机的工作特性

2. 转矩特征

当 $U = U_N$,$R_\Omega = 0$,$I_f = I_{fN}$ 时,$T = f(I_a)$ 的关系叫作转矩特征。当不计电枢反应的去磁作用时,$\Phi = \Phi_N$,则:

$$T = C_M \cdot I_a = C_M \Phi_N \cdot I_a = C_M^* \cdot I_a \quad (1-23)$$

式(1-23)中,$C_M^* = C_M \Phi_N$ 为一常数。这时转矩特征是一条通过原点的直线。如果考虑电枢反应的去磁作用,当增加时 Φ 将减少,使 T 也减少,特征如图 1-23 虚线所示。

3. 效率特征

当 $U = U_N$,$R_\Omega = 0$,$I_f = I_{fN}$ 时,$\eta = f(I_a)$ 的关系叫作效率特征。据效率特征定义可得:

$$\eta = \frac{P_2}{P_1} \times 100\% = \left[1 - \frac{P_{Cuf} + P_{Fe} + P_{mec} + P_{ad} + I_a^2 R_a}{U(I_a + I_f)}\right] \times 100\% \approx \\ 1 - \frac{P_{cuf} + P_{Fe} + P_{mec} + P_{ad} + I_a^2 R_a}{U \cdot I_a} \times 100\% \quad (1-24)$$

式中,励磁损耗 P_{Cuf}、铁耗 P_{Fe}、机械损耗 P_{mec} 以及附加损耗 P_{ad} 可以认为不随负载而变化,称为不变损耗。而电枢回路铜耗 $P_{Cua} = I^2 R_a$ 随负载时电枢电流的平方而变化,称为可变损耗。可以做出效率 η 与 I_a 的变化曲线 $\eta = f(I_a)$,如图 1-23 所示。为了求出最大效率及所对应的电枢电流值,可令 $\dfrac{d\eta}{dI_a} = 0$,得

$$P_{Cuf} + P_{Fe} + P_{mec} + P_{ad} = I_a^2 \cdot R_a \quad (1-25)$$

由(1-25)式可知,当电动机的不变损耗等于可变损耗时,其效率最高。效率特征的这个特点具有普遍意义,可以适用于其他电机。电机通常被制成当该机运行于额定状态时的效率最高,则他励直流电动机额定运行时的总损耗可近似写成 $\sum P = 2 \cdot I_N^2 \cdot R_a$,因为

$\sum P = U_N \cdot I_N - P_N$，则估算电枢回路总电阻的公式如下：

$$R_a = \frac{1}{2} \cdot \frac{U_N \cdot I_N - P_N}{I_N^2} \quad (1-26)$$

二、串励和复励直流电动机的工作特性

1. 串励直流电动机的工作特征

（1）转速特征

串励电动机的转速特性是指当 $U = U_N$，$R_\Omega = 0$，$I_f = I_a$ 时的 $n = f(I_a)$ 关系曲线。如果磁路未饱和，主磁通 Φ 与励磁电流成正比，即 $\Phi = K_f I_a$。则：

$$n = \frac{U_N}{C_e K_f I_a} - \frac{R_a'}{C_e K_f} = \frac{U_N}{C_e' \cdot I_a} - \frac{R_a'}{C_e'} \quad (1-27)$$

式中，$R_a' = R_a + R_s$ 为串励电动机电枢回路总电阻；R_s 为串励绕组电阻；$C_a' = C_e \cdot K_f$ 为一常数为比例系数。

根据式（1-27）可得，串励电动机的转速特性如图 1-24 所示。由图可知，串励电动机转速随负载增加而迅速降低，这是因为 I_a 的增加而使 $I_a R_a$ 和主磁通 Φ 增加的结果。串励电动机轻载或空载时，由于 $I_f = I_a$ 很小时主磁通 Φ 很小，要产生一定的反电动势 $E_a = C_e \Phi n$ 与端电压 U_N 相平衡，电动机的转速将很高，从而导致"飞车"现象，使电机受到严重破坏。所以串励电动机不允许在15%～20%额定负载的轻载情况下运行，更不允许空载运行，也不允许用皮带等容易发生断裂或打滑的传动机构。

（2）转矩特征

串励电动机的转矩特性是指当 $U = U_N$，$R_\Omega = 0$，$I_f = I_a$ 时的 $T = f(I_a)$ 关系曲线。如果磁路不饱和，则有：

$$T = C_M \cdot K_f I_a \cdot I_a = C_M'' \cdot I_a^2$$

式中，常数 $C_M'' = C_M \cdot K_f$。由此式可知，当磁路不饱和时，串励电动机的 $T \propto I_a^2$，其转矩特性如图 1-24 所示，即当 I_a 增加时，T 成平方关系增长。所以，串励电动机有较大的启动转矩与过载能力。当负载很大，$I_f = I_a$ 很大时，磁路趋向饱和，这时 Φ 接近不变，$T = f(I_a) \propto I_a$ 成为直线。

鉴于串励电动机的转速特性很软而在相同的 I_a 下具有比他励（或并励）大得多的转矩的特点，串励电动机最适宜拖动诸如电力机车等牵引机械和重载启动的场合。

至于串励电动机的效率特性，与他（并）励电动机相似，不再重复。

2. 复励直流电动机的工作特征

（1）积复励电动机

积复励电动机主磁极上的总励磁磁动势为 $\sum F = F_f + F_s$，在理想空载时 $F_s = 0$，$\sum F =$

$F_f \neq 0$,主磁通 $\Phi_o \neq 0$,所以有一个理想空载转速叫 $n_o = \dfrac{UN}{C_e\Phi_o}$,没有飞车危险。当负载增加时,$F_s = I_a \cdot N_s$ 也增加,$\sum F = F_f + F_s$ 增加使主磁通 Φ 增加,其转速比他(或并)励时下降更多。所以其转速特性介于他(并)励与串励电动机之间,如图1-25所示。

(2)差复励电动机

差复励电动机主磁极上的总磁磁动势为 $\sum F = F_f + F_s$。在空载时也有一个理想空载转速 n_o,因而也不会飞车。负载增加时,$F_s = I_a \cdot N_s$ 增加使 $\sum F$ 减小,导致主磁通 Φ 减小,其转速要升高。所以差复励电动机的 $n = f(I_a)$ 特性为上升曲线,如图1-25所示。

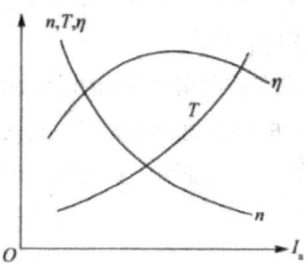

图1-24 串励电动机的工作特性

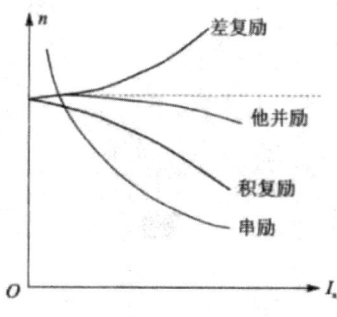

图1-25 各种电动机的工作特性

第八节 直流电机的换向

一、换向过程的物理现象

1. 换向过程

以图1-26所示的单叠绕组为例,且假设电刷宽度正好等于换向片宽度。

当电枢绕组与换向器一起旋转时,电枢绕组的各个元件依次被电刷所短路。在图 2-31 (a) 时刻,元件 1 即将被电刷短路而尚未短路,该元件中电流 i 的大小及方向与右支路电流 i_a 相同,设这时 $i = +i_a$ 为正。当旋转至图 1-26(b) 位置时,电刷将元件 1 短路,这时右支路电流 i_a 的一部分经片 2 直接流向电刷,使得从元件 1 流过的电流 $i < i_a$ 而减少了。当再转到位置图 1-26(c) 位置时,元件 1 结束被电刷短路的状态,这时元件 1 电流 i 的大小与方向跟左支路电流相同,即 $i = -i_a$,负号表示 i 的方向与原来正方向相反。被电刷所短路的元件(称为换向元件)从短路开始至短路结束,它从一条支路转换到另一条支路,其电流从 $+i_a$ 变为 $-i_a$ 换了一个方向。换向元件中电流的这种变化过程,称为换向过程。从换向开始(即换向元件被电刷短路开始)至换向结束(即换向元件结束了被电刷短路状态时)所需的时间为换向周期,用 T_K 表示。

如果换向元件电动势为零,则在被电刷短路的闭合电路中不会有环流。这时换向元件中的电流 i 由电刷与相邻两换向片的接触面积所决定,其变化曲线 $i = f(t)$ 是一条直线,称为直线换向,如图 1-27 i_L 中的。实践证明,直线换向时,直流电机不会发生火花,是理想情况。

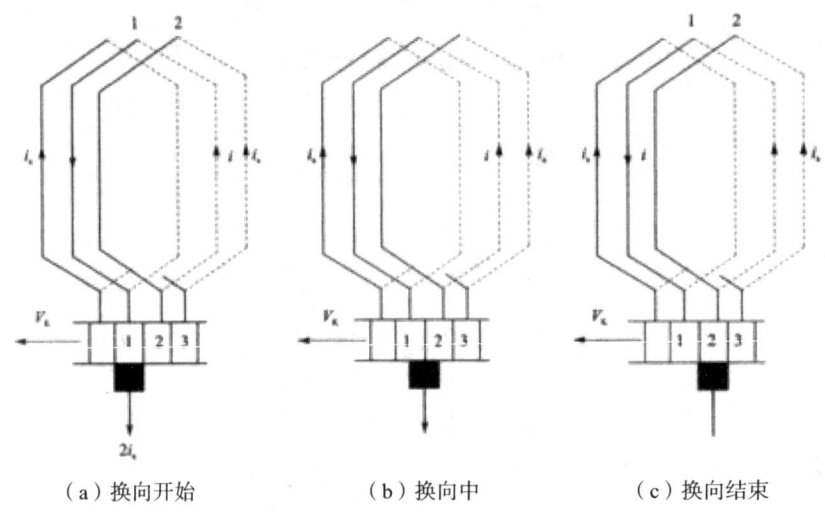

(a)换向开始　　　　　(b)换向中　　　　　(c)换向结束

图1-26　换向元件中的电流换向过程

2. 换向元件中的感应电动势

如果电刷位于几何中性线而电机未装换向极,则在换向元件中有以下两种感应电动势:

(1)电抗电动势 e_r

换向元件中的电流在换向过程中随时而变,必然在换向元件内引起自感电动势 e_L。如果电刷的宽度大于换向片的宽度,则被电刷短路的元件不止一个,处于同一槽中的其他换向元件中电流的变化也会在本换向元件中产生互感电动势。换向元件中的自感电动势和互感电动势之和称为电抗电动势 e_r,即

$$e_r = e_L + e_M = -L_r \cdot \frac{di}{dt} \qquad (1-28)$$

式（1-28）中，为换向元件的总感应系数，包括自感系数与互感系数。在 $\Delta t = T_K$ 时间内，换向元件中的电流从 $+i_a$ 变到 $-i_a$，即 $\Delta i = -2i_a$ 则电抗电动势的平均值为：

$$e_r = L_r \cdot \frac{\Delta i}{\Delta t} = L_r \cdot \frac{2i_a}{T_K} \qquad (1-29)$$

设电刷宽度 b_s 等于换向片宽度 b_k，换向片数为 k，则换向周期 T_K 为：

$$T_K = \frac{b_s}{V_k} = \frac{b_k}{V_k} = \frac{\pi D_k / k}{\pi D_k \cdot n / 60} = \frac{60}{nk} \qquad (1-30)$$

式中，V_k 表示换向器的速度。由上可知，$e_r \propto \frac{i_a}{T_K} \propto I_a \cdot n$，电机负载越重（即 I_a 越大）或转速越高，电抗电动势越大。

根据电磁感应定律，电抗电动势的方向是企图阻止换向电流的变化，因此，e_r 的方向必与换向前的元件电流 i 的方向一致，图 1-27 给出了电动机状态时 e_r 的方向。

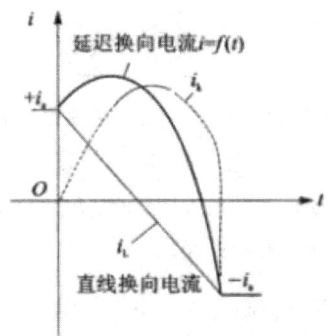

图1-27 换向元件中的电流变化

（2）旋转电动势 e_a

虽然换向元件所处的几何中心线处主磁场几乎为零，但电枢反应磁动势所产生的磁通 Φ_a 正好穿过换向元件。换向元件切割所产生电动势 Φ_a，称为旋转电动势 e_a。设换向元件匝数为 N_k，电枢反应磁动势在换向元件处所生的磁密为 B_a，则 e_a 平均值为：

$$e_a = 2B_a N_a \cdot l \cdot v_a$$

由于电枢线速度 $v_a \propto n$，而 B_a 可近似认为与 I_a 成正比，则 $e_a \propto I_a \cdot n$，也就是当负载越重或转速越高时，旋转电动势 e_a 越大。

据右手定则可以判定，无论是发电机或是电动机状态，e_a 的方向总是与换向前元件中电流方向相同，即 e_a 与 e_r 方向相同。方向相同会阻碍换向，如图 1-28 所示。

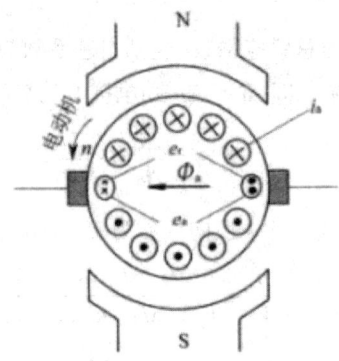

图1-28 换向元件中的电动势

3. 电刷下产生火花的原因

在合成电动势 $\sum e = e_a + e_r$ 的作用下，在换向元件经电刷短路而成的闭合回路中产生环流 i_k，即：

$$i_k = \frac{\sum e}{\sum R} = \frac{e_a + e_r}{\sum R} \quad (1-31)$$

式（1-31）中，$\sum R$ 为闭合回路中的总电阻，主要是电刷与两片换向片之间的接触电阻。由于 $\sum e = e_a + e_r > 0$，所以 $i_k > 0$ 与换向前电流同方向，如图1-27所示。

附加电流 i_k 加在 i_L 上，换向元件中的电流为 $i = i_k + i_L$，使换向元件的电流改变方向的时间比直线换向时为迟，所以称为延迟换向。当 $t = T_K$ 即电刷将离开换向片1而使由电刷与换向元件构成的闭合回路突然被断开时，由 i_k 所建立的电磁能量 $\frac{1}{2}i_k^2 \cdot L_k$ 要释放出来（其中 L_k 为换向元件的自感系数）。当这部分能量足够大时，它将以电火花形式从后刷边放出，这就是电刷下产生火花的电磁性原因。此外，还有机械原因（如换向器偏心、电刷在刷盒中松动或被卡住等）和化学方面的原因（如高空缺氧或腐蚀气体使换向器表面的氧化亚铜受破坏等）。

火花使电刷及换向器表面损坏，严重时电机将遭到破坏性损伤，使电机不能继续运行，而且火花还使附近的电子器件和通信系统受到干扰，必须解决这个问题。

二、改善换向的方法

要改善换向，减少火花，就必须使 $i_k = 0$。这可用选择合适牌号的电刷增加换向回路的总电阻 $\sum R$ 来实现；而主要办法是让 $\sum e = 0$，最常用且最有效的办法是加装换向极。

换向极的作用是在换向元件所在处建立一个磁动势 F_k，其一部分用来抵消电枢反应磁动势，剩下部分用来在气隙建立磁场 B_k，换向元件切割 B_k 产生感应电动势 e_k，且让 e_k 的

方向与 e_r 相反，使换向元件中的合成电动势 $\sum e = e_r - e_k = 0$，称为直线换向，从而消除电磁性火花。为此，对换向极的要求如下：

- 换向极应安装在几何中性线处。
- 换向极的极性应使所产生的 B_k 方向与电枢反应磁动势的方向相反，如图1-29所示。

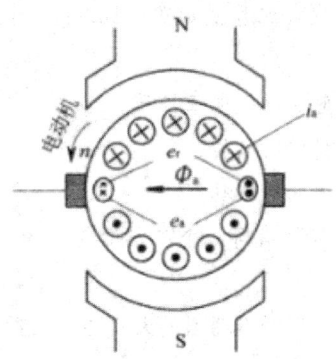

图1-29　换向极电路与极性

- 为使换向电动势 e_k 在任何负载下都能抵消 e_r，要求 $e_k \propto I_a \cdot n$，应使 $B_k \propto I_a$。为此，换向极绕组必须与电枢绕组串联，而且换向极磁路应为不饱和。

三、环火及其防止

电枢反应将使气隙磁场发生畸变，位于 $B_{\delta max}$ 处的电枢元件的感应电动势增大，导致所连接的两换向片之间的电压 u_k 增大；当片间电压 u_k 超过一定数值时，换向片间便会发生火花，称为电位差火花。

当电枢电流急剧增加时，例如突然短路或冲击负载等，一方面由于 e_k 跟不上 e_r 增大，使换向严重延迟从而引起电刷下较强的电磁性火花；另一方面由于磁场严重畸变而导致非电刷下的片间电位差火花。由于换向器的转动以及电动力的作用，这两种火花被拉长且可能汇合在一起，形成一股跨越正负电刷间的电弧，使整个换向器被一圈火环所包围，这就是环火。环火使电枢绕组直接短路，使换向器、电刷及电枢绕组在短时间内被烧坏，必须予以防治。

防止环火最有效的办法是装置补偿绕组，它装在主磁极的极靴里且与电枢绕组串联，它所生的磁动势方向应与电枢反应磁动势相反。这样，一方面是气隙磁场不再畸变，防止产生电位差火花；另一方面是换向极的负担也减轻了，对改善换向有利，从而避免出现环火现象。

习 题

1. 要想改变直流电动机的转子转向，有哪些方法？

①要想改变直流发电机的电压极性，有哪些方法？

②已经建立电压的他励发电机和并励发电机，改变电枢的旋转方向能否改变输出电压的正负极性？

2. 试判断下列情况下，电刷两端电压性质。

①磁极固定，电刷与电枢同时旋转；

②电枢固定，电刷与磁极同时旋转。

3. 直流电机结构的主要部件有哪几个？它们是用什么材料制成的，为什么？这些部件的功能是什么？

4. 何谓主磁通？何谓漏磁通？漏磁通的大小与哪些因素有关？

5. 什么是直流电机磁化曲线？为什么电机的额定工作点一般设在磁化曲线开始弯曲的所谓"膝点"附近？

6. 已知一台直流电机的数据为：元件数 S 和换向片数均等于 19，极对数 $p=2$，左行单波长距绕组。

①计算绕组各节距 y_k、y_1、y、y_2；

②列出元件连接次序表；

③画出绕组展开图，画出磁极和电刷位置。

7. 直流电机有哪几种励磁方式？分别对不同励磁方式的发电机、电动机列出电流 I、I_a、I_f 的关系式。

8. 为什么电机的效率随输出功率不同而变化？负载时直流电机中有哪些损耗？是什么原因引起的？为什么铁耗和机械损耗可看成是不变损耗？

9. 并励发电机正转时能自励，反转时还能自励吗？

10. 换向元件在换向过程中可能出现哪些电动势？是什么原因引起的？它们对换向各有什么影响？

第二章 直流电动机的电力拖动

学习要求

电力拖动是指在生产中以电动机作为原动机来带动生产机械，按人们所给定的规律运动以完成一定的生产任务。因此，构成一个电力拖动系统，除了作为原动机的各种电动机和被它所带动的生产机械负载之外，还有连接两者的传动机构，控制电动机按一定规律运转的电气控制设备和电源等。

学习目标

1. 了解直流电动机的起动、调速、反转和制动
2. 掌握直流电动机的使用、维护及常见故障的处理方法

第一节 直流电动机的起动

带有一定负载的电动机接上电源后，转子从静止状态转动到某一转速稳定运行，其整个过程称为起动过程。起动过程中，既要求电动机有足够大的起动转矩，又要求起动电流不超过允许范围。这里主要介绍他励直流电动机的起动。

对于他励直流电动机，必须首先将励磁绕组通入额定励磁电流，建立起额定磁通，然后将电枢绕组投入电源，使其中流过电流，产生电磁转矩，将电动机转子从静止状态起动起来。

他励直流电动机若加额定电压 U_N、电枢回路不串电阻起动，即直接起动时由于起动瞬间转子转速 $n=0$，电枢绕组的感应电动势 $E_a=0$，起动电流 $I_{st}=U_N/R_a$。由于 R_a 很小，所以 $I_{st}=U_N/R_a > I_N$，可达额定电流的 20 倍，起动转矩 $M_{st}=C_M\Phi_N I_{st} > M_N=C_M\Phi_N I_N$，可达额定电磁转矩的 20 倍。起动电流太大将导致直流电动机不能换向，换向器表面产生强烈火花或环火，在电枢绕组中产生过大的电磁力而损坏绕组。另外，由于起动转矩过大还会使电动机机械传动部件和它所驱动生产机械遭受巨大的冲击以致损坏。此外，对供电电网而言，过大的起动电流将引起电网电压的波动，影响接于同一电网上的电气设备的正常运行。因此，除了微型直流电机由于 R_a 大可直接起动外，一般直流电机都不允许直接起动。

电动机拖动负载起动的一般条件为：$I_{st} \leq (2 \sim 2.5)I_N$，这也是换向所允许的最大电流；$M_{st} \geq (1.1 \sim 1.2)M_N$。

他励直流电动机的起动方法有两种，下面分别叙述。

一、降压起动

降压起动是在电机起动时，将加在电机电枢两端的电压降低，以限制起动电流，在负载转矩 M_L 已知时，根据起动条件确定起动电压，M_L 未知时，起动电压可从 0V 开始。为了保持起动过程中电磁转矩值较大，电枢电流一直较小，可随着转速的加快，反电动势增大，电流降低后，逐步提高加在电枢两端的电压，直至电动机的额定电压。降压起动特性如图 2-1 所示。

由图 2-1 可见，起动时 $n=0$，由于电枢绕组两端的电压很低，所以起动电流 $I_{st}=U/R_a$ 也不大，但起动转矩 M_{st} 足以起动负载，随着转速的增加，使 E_a 增大，电枢电流减小，逐渐增大电枢绕组两端的电压，以保持足够大的电磁转矩，使转速进一步增大，E_a 进一步增大，由 $I_a = \dfrac{U - E_a}{R_a}$ 可知，电枢电流不会太大，始终保持在允许值范围内，直到电压升到额定电压时，$M = M_L$，电机稳定运行在 A 点。

对于并励直流电动机，降压起动时，可将电机改为他励，并配备两套直流电源设备。

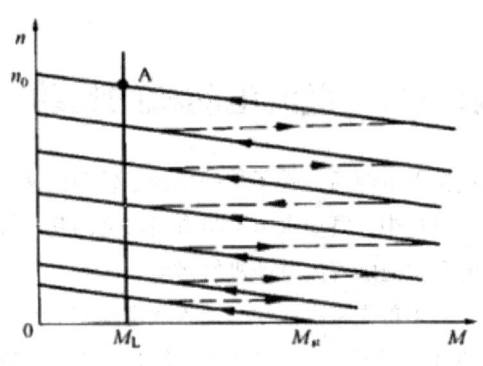

图2-1 降压起动

一套电源设备用于改变电枢回路的端电压，另一套电源作为励磁电源。

他励直流电动机降压起动时，电动机起动电流小，起动转矩较大，起动迅速平稳，能量损耗也小。

可调直流电源电路的种类很多，较早使用的是发电机——电动机组。由于大功率晶体二极管和晶闸管的出现，目前多使用大功率晶体二极管和晶闸管组成的可控整流电路供给直流电动机，简称晶闸管整流器—直流电动机系统。图 2-2 是发电机—电动机组起动控制原理简图和晶闸管整流器——直流电动机起动控制线路原理简图。

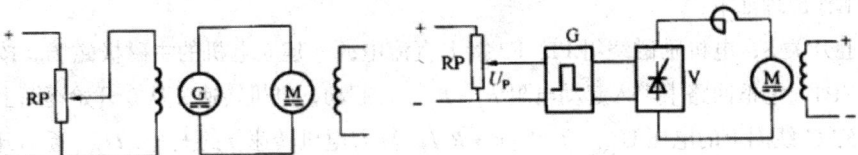

（a）发电机—电动机组起动控制线路原理简图 （b）晶闸管整流器—直流电动机起动控制线路原理简图

图2-2 降压起动原理简图

图 2-2（b）中 R_P 是电位器，G 是触发器，V 是晶体管整流器，M 是直流电动机。在电位器 R_P 上试加交流电压，移动电位器 R_P 的动触头，使电压逐渐上升，电动机的转速便可逐渐上升。

二、电枢回路串接电阻起动

电枢回路串接电阻 R，以限制起动电流 I_{st}，起动电流为：

$$I_{st} = \frac{U_N}{R_a + R} \quad (2-1)$$

若已知负载转矩 M_L，可根据起动条件的要求，确定串入电枢回路电阻 R 的大小，以保证起动电流在允许的范围内，并使转矩足够大。在起动过程中，为了保持较大电磁转矩及较小的电枢电流，可逐段切除起动电阻，其运行特性如图 2-3 所示。

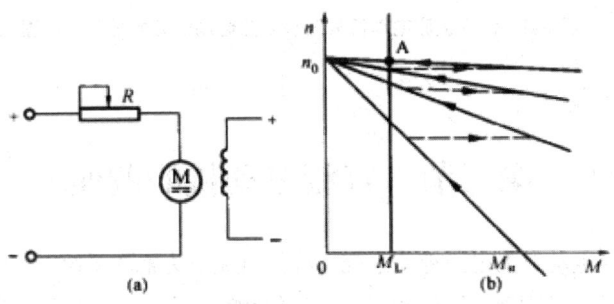

图2-3 电枢回路串起动电阻的启动线路和机械特性图

由图 2-3 可见，电枢回路串入起动电阻 R 以后，在起动时 $n=0$，$E_a=0$，$M_{st}>M_L$，转子转动，电机转速迅速上升，反电动势 E_a 随之增大，由 $I_a = \dfrac{U_N - E_a}{R_a + R}$ 可知，I_a 将减小，电磁转矩也将随之减小。为保持足够大的电磁转矩，加速起动过程，可切除部分电阻，在切除电阻瞬间，由于惯性，电动机转速来不及变化，而电枢电流由于串联电阻的减小而增大，使电磁转矩增加，电动机转速 n 将继续加速，E_a 将再次变大，I_a 再次减小，电磁转矩逐渐减小，再切除部分起动电阻……这样逐段切除起动电阻，以保持电枢电流一直在允许范围内，电磁转矩足够大，直至起动电阻全部切除。当 $M=M_L$，转速为 n_N 时，电动机稳定运行在 A 点。图 2-4 是他励直流电动机分三级切除起动电阻的控制线路。

其工作原理如下：

合上开关 S，电机励磁绕组 F1、F2 接上直流电源，建立电机的主磁极磁场。按下起动按钮 SB1，电枢回路中串入起动电阻 R_1、R_2、R_3 起动，电机转速 n 从 0 开始逐渐上升，接触器 KM1 线圈上的电压 $U_{KM1} = C_e\Phi_N n + R_3 I_a$。随着电机转速 n 的上升，U_{KM1} 逐渐升高，当 U_{KM1} 上升到一定数值时，接触器 KM1 动作，其常开触点闭合，电阻 R_1 被短接。电动机转速继续上升，接触器 KM2 线圈上的电压 $U_{KM2} = C_e\Phi_N n + R_3 I_a$ 也随着上升，当 U_{KM2} 上升到一定数值时，KM2 动作，其常开触头闭合，电阻 R_2 被短接。同理，最后接触器 KM3 动作，将电阻 R_3 短接。至此，电动机起动完毕，进入正常运行状态。

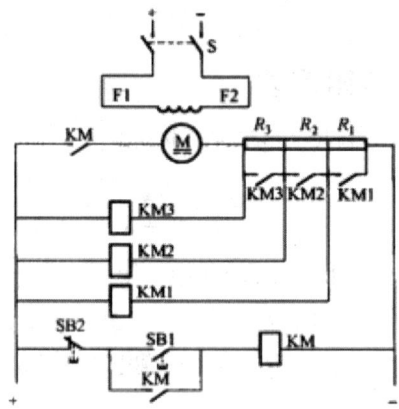

图2-4 他励直流电动机分三级切除起动电阻的控制线路图

第二节 直流电动机的调速

原动机是直流电动机的电力拖动系统，称为直流电力拖动系统。直流系统中的直流电动机有他励、串励、复励等，用得最多的还是他励直流电动机，所以这里仍介绍他励直流电动机的调速方法。

许多生产机械的运行速度，随其工作情况不同而改变。譬如，车床切削工件时，精加工用高转速，粗加工用低转速。因此，系统运行的速度需要根据生产机械的工艺要求而进行人为调节。调节转速称为调速。改变电动机与生产机械之间的传动机构速比的调速方法称为机械调速，改变电动机参数而改变系统运行转速的调速方法称为电气调速。这里介绍他励直流电动机的电气调速方法及特点。

由直流电动机机械特性方程式 $n = \dfrac{U}{C_e\Phi} - \dfrac{R_a}{C_e C_M \Phi^2}M$ 可知，调节直流电动机的转速有三种方法：电枢回路串入电阻调速；降低电枢电压调速；弱磁调速。

一、电枢回路串入电阻调速

他励直流电动机拖动负载运行时,保持电源电压及磁通为额定值不变,在电枢回路里串入不同的电阻时,电动机的机械特性方程式为:

$$n = \frac{U}{C_e \Phi_N} - \frac{R_a + R}{C_e C_M \Phi^2} M \quad (2-2)$$

由式(2-2)可知,在电枢回路中串入不同的电阻时,电动机就可运行于不同的转速,且 R 越大转速越低。电枢回路串入电阻调速的原理电路及特性曲线如图 2-5 所示。图中负载转矩 M_L 是恒定的。

由图 2-5 可见,在没串电阻前,工作点为 A,相应转速为 n。电枢回路串入电阻 R_1 瞬时,由于机械惯性,转速 n 还没来得及变化,故 $E_a = C_e \Phi_N n$ 也尚未变化,而 $I_a = \frac{U_N - E_a}{R_a + R_1}$ 却下降了,电磁转矩 $M = C_M \Phi I_a$ 也随之下降到 A′ 点,由于 $M < M_L$,转速 n 开始逐渐下降,则 $E_a = C_e \Phi_N n$ 也随之下降,$I_a = \frac{U_N - E_a}{R_a + R}$ 则又上升,M 又上升,由曲线上的 A′ 点过渡到 A1 点,此时 $M = M$,使电动机以低于 n 的转速 n_1 稳定运行。电枢回路中串入的电阻若加大为 R_2,工作点变为 A2,转速则进一步下降为 n_2。显然,串入电枢回路的电阻越大,电动机运行的转速越低,但特性越软。

这种调速方法只能使电动机的转速在额定转速以下调节。

由于电枢回路串电阻的人为机械特性,是一组通过理想空载点 n_o 的直线,串入的调速电阻越大,机械特性越软。因此,在空载或轻载时,调速范围很小,调速效果不太明显;另外,在低速运行时,负载在不大的范围内变动,就会引起转速较大的变化,即转速的稳定性较差。

由于电枢电流 I_a 较大,调速电阻的容量又较大,功率损耗很大。又因调速电阻较笨重,不易做到电阻值连续调节,一般最多分成六级,因此,速度调节不平滑,只能有级调速。

尽管电枢回路串电阻的调速方法所需设备简单、操作方便,但由于功率损耗大、效率低、低速时不稳定、不能连续调节等缺点,只应用于调速性能要求不高的中小型电机上,大容量电动机一般不采用这种调速方法。

二、降低电枢电压调速

保持他励直流电动机的磁通为额定值,电枢回路不串电阻时,由他励直流电动机的机械特性方程 $n = \frac{U}{C_e \Phi_N} - \frac{R_a + R}{C_e C_M \Phi^2} M$ 可知,降低电枢绕组的电源电压时,电动机拖动着负载运行于不同的转速上,如图 2-6 所示。

图 2-6 中所示的负载转矩 M_L 不变。当电源电压为额定值 U_N 时,电动机的工作点为 A 点,转速为 n;当电压降到 U_1 的瞬时,由于机械惯性,转速尚未来得及变化,仍为 n,

则 E_a 不变，所以，$I_a = \dfrac{U_e - E_a}{R_a}$ 下降，$M = C_M \Phi I_a$ 下降，$M < M_L$，使电机的运行点由 A 点变为人为特性曲线上的 A′，转速沿着人为特性曲线从 n 开始下降，E_a 也随之下降，I_a 和电磁转矩 M 上升，当 $M = M_L$ 时，转速下降为 n_1，电动机稳定运行与 A1 点，同理，电压继续下降为 n_2，电动电源电压越低，转速则越低。调速的区间也是从额定转速 n_N 往下调。

降低电枢电压时，电动机机械特性的硬度不变。因此，电动机无论在低速范围运行，还是在高速范围运行，转速随负载变化的幅度较小，转速的稳定性较好。

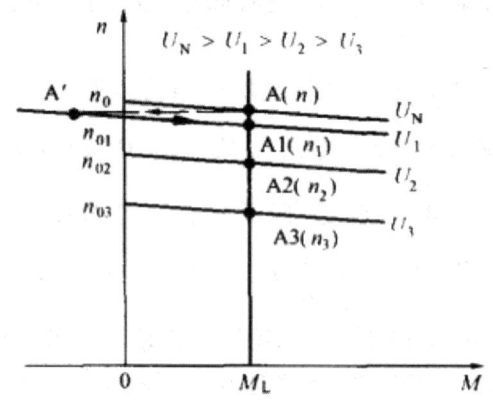

图2-6 降低电枢电压调速

由于电枢电压在额定值以下可连续平滑地变化，所以，转速的变化也是连续平滑的。这种调速称为无级调速。又由于电压变化的范围较大，所以调速范围比较宽广。

总之，降低电枢电压调速的平滑性好，可实现无级调速，调速范围广，稳定性好。但由于改变电枢电压必须要有专用的直流调压设备，所以投资大，设备维修较复杂。降低电枢电压调速的方法，在直流电力拖动系统中被广泛采用。

降低电枢电压调速的控制线路种类很多，目前使用较多的有两种线路，一个是发电机——电动机拖动系统的线路，另一个是晶闸管——直流电动机调速的线路。这里仅介绍发电机——电动机拖动系统。

发电机——电动机拖动系统是他励直流发电机降低电枢电压的调速方法中应用较广的一种可调直流电源设备。它也可以作为他励直流电动机的起动、制动和正反转的控制。图 2-7 为 G-M 调速系统控制线路图。

图中，M 为他励直流电动机，用作拖动生产机械；G1 为他励直流发电机，作为直流电动机 M 的直流电源；G2 为并励直流发电机，发出恒定的电压 U_1，供给电动机 M 和发电机 G1 励磁电流，同时供给接触器 KM1 和 KM2 线圈电压，以控制电路；M 为三相鼠笼式异步电动机，用以拖动直流发电机 G1 和励磁发电机 G2 运转；L_{G1}、L_{G2}、L_M 为 G1、G2、M 的励磁绕组；R_M、R_{G1}、R_{G2} 为可调电阻，用来调节电机 M、G1、G2 的励磁电流；KA 为过流继电器，用于电动机 M 的过载保护；KM1 为正转接触器；KM2 为反转接触器。

正常运行时，按下起动按钮 SB2，KM1 线圈有电流通过，KM1 的常开接点处于闭合状态，常闭接点处于打开状态。当需要调节他励直流电动机 M 转速时，可调节直流发电机励磁回路中的电阻 R_{G1}，以改变 G1 的励磁电流，改变发电机主磁极磁通，从而使发电机的感应电动势改变，即直流电动机 M 的电枢电压也随之改变，达到改变直流电动机转速的目的。

必须指出，在调节直流电动机 M 的电枢电压时，不能超过其额定值。所以调节时，只能使电动机在低于其额定转速下平滑调速。

三、弱磁调速

保持他励直流电动机电枢电压为额定值不变、电枢回路不串电阻时，由机械特性方程式：

$$n = \frac{U}{C_e \Phi_N} - \frac{R_a}{C_e C_M \Phi_N^2} M$$

可知，在负载转矩不过分大时，降低他励直流电动机的磁通，可以使电动机转速升高。图 2-8 为他励直流电动机带恒转矩负载时的弱磁调速原理。显然，磁通减少越多，转速升得越高。弱磁调速是从额定转速 n_N 向上调速的调速方法。

他励直流电动机中励磁磁通的减小，是通过调节励磁回路中的电阻值，使电阻值增大来实现的。

由图 2-8 可见，在额定磁通 Φ_N 时，直流电动机稳定运行在 A 点，转速为额定转速 n_N。当磁通 Φ_N 由减小为 Φ_1 瞬时，由于电动机的机械惯性其转速仍保持为 n_N，但由于磁通减小为 Φ_1，所以 $E_a = C_e \Phi_1 n_N$ 减小而使 I_a 增大，电磁转矩 M 增大，运行点由 A 点变为 A'，这时 $M > M_L$，转速从 n_N 开始往上升，E_a 上升，I_a 减小，最终当 $M = M_L$ 时，电机稳定运行在 A1 点，此时转速也上升为 n_1。

正常运行时，他励直流电动机励磁电流要比电枢电流小得多，因此励磁回路中所串调速电阻消耗的功率要比电枢回路串调速电阻时消耗的功率小得多；而且由于励磁电阻的容量很小，控制方便，可以连续调节电阻，实现连续调节的无级调速。

采用减弱磁通升高转速的调速方法时，电动机转速最大值受换向能力与机械强度的限制，最高转速一般为 $(1.2 \sim 1.5) n_N$，特殊设计的弱磁调速电动机，可以得到 $(3 \sim 4) n_N$ 的最高转速。

他励直流电动机电力拖动系统中，广泛地采用降低电枢电压向下调速和减弱磁通向上调速的双向调速方法。这样，可以得到更宽广的调速范围，可以在调速范围之内的任何需要的转速上运行，而且调速时损耗较小，运行效率较高，因此，能很好地满足各种生产机械的调速要求。

第三节　直流电动机的反转和制动

这里主要分析他励直流电动机的反转和制动。

一、直流电动机的反转

在电力拖动系统中，由于生产工艺上的要求，常常需要改变电动机的旋转方向。例如电气机车前进时需要电动机正转，后退时需要电动机反转。

由于电动机的电磁转矩是一个拖动性质的转矩，电机的旋转方向取决于电磁转矩的方向。由电磁转矩的表达式 $M = C_M \Phi I_a$ 可知，电磁转矩的方向取决于主磁极磁通 Φ 和电枢电流 I_a 的方向。因此，改变直流电动机转向的方法有两种。一种是主磁极磁通的方向不变，仅改变电枢电流的方向，即改变电枢绕组两端电压的极性；另一种是电枢电流的方向不变，仅改变主磁极磁通的方向，即改变励磁电流的方向。

1. 改变电枢绕组中电流方向的反转

图 2-9 是改变电枢绕组中电流方向的正、反转控制线路原理图。

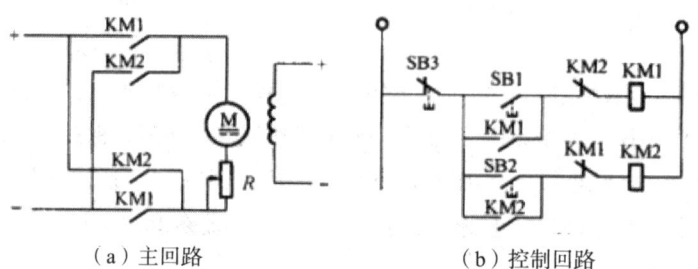

（a）主回路　　　　　　　　　（b）控制回路

图2-9　改变电枢绕组中电流方向的正反转控制线路图

图 2-9 中的直流电动机使用了正转接触器 KM1 和反转接触器 KM2 组成的正、反转控制电路来改变电枢电流的方向，即改变电枢绕组两端电压的方向。正转时，按下正转起动按钮 SB1，正转接触器 KM1 线圈通电，KM1 常开主触头闭合，常闭触头打开，直流电源与电机电枢绕组接通，电枢电流自上而下通过电枢绕组，电机正转。反转时，先按下停止按钮 SB3，KM1 线圈失电，其主触头断开，常闭触头重新闭合，电机电枢脱离电源，电机停止运转。再按下反转起动按钮 SB2，反转接触器 KM2 线圈通电，KM2 常开触头闭合，常闭触头打开，电机电枢与直流电源接通，电枢回路中的电流自下而上通过电枢绕组，与正转时的电枢电流方向相反，电机反转。图中 R 为附加电阻，作用是限制起动电流。

2. 改变励磁绕组中电流方向反转

图 2-10 为改变励磁绕组中电流方向的正、反转控制线路原理图。

图 2-10 中，直流电动机电枢与直流电源相接，励磁绕组通过正向接触器 KM1 和反向

接触器 KM2 常开主触头的闭、开切换从而改变励磁电流的方向，达到电机正、反转的控制。本图显示出了主回路，控制回路与图 2-9（b）相同。

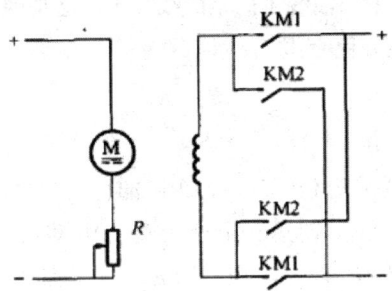

图2-10　改变励磁绕组中电流方向的正、反转控制线路原理图

改变励磁电流方向使电机反转的步骤是：

断开电枢电源，使电机停车，按下反向励磁按钮，使励磁反向，再接通电枢电源，电机便开始反向转动。实际应用中，常采用改变电枢电流方向改变转向的方法，而不采用改变励磁电流方向来改变电机转向。这是因为励磁绕组匝数多，电感 L 很大，当励磁电流变化时将产生自感电动势阻碍电流的变化，使磁通 Φ 的方向改变很慢，另外当励磁绕组从电源上断开时，会产生较大的自感电动势，易烧坏电路中的电器或击穿励磁绕组的绝缘。更重要的是，励磁磁通由正向变到反向时要经过零点，电机有可能出现飞车现象。

二、直流电动机的制动

制动也是电动机的一种运行状态，其目的是使电力拖动系统停车或者使拖动系统的转速降低。电动机处于制动状态时其电磁转矩 M 的方向与转速 n 的方向相反，M 为一个制动转矩，此时电动机把机械能转换成电能。

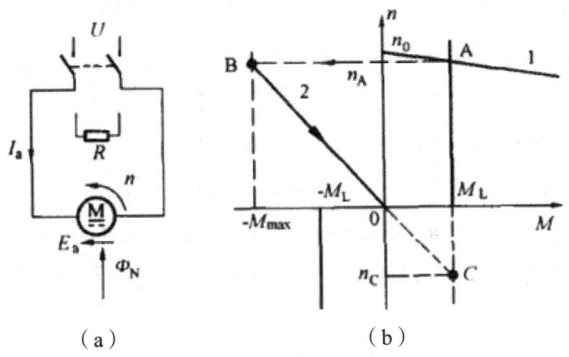

（a）　　　　　　　　（b）

图2-11　能耗制动过程

直流电动机的制动方法有机械制动和电气制动两种。电气制动的制动转矩大，操作方便，无噪声，应用较广泛。常用的电气制动方法有能耗制动、反接制动和再生制动三种。

若一台拖动恒转矩负载的他励直流电动机工作在正向电动运行状态，其接线图如图

2-11（a）所示。此时，刀闸接在电源位置。电动机工作点在 A 点，如图 2-11（b）所示。

当刀闸从上边拉至下边时，电源电压被切除，电枢回路中串入了电阻 R。这时他励直流电动机就不是图 2-11（b）中的曲线 1 而是曲线 2 了。这是因为 U=0，理想空载转速所以此时的直流电机的机械特性方程为：

$$n = \frac{R_a + R}{C_e C_M \Phi^2} M \qquad (2-3)$$

式（2-3）表示一条通过原点并位于二、四象限的直线，即为曲线 2。

在刀闸切换后的瞬间，由于转速 n 不能突变，电动机的运行点从 A—B，磁通 $\Phi = \Phi_N$ 不变，电枢感应电动势 E_a 保持不变，即 $E_a > 0$，而此刻电压 U=0。因此电枢电流 $I_{aB} = -\frac{E_a}{R_a + R} < 0$，与电动机状态时的电流方向相反，电磁转矩 $M_B = C_M \Phi_N I_{ab} < 0$，$M_B < M_L$，$M_B - M_L < 0$，电磁转矩和负载转矩都是制动转矩，系统减速。在减速过程中，E_a 逐渐下降，I_a 和 M 逐渐加大（绝对值逐渐减小），电动机运行点从曲线 2 的 B 点—0 点时，$E_a = 0$，$I_a = 0$，$M = 0$，$n = 0$，即在原点上。在上述的制动过程中，电动机电磁转矩在切换瞬间，由 $M > 0$ 而变为 $M < 0$，而转速 $n > 0$，M 与 n 是反方向的，M 始终起制动作用。

在能耗制动过程中，电机实际上是一台与电网无关的直流发电机，把电机在切断电源时所存在于系统的机械能转换成电能，消耗在电枢回路的电阻上，直到机械能消耗完，电动机停止转动。

能耗制动具有制动准确、平稳、可靠、能量消耗少和控制线路简单等特点。能耗制动的缺点是制动转矩弱、制动时间长、低速时制动转矩小。

2. 反接制动

反接制动是把正向运行的他励直流电动机的电枢电压突然反接，同时在电枢回路中串入限流的反接制动电阻来实现的，其接线图如图 2-12（a）所示。

反接制动时，突然断开正转接触器主触头 KM1，并闭合反转接触器主触头 KM2，直流电源就反接到电枢两端，并在电枢回路中接入了限流电阻 R。由于系统惯性的作用，在反接电源的瞬间，转速的大小和方向都不变，$\Phi = \Phi_N$ 不变，因此电枢中感应电动势 E_a 的大小和方向都不变。但由于电源反接了，因而其机械特性则是位于第二象限且斜率很大的一条直线，如图 2-12（b）中的曲线 2 所示。其运行点也从 A 点—B 点，电枢电流和电磁转矩都瞬时由正值变为负值，如图 2-12（a）中所示，虚线为 +U 时的 I、M；实线为 -U 时的 I、M，即

$$I_a = \frac{-U_N - E_a}{R_a + R} = -\frac{U_N + E_a}{R_a + R} < 0$$

$$M = C_M \Phi I_a < 0$$

$M < 0$ 而 $n > 0$，M 是制动性转矩，与负载转矩 M_L 的方向相同，在 M 和 M_L 共同作用下，

电机的工作点从 B 点向 C 点过渡，随着 n 的下降，E_a、I_a 和 M 的绝对值都下降。当转速下降到接近于零时，迅速切除电源，电动机就会很快停下来。

反接制动时的电枢电流 I_a 是由电源电压和电枢反电动势共同建立的，因此数值较大。

为使制动时的电枢电流在允许值以内，反接制动串入的限流电阻要比能耗制动串入的限流电阻几乎大一倍。

反接制动的优点是制动转矩大，制动时间短。缺点是制动准确性差、制动过程中冲击强烈，易损坏传动零件。此外，反接时，电机既吸取电源电能，又吸取由机械能转变的电能，并将这两部分能量消耗于电枢回路的电阻 R_a 和数值较大的限流电阻 R 上，能量消耗较大，不经济。所以，反接制动一般都应用于不经常起动和制动的场合。

3. 再生制动

他励直流电动机在运行时，由于某种客观原因，使电机的转速 n 大于空载理想转速 n_o，电枢中的反电动势 E_a 大于电源电压 U，此时电动机变成了发电机，电枢电流的方向发生了改变，由原来与电源电压相同变为与电压相反，电流流向电网，向电网反馈电能。电磁转矩也由于电流的反向而变成了制动转矩，因此叫作再生制动，又叫发电制动或回馈制动。

图 2-13 所示为他励直流电动机电源电压降低，转速从高向低调节的过程，原来电动机运行在固有特性曲线的 A 点上，电压降低为 U_1 后，运行点从 A—B—C—D，最后稳定运行于 D 点。在这一降速过程中，从 B—C 这一阶段，电动机的转速 $n > n_{o1} > 0$，电磁转矩 $M < 0$，M 与 n 的方向相反，M 是制动转矩，而 $n > n_{o1}$。这就是一种再生制动运行的状态。在这一过程中，输入的机械功率不是像发电机那样的由原动机提供，而是由系统从高速向低速降速的过程中，所释放出来的动能所提供的，作为发电机状态而产生的电功率不是给用电设备而是送给直流电源。

再生制动与能耗制动和反接制动的区别在于，后两者在制动过程中都是转速从高速到转速 $n = 0$ 的停车过程，而再生制动仅仅是一个减速过程，转速从高于空载理想转速 n_{o1} 的速度减到 $n = n_{o1}$。转速高于理想空载转速是再生制动运行状态的重要特点。

再如他励直流电动机拖动一台电车。设小车前进时的转速 n 为正，电磁转矩 M 与 n 方向一致，负载转矩 M_L 与 n 反方向为正。小车在平地上前进时，负载转矩为摩擦性阻转矩 M_{L1}，显然 $M_{L1} > 0$。当电车在下坡路上前进时，负载转矩是一个摩擦性阻转矩与一个位能性的拖动转矩的合成。一般后者在数值上比前者大，而两者方向相反，因此下坡时受到的总负载转矩为 M_{L2}，显然 $M_{L2} < 0$，如图 2-14 所示，负载机械特性为曲线 1 和曲线 2。走平路时，电动机工作在电动运行状态，工作点为固有机械特性与曲线 1 的交点 A。

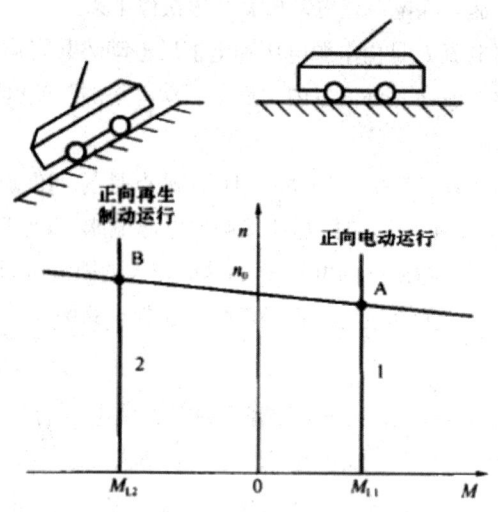

图2-14 正向再生制动运行

走下坡路时,电动机工作在再生制动运行状态,工作点在固有机械特性与曲线2的交点B上。从图2-14中可以看出,再生制动运行时,电磁转矩M与n的方向相反,M与M_{L2}平衡,电车恒速行驶。此时,机械功率不是靠负载减少动能来提供的,而是由电车减少位能的储存来提供的。

再生制动的优点在于不需改接线路,电机即可从电动状态自动转换为发电制动状态而限制转速上升,并能把电能回馈给电网,使电能获得利用。缺点是制动的速度较高,且不能使转速降到零而停车。

再生制动方式适用于快速下放较轻的位能性负载。

第四节 直流电动机的使用、维护及常见故障的处理方法

一、直流电动机的日常运行和维护

为了保证电动机的正常运行,延长使用寿命,电动机日常运行中的监视和维护很重要,它可以防微杜渐,把事故消灭在萌芽之中。

1. 电动机起动前的检查

(1) 新安装或长期停用的电动机,起动前应做好如下检查:

第一,电动机基础是否稳固,螺栓是否拧紧,轴承是否缺油,油是否合格;电动机接线是否符合要求,绝缘电阻是否合格等。

第二，熔丝是否符合要求；起动设备接线是否正确；起动装置是否灵活，有否卡住现象。

第三，电动机和起动设备的金属外壳是否可靠接地或接零。

（2）正常运行的电动机起动前应做如下检查：

第一，检查三相电源是否有电，电压是否过低；熔丝有无损坏，安装是否可靠。

第二，联轴器的螺栓和销子是否紧固；皮带连接是否良好，松紧程度是否合适；机组转动是否灵活，有无摩擦、卡住、窜动和不正常声响。

第三，电动机周围是否有妨碍运行的杂物和易燃品等。

（3）起动电动机时应注意如下事项：

第一，起动电动机时近旁不应有人，拉合刀闸时操作人员应站在一侧，防止电弧烧伤。

第二，几台电动机共用一台变压器供电时，应由大到小逐台地起动。一台电动机连续多次起动时，应按有关规定间隔适当时间，防止过热。连续起动不宜超过 3～5 次。

第三，合闸后，如电动机不转或转速很慢、声音不正常时，应迅速拉闸检查，查出原因后，才能再次起动。

2. 电动机的日常检查

第一，监视电动机发热情况。对电动机在运行过程中的发热情况应给予高度重视。如不注意，容易烧毁电动机或缩短其使用寿命。实用中，电动机温度超过其允许值时，即便不烧毁电动机，也要损坏绝缘，使电动机寿命缩短。依据电动机的类型与绕组所用的绝缘等级，制造厂对绕组和铁芯都规定有最大允许温度和最大允许温升，如表 2-1 所示。

第二，监视电动机额定电流值。电动机铭牌上所标定的是额定电流值，是指室温为 35℃（某些国产电动机为 40℃）时的数值。在 35℃（或 40℃）时，电动机电流不允许超过铭牌上规定的电流值。否则，电动机定子绕组将因过热而损坏。电动机散热一般随气温变化而变化，相应的电动机额定电流也随着变动，如表 2-2 所示。

第三，注意电源电压的变化。电源电压的变化是影响电动机发热的原因之一。电源电压增高，则电动机电流增大，发热增加；电源电压过低，当电动机负载不变时，则电流增大，定子绕组发热也会增加，因此电动机运行中电源电压要求稳定在一个范围内。一般在电动机出力不变的情况下，允许电源电压在 ±（5～10）% 范围内变化。如果电源电压变化过大要及时通知有关部门进行调整。

表 2-1 常用电动机运行允许温升表

电动机部件	绝缘等级	环境温度（℃）	允许温升（℃）（用温度计法测出）	允许温升（℃）（用温度计法测出）
定子绕组	A	35	60	95
铁芯	A	35	65	100
滚动轴承	A	35	60	95
定子绕组	B	35	75	110
定子绕组	B	40	65	105
铁芯	B	40	75	115

表 2-2 气温变化时对电动机的许可电流值

周围空气温度（℃）	额定电流降低（-）%增加（+）%
20以下	+8
30	+5
40	0
45	-5
50	-10
	-15

第四，注意电动机的振动。电动机振动过大，必须详细检查基础是否牢固。地脚螺丝是否松动，皮带轮或联轴器是否松动等。有时振动是由转子不正常而引起的，也可能是因短路等引起的，应详细查找原因，设法消除。

第五，注意电动机的声音和气味。电动机正常运行时声音应均匀，无杂声和特殊声。如声音不正常，可能有下述几种情况：

• 嗡嗡声特大，说明电流过大，可能是超负荷引起的咕噜咕噜声，也可能是轴承滚珠损坏而产生的声音。

• 不均匀的碰擦声，往往是由于转子与定子相擦发出的声音，即扫膛声。应立即判断处理。

• 在电动机运行中，有时因超负荷时间过久，以致绕组绝缘发生损坏，可以嗅到一种特殊的绝缘漆烧焦气味。当发现电动机有异音或异味时，应停机检查，找出原因，消除故障，才能继续运行。

除了上述各项外，电动机在运行中还应注意其通风情况和周围环境的清洁，以及电刷、轴承的工作状况和发热情况等。

3. 电动机的事故停机

运行中电动机有下列情况之一时，应立即切断电源，停机检查。

第一，运行中发生人身事故；

第二，电动机发响发热的同时，转速急速下降；

第三，电动机起动设备冒烟起火，电动机所拖动的机械发生故障；所带机械的传动装置机构折断（断轴等）；

第四，电动机轴承超过规定的高热；电流超过铭牌规定或运行中电流猛增；

第五，电动机发生强大振动。

4. 电动机的定期维护

电动机除了做好运行中的监视维护外，经过一定时间运行后，还应进行定期检查和维护保养，这样才能保证电动机的安全运行并延长使用寿命。

在定期维护保养中，一般规定大修每 1～2 年 1 次；中修每年进行 2 次；小修时，对在环境不良情况下（潮湿、粉尘、腐蚀等处所）运行的电动机每年 4 次，其他电动机可酌减为每年 2 次。

常用中小型电动机,大、中、小修内容如下:

(1)大修主要内容有:

第一,全部或部分更换电动机绕组;

第二,重装电刷装置或换向器;

第三,修整轴承或更换转子轴;

第四,平衡转子或更换风扇;

第五,清扫、装配、浸漆等工作。

(2)中修主要内容有:

第一,拆卸电动机,排除个别线圈所存在的缺陷;

第二,更换损坏的槽键和绝缘套管;

第三,检查电动机风扇的紧固情况,进行修理;

第四,更换轴承衬垫;

第五,修整转子的轴颈,测量定子、转子间的间隙;

第六,清洗轴承并加润滑油脂;

第七,修理和研磨换向器、电刷,检修刷柄和换向器;

第八,装配电动机,检查定子、转子和带负荷的运行情况。

(3)小修主要内容有:

第一,检查电动机紧固情况和接地是否完好;

第二,检查电刷、外壳及轴承发热情况;

第三,不拆开电动机进行清扫;

第四,紧固接线盒的引出线和连接线;

第五,检查电动机运转时是否存在不正常的声音。

二、直流电动机的常见故障及处理方法

直流电动机的常见故障及处理方法如表2-3所示。

表2-3 直流电动机的常见故障及处理方法

故障现象	故障原因	处理方法
绝缘电阻低	(1)电机绕组和导电部分有灰尘、金属屑、油污物; (2)绝缘受潮; (3)绝缘老化	(1)用压缩空气吹净,无效时可用弱碱性洗涤剂水溶液进行清洗,然后干燥处理; (2)烘干处理; (3)浸漆处理或更换绝缘
电枢接地	(1)金属异物使线圈与地接通; (2)绕组槽部或端部绝缘损坏	(1)用220V小试灯查出接地点,排除异物; (2)用低压直流电源测量片间压降或换向片和轴间压降找出接地点,更换故障线圈

「续表」

故障现象	故障原因	处理方法
电枢绕组短路	（1）接线错误； （2）换向片片间或升高片片间有焊锡等金属物短接； （3）匝间绝缘损坏	（1）按接线图纠正电枢线圈与升高片的连接； （2）用测量片间压降的方法查出故障点，清除污物； （3）更换绝缘
电枢绕组断路	（1）接线错误； （2）线圈和升高片并头套焊接不良	（1）按接线图纠正电枢线圈与升高片的连接； （2）补焊连接部分
电枢绕组接触电阻大	（1）线圈和升高片并头套焊接不良； （2）升高片和换向片焊接不良	（1）补焊连接部分； （2）补焊或加固升高片或换向片的连接
电机过热	（1）负载过大； （2）电枢线圈短路； （3）主极线圈短路； （4）电枢铁芯绝缘损坏； （5）冷却空气量不足，环境温度高，电机内部不清洁	（1）减小或限制负载； （2）按电枢绕组短路的1)、2)、3)项处理； （3）查出短路点，补强绝缘； （4）局部或全部进行绝缘处理； （5）清理电机内部，增大风量，改善周围冷却条件
不能起动或转速不正常	（1）负载转矩过大； （2）电枢的电源电压低于额定值； （3）励磁线圈断路、短路、接线错误； （4）电刷不在中性线位置； （5）起动器接触不良，电阻不适当； （6）换向极线圈接反	（1）减小负载阻力矩； （2）提高电源电压至额定值； （3）纠正接线错误，消除短路； （4）调整电刷到中性线位置； （5）更换适当起动器； （6）将换向极线圈的端钮互相更换位置
电流和转速发生剧烈变化	（1）电刷不在中心线上； （2）电源电压波动； （3）串励绕组或换向极绕组接反； （4）励磁电流太小或励磁电路有断路	（1）重新调整电刷位置； （2）检查电源电压； （3）改正接线； （4）增加励磁电流或找出断路处进行修理
机械振动过大	（1）电机的基础不坚固或电机在基础上固定不牢固； （2）机组、电机轴线中心不正确； （3）电枢不平衡	（1）增加基础的坚实性和加强电机在基础上的固定； （2）重新调整好机组轴线中心； （3）重新校正电枢平衡
滚动轴承发热、有噪声	（1）轴承内润滑脂充得太满； （2）滚珠磨损； （3）轴承与轴配合太松	（1）减少润滑脂； （2）更换轴承； （3）使轴与轴承达到要求的配合精度

「续表」

故障现象	故障原因	处理方法
滑动轴承发热、漏油	（1）轴颈与轴瓦间隙太小，轴瓦研刮不好； （2）油环停滞，压力润滑系统的油泵有故障，油路不畅通； （3）油牌号不适合，油内含有杂质和脏物； （4）油箱内油位太高； （5）轴承挡油盖密封不好，轴承座上下接合面间隙大	（1）研刮油瓦，使轴颈和轴瓦间隙合适； （2）更换新油环，排除油路系统故障，保证有足够的润滑油量； （3）更换润滑油，清除杂质； （4）减少油量； （5）改进轴承挡油盖的密封结构，研刮轴承座接合面使之密合

电动机拖动负载起动的一般条件是：$I_{st} < (2 \sim 2.5)I_N$；$M_{st} \geq (1.1 \sim 1.2)M_N$。

一般他励直流电动机不能直接起动。他励直流电动机起动方法有两种：电枢回路串电阻起动和降压起动。

直流电动机的调速方法有三种：电枢回路串入电阻调速；降低电枢电压调速；弱磁调速。

电枢回路串入电阻调速，在空载和轻载时调速范围小，调速效果不明显，低速运行时，转速稳定性较差，只能有级调速。

降低电枢电压调速的稳定性较好，调速范围较广，在额定电压以下可连续、平滑的调速，可无级调速。

弱磁调速消耗的功率较小，控制方便，可实现转速连续调节的无级调速。弱磁调速调节的转速一般在额定转速的（1.2 ~ 1.5）倍。

直流电动机的反转有两种方法：改变电枢绕组中电流的方向或改变励磁绕组中电流的方向实现反转。一般用前者来实现电机的反转。

直流电动机的制动方法有能耗制动、反接制动和再生制动。

直流电动机的日常运行和维护是电动机正常运行和延长其使用寿命的保证。它包括电动机起动前的检查、电动机的日常检查、电动机的事故停机和电动机的定期维护四个方面。

习 题

1. 一般他励直流电动机为什么不能直接起动，采用什么起动方法比较好？
2. 一台他励直流电动机接于电网上空载运行，当电压极性改变时，电动机的转向将如何变化？为什么？
3. 直流电动机的电磁转矩是拖动转矩，当电磁转矩增加时，转速n应该上升，但从机械特性上看反而下降，是何道理？
4. 他励直流电动机弱磁调速时，Φ下降，电磁转矩也应下降，但转速反而升高，为什么?

5. 为什么他励直流电动机实现弱磁调速时,要在额定转速以上运行?

6. 对直流电动机的起动有哪些要求?如何实现?

7. 什么是制动状态?有哪几种?各有什么特点?

8. 他励直流电动机稳定运行时,电枢电流大小由什么决定?改变电枢回路电阻或电压的大小时,能否改变电枢回路电流?

9. 他励直流电动机在考虑电枢反应时,固有机械特性会有什么变化?

10. 他励直流电动机改变励磁电流调速时,机械特性的硬度如何变化,静差率如何变化?

11. 静差率与机械特性硬度有何不同?

12. 他励直流电动机为什么不能直接启动,直接启动后会引起什么不良后果?

第三章 变压器的工作原理和基本结构

 导读

变压器是根据电磁感应原理,把一种电压等级的交流电能变换为同频率的另一种电压等级交流电能的静止电气设备。变压器在电力系统中起着传输、分配电能的重要作用。当远距离传输大功率电能时,可以用变压器升高电压、减小电流,以降低输电线路损耗、节省输电线材;在用户处,还可以用变压器降低电压等级以满足配电和安全用电的需要。由于电能从发电厂到用户的传输和分配,需经多次变换电压,因此,电力系统中变压器设备总容量大约为发电设备总容量的 6~8 倍。此外,变压器还广泛应用于电气测量、自动控制、金属冶炼、焊接及其他方面。

学习目标

1. 掌握变压器的基本工作原理和主要部件的结构及其作用
2. 了解变压器的种类和用途及新型变压器的结构特点
3. 理解变压器铭牌数据的含义

第一节 变压器的基本工作原理

一、变压器的原理结构

变压器主要由铁芯和套装在铁芯上的绕组组成,图 3-1 为一台单相双绕组变压器的原理结构示意图。其中,接到交流电源的绕组称为一次绕组(又称为原边),与负载相接的绕组称为二次绕组(又称为副边)。

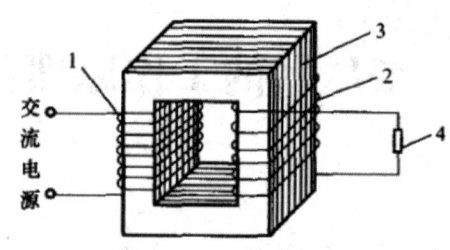

1—次绕组；2—二次绕组；3—铁芯；4—负载
图3-1 变压器的原理结构示意图

二、变压器的变压原理

如果将变压器的一次绕组接于电压 u_1 的交流电源，二次绕组两端便输出交流电压 u_2。那么变压器是如何变压的？下面我们借助图 3-2 所示的变压器原理电路图进行分析。一次绕组外加交流电压 u_1，产生交流电流 i_1，变压器的一次磁动势 i_1N_1 在铁芯中中建立交变磁通 Φ，其频率与电源电压频率相同。铁芯中的交变磁通同时交链一、二次绕组，根据电磁感应定律，一、二次绕组中分别产生同频率的感应电动势：

$$e_1 = -N_1 \frac{d\varphi}{dt} \quad (3-1)$$

$$e_2 = -N_2 \frac{d\varphi}{dt} \quad (3-2)$$

式中：$\frac{d\varphi}{dt}$——铁芯中磁通变化率；

N_1——一次绕组匝数；

N_2——二次绕组匝数。

由电磁感应定律可知，磁通 Φ 在一、二次绕组的每一匝中感应电动势是相等的，即一、二次的感应电动势大小与其绕组的匝数成正比。通常，变压器的 $N_1 \neq N_2$，故 $E_1 \neq E_2$。以后将证明，$U_1 \approx E_1$，$U_2 \approx E_2$ 吨。因此，只要改变一、二次绕组的匝数比，就可达到改变输出电压的目的。若 $N_1 > N_2$，则为降压变压器；若 $N_1 < N_2$，则为升压变压器。

如果变压器二次绕组两端接上负载，则在电动势 e_2 的作用下，二次绕组中将通过电流 i_2，并向负载供电，实现了电能的传递。

变压器在传递电能的过程中，一、二次的电功率基本相等。当一、二次电压不等时，两侧电流势必不等，高压侧的电流小，低压侧的电流大，故变压器在变换电压的同时，也改变了电流。

第二节　变压器的分类

为了适应不同的使用目的和工作条件，变压器有许多种类。通常根据变压器的用途、绕组数目、相数、调压方式、冷却方式等进行分类。

1. 按用途分类

按变压器用途不同可分为电力变压器、仪用变压器、试验用变压器及特殊用途变压器（例如电炉变压器、电焊变压器、整流变压器等）。

2. 按绕组数目分类

根据变压器绕组数目不同可分为单绕组（自耦）变压器、双绕组变压器、三绕组变压器和多绕组变压器。

3. 按相数分类

按电源相数不同，变压器可分为单相变压器、三相变压器和多相（例如整流用六相）变压器。

4. 按调压方式分类

按变压器的调压方式不同，分为无励磁调压和有载调压两种。

5. 按冷却方式分类

根据变压器的冷却介质不同，分为干式变压器、油浸式变压器（又可分为油浸自冷、油浸风冷、油浸水冷、强迫油循环冷却、强迫油循环导向冷却）和充气式冷却变压器。

第三节　变压器的基本结构

变压器的种类不同，其结构也有较大差别。但是，变压器的主要结构是基本相同的，一般包括铁芯、绕组和附件。铁芯和绕组是变压器实现电能传递的主体，称为器身。为了保证变压器安全、可靠的运行，变压器还配置油箱、分接开关、绝缘套管、冷却装置、安全保护装置、检测装置等附件。下面仅以图 3-3 所示的油浸式电力变压器为例简单介绍主要结构部件。

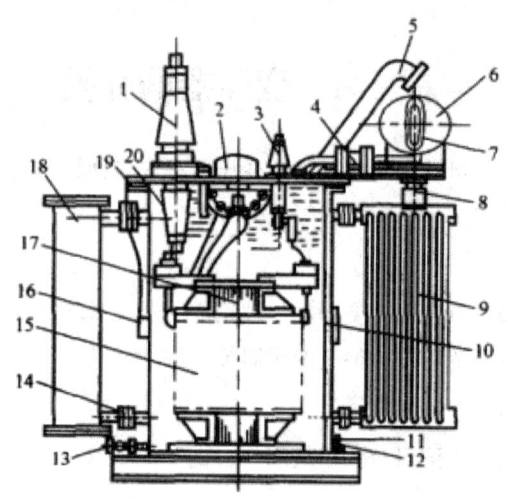

1—高压套管；2—分接开关；3—低压套管；
4—气体继电器；5—安全气道；6—储油柜；
7—油位计；8—吸湿器；9—散热器；10—铭牌；
11—接地螺栓；12—油样活门；13—放油阀门；14—活门；15—绕组；
16—信号温度计；17—铁心；18—净油器；
19—油箱；20—变压器油

图3-3 油浸式电力变压器结构示意图

一、铁芯

1. 铁芯的作用

铁芯是变压器的磁路部分，为耦合一、二次绕组的磁通提供导磁性能好、磁阻小的闭合路径。铁芯还是器身的骨架，用来支撑和固定绕组。

2. 铁芯的材料

为了提高磁路的导磁性能、减小交变磁通在铁芯中产生的磁滞损耗和涡流损耗，变压器的铁芯通常采用0.23～0.35mm厚、表面涂有绝缘漆的硅钢片叠成。硅钢片分冷轧和热轧两种，冷轧硅钢片又分为有取向和无取向两类。变压器铁芯一般采用有取向的冷轧硅钢片，这种硅钢片沿碾轧方向有较高的导磁性能和较小的损耗。

3. 铁芯的结构型式

变压器的铁芯是框形闭合结构，主要由铁芯柱、铁轭和夹紧装置等组成。图3-4所示为三相三柱式变压器的铁芯结构。其中套装绕组的部分称为铁芯柱，不套绕组只起闭合磁路作用的部分称为铁轭。

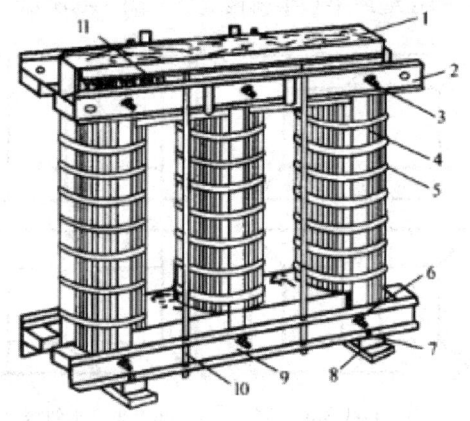

1—上铁轭；2—上夹件及其绝缘；3—夹紧螺杆及绝缘管；
4—铁芯柱；5—玻璃绑扎带；6—下夹件及其绝缘；
7—木垫块；8—垫脚及其绝缘；
9—下铁轭；10—拉紧螺杆；11—接地片

图3-4 三相三柱式变压器的铁芯结构

  叠片式铁芯的结构型式分为心式和壳式两种。心式铁芯结构的变压器（简称心式变压器），其铁芯被绕组包围着，如图3-5（a）所示。心式变压器结构简单，绕组的装配和绝缘也比较容易，国产电力变压器的铁芯主要用心式结构。壳式铁芯结构的变压器（简称壳式变压器），它的特点是铁芯不仅包围着绕组的顶端，而且包围着绕组的侧面。壳式变压器的机械强度好，但制造复杂、铁芯材料消耗较多，只在一些特殊变压器中采用，其结构示意图如图3-5（b）所示。

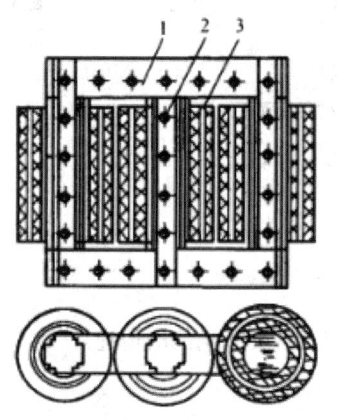 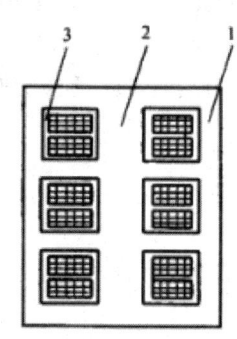

（a）三相心式铁芯　　　　（b）三相壳式铁芯
1-铁轭；2-铁芯柱；3-绕组

图3-5　心式和壳式铁芯结构示意图

铁芯叠片的叠装采用交叠式，使相邻两层叠片的接缝相互错开，以减小接缝间隙，降低磁阻和励磁电流。由于冷轧硅钢片顺着碾轧方向的导磁性能最好，为了减小转角处的附加损耗，通常采用45°斜接缝或半直半斜接缝，如图3-6所示。

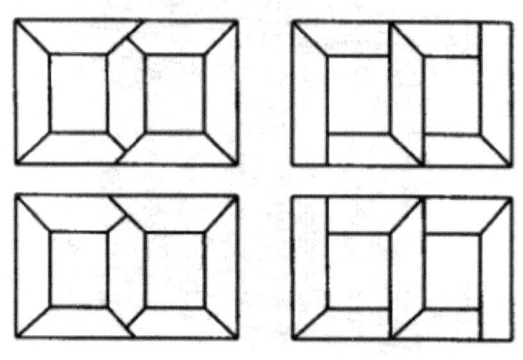

（a）斜接缝　　　　（b）半直半斜接缝

图4-6　三相铁芯叠片叠积图

铁芯柱的截面形状如图3-7所示。从结构上看，铁芯柱的截面形状应与绕组的形状相适应。小型变压器的绕组为矩形，铁芯柱截面也为矩形，如图3-7（a）所示。大中型变压器的绕组为圆筒形，铁芯柱截面应近似于圆形，一般做成多级梯形，级数越多，截面越接近圆形，如图3-7（b）所示。随着铁芯制造技术的不断提高，为了充分利用绕组内圆的空间，近年来出现了渐开线形铁芯和卷铁芯，其铁芯柱截面可做成圆形，如图3-7（c）所示。

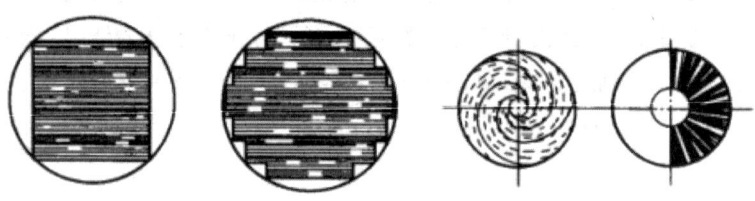

（a）矩形截面　　（b）多级梯形截面　　（c）圆形截面

图3-7　铁芯柱的截面形状

铁轭的截面有矩形、T形、多级圆形等几种，如图3-8所示。

二、绕组

1. 绕组的作用

绕组是变压器的电路部分，通过电磁感应实现交流电能的传递。

2. 绕组的材料

变压器的绕组一般用绝缘铜线或绝缘铝线绕制而成。小容量配电变压器的绕组常采用漆包圆铜线，大中型变压器的绕组多采用纸包或纱包扁铜线。

3. 绕组的结构型式

按高、低压绕组在铁芯柱上放置方式的不同,绕组可分为同心式和交叠式两种。

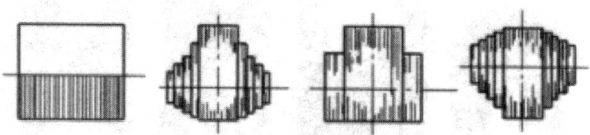

（a）矩形截面　（b）倒多级T形截面　（c）倒T形截面　（d）正多级T形截面

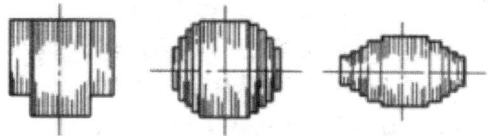

（e）正T形截面　（f）多级圆形截面　（g）多级椭圆形截面

图3-8　铁轭的截面形状和交叠式两种

同心式绕组排列方式如图 3-9（a）所示,其高、低压绕组同心地套在铁芯柱上。为了便于绝缘,通常把低压绕组装在里面,高压绕组装在外面,中间用绝缘纸筒隔开。交叠式绕组的排列方式如图 3-9（b）所示,其一、二次绕组均分成若干线饼,沿着铁芯柱高度方向交替排列,这种绕组主要用于电炉变压器。由于同心式绕组结构简单、制造方便,国产电力变压器均采用此种绕组。

根据绕组绕制方法的不同,同心式绕组又分为圆筒式、连续式、螺旋式和纠结式等几种型式,如图 3-10 所示。

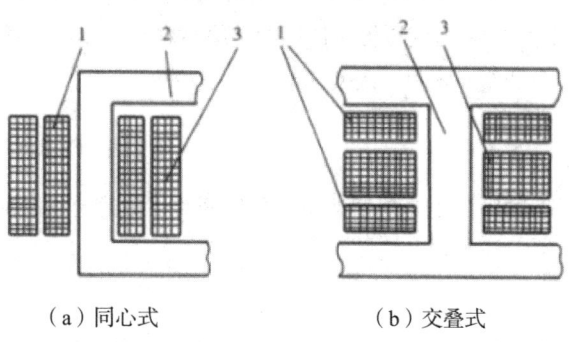

（a）同心式　　　　　　（b）交叠式

图3-9　绕组的排列

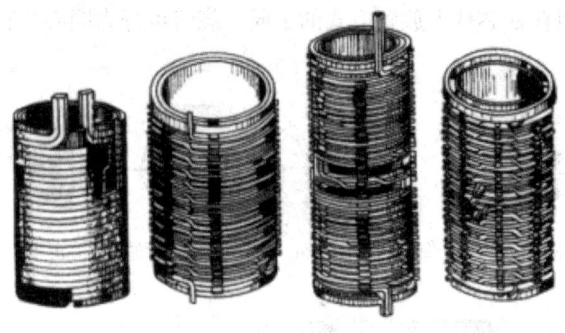

（a）圆筒式　（b）连续式　（c）螺旋式　（d）纠结式
图3-10　同心式绕组的几种型式

圆筒式绕组是最简单的一种型式，以它作为低压绕组时，因电流较大，通常用单根或多根扁导线绕制成双层圆筒式；作高压绕组时，因电流较小，匝数较多，则用圆导线绕成多层圆筒式。连续式绕组的特点是把绕组分成若干线饼，沿铁芯高度分布，线饼之间没有焊接头，而是"连续"绕制。螺旋式绕组通常用多根扁导线并联绕制，沿着径向排列，一匝接着一匝，整个绕组像螺旋一样。纠结式绕组的线匝不是依次排列，而是前后交叉纠结，目的是增加线饼之间的等效电容+，以改善冲击电压作用时绕组上的电压分布，防止绝缘击穿。

4. 绕组的绝缘

绕组的绝缘分为主绝缘和纵绝缘两种。主绝缘是指绕组与铁芯、油箱等接地部分之间的绝缘，高、低压绕组之间的绝缘以及各相绕组之间的绝缘。纵绝缘主要是指绕组匝间、层间、段间的绝缘。油浸式电力变压器所使用的绝缘材料包括变压器油、电缆纸、电话纸、绝缘纸板、白布带、白绸布、木材、酚醛压制品、浸渍漆等。

三、附件

油浸式电力变压器的附件主要包括油箱、分接开关、绝缘套管、冷却装置、安全保护装置、检测装置等。

1. 油箱

油箱是油浸式变压器的外壳，器身就放在充满变压器油的油箱内。变压器油既是器身的绝缘介质，又是冷却器身的散热媒介。油箱由钢板焊接而成，分为桶式和钟罩式两种。

中小型变压器多采用桶式油箱。为了检修方便，大型变压器宜采用钟罩式油箱。

2. 分接开关

在电力系统中，为了使变压器的输出电压控制在允许范围之内，要求变压器高压绕组匝数能在一定范围内进行调节。因此，高压绕组一般都引出抽头，称为分接头，如图3-11

所示。所有分接头都连接到分接开关上。利用分接开关切换分接头的位置，改变高、低压绕组的匝数比，便可调节二次绕组输出电压的大小。

分接开关分为无载调压和有载调压两种。有载分接开关在不停电的情况下就可调节电压。无载分接开关必须在切断电源后才能进行调压操作。因此，无载分接开关又称无励磁分接开关。

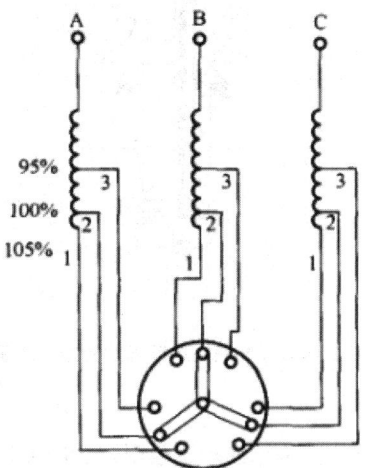

图3-11　变压器的分接开关

3. 绝缘套管

变压器高、低压绕组的引线从油箱内穿出时，必须用绝缘套管使带电的引线与油箱可靠的绝缘。绝缘套管主要由瓷套和导电杆等组成，其结构型式根据电压等级不同，一般分为实心瓷套管、空心充气或充油套管和电容式套管。图3-12所示为35kV充油式绝缘套管的结构示意图。

4. 冷却装置

变压器运行时，铁芯和绕组中的损耗都会产生热量致使变压器的温度升高。为了把变压器的温升控制在一定的范围内，必须采用一些冷却装置。油浸式变压器的冷却装置分为油浸自冷、油浸风冷和强迫油循环等类型。

油浸自冷是靠油的对流进行自然冷却。为了增加散热面积，50kV·A及以上的变压器在箱壁上焊有散热管，1000kV·A及以上的变压器在箱壁上安装可拆卸的散热器。油浸风冷是在变压器的散热器上安装风扇，用风吹加强油箱和散热器表面的空气对流散热。这种冷却装置适用于8000～31500kV·A的变压器。强迫油循环冷却是利用油泵迫使热油通过冷却器而冷却，冷却器可采用风冷式，也可采用水冷式。

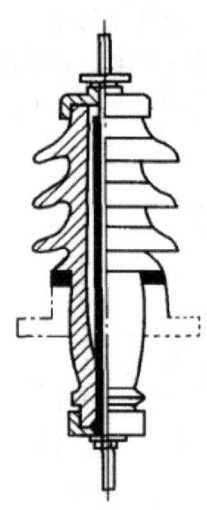

图3-12　35kV充油式绝缘套管的结构示意图

5. 安全保护装置

安全保护装置分为油保护装置（储油柜、吸湿器、净油器）和安全装置（安全气道、气体继电器）等。

第一，储油柜。储油柜又称油枕，它是一个圆筒形容器，装在油箱顶部，通过管道与油箱连通。储油柜的作用：一是调节油量，既保证变压器油箱内充满油，使油随温度热胀减少油与空气的接触面积，防止油的氧化和受潮。

第二，吸湿器。吸湿器又称呼吸器，储油柜通过它与空气连通。当变压器油因热胀冷缩而使油面高度发生变化时，空气通过吸湿器进出储油柜，形成"呼吸"现象。吸湿器内装有变色硅胶，用以吸收进入储油柜中空气的水分和杂质。吸湿器的外壳用透明玻璃制成，可观察硅胶的吸潮程度，当硅胶受潮到一定程度时就会由蓝色变为粉红色。

第三，净油器。为了在运行过程中随时除去变压器油因氧化而产生的酸质，在大中型变压器油箱的一侧均装有净油器。净油器是用钢板焊接成的圆筒形油罐，内部装有吸附剂（如硅胶）。变压器运行时，利用上、下层油温不同形成的自然循环，使油自上而下地通过净油器中的吸附剂进行过滤，以改善变压器油的性能。

第四，安全气道。安全气道又称为防爆管，装在油箱顶盖上。它是一个长钢筒，其出口封以一定厚度的防爆膜（玻璃板或酚醛纸板）。当变压器内部发生严重事故而产生大量气体，使油箱内压力达到一定数值时，气体和油将冲破防爆膜喷出，防止油箱爆裂。

第五，气体继电器。气体继电器装在油箱与储油柜连通的管道上。当变压器内部发生故障造成油的分解而产生气体或油流冲动时，气体继电器的触点闭合，接通控制回路，从而及时发出信号或断开变压器的断路器，起到保护变压器的作用。

6. 检测装置

变压器的检测装置包括油位计和测温元件。油位计用来检测储油柜中的油位，它分为管式油位计、板式油位计和铁磁式油位计三种类型。测温元件的作用是指示变压器上层油温，当上层油温达到一定值时发出信号或起动冷却风扇。测温元件有水银温度计、信号温度计和电阻温度计等。

近年来，我国开始生产密封型油浸电力变压器，其结构如图 3-13 所示。密封型油浸电力变压器的结构特点是：采用密封型波纹油箱，不装储油柜，用压力释放阀替代安全气道。当变压器油温度变化时，密封型波纹油箱可以随着热胀冷缩，避免了油与外界空气的接触，降低油的受潮和老化程度。

1—测温元件；2—高压套管；3—低压套管；
4—压力释放阀；5—波纹油箱

图3-13 密封型油浸电力变压器的结构

第四节　变压器的铭牌

为了便于用户正确使用和维护变压器，生产厂家按照国家标准，在铭牌上标明了变压器正常运行时所规定的有关参数。铭牌上主要有型号和额定值等数据。

一、型号

型号表明该变压器的基本类别和特点。变压器型号由字母和数字两部分组成。

二、额定值

1. 额定容量 S_N

额定容量是指在额定状态下运行时变压器输出的视在功率,其单位为 kV·A 或 MV·A。

2. 额定电压 U_{1N}/U_{2N}

U_{1N} 为一次绕组的额定电压。U_{2N} 是指分接开关在额定位置,一次绕组加额定电压时,二次绕组的开路电压。其单位为 V 或 kV。三相变压器的额定电压指线电压。

3. 额定电流 I_{1N}/I_{2N}

I_{1N} 和 I_{2N} 是分别根据额定容量、额定电压计算出来的一、二次电流,单位为 A。三相变压器的额定电流指线电流。

对于单相变压器:

$$I_{1N}=\frac{S_N}{U_{1N}};\quad I_{2N}=\frac{S_N}{U_{2N}}$$

对于三相变压器:

$$I_{1N}=\frac{S_N}{\sqrt{3}U_{1N}};\quad I_{2N}=\frac{S_N}{\sqrt{3}U_{2N}}$$

4. 额定频率 f_N

我国规定电力系统的额定频率为 50HZ。

此外,铭牌上还标有变压器的相数、联结组别、阻抗电压(或短路阻抗)、额定温升等。

变压器是根据电磁感应原理,把一种电压等级的交流电能变换为同频率的另一种电压等级交流电能的静止电气设备。

变压器一、二次绕组是靠铁芯中的交变磁通联系起来的,一、二次绕组的匝数不同,对应的一、二次电压也不相同。因此,改变一、二次绕组的匝数比,即可调节变压器输出电压的大小。

当忽略变压器内部损耗时,一次绕组的输入功率等于二次绕组的输出功率。因此,变压器变压的同时,也变换了电流。高压侧电流小,低压侧电流大。

变压器的主要结构部件是铁芯和绕组。铁芯作为变压器的磁路部分,绕组是电路部分。三相变压器铭牌上的额定电压和电流均指线值。

习 题

1. 变压器是根据什么原理工作的?为什么能够改变电压?
2. 变压器的一次绕组一定是高压侧吗?

3. 变压器的主要部件有哪些？它们的作用是什么？

4. 把变压器接在直流电源上能工作吗？为什么？

5. 单相变压器其铭牌数据 S_N= 500kVA，U_{1N}/U_{2N}= 35/11kV，求变压器的额定电流。

6. 变压器空载运行时，是否要从电网中取得功率，起什么作用？

7. 为什么小负荷的用户使用大容量变压器无论对电网还是对用户都不利？

8. 在求变压器的电压比时，为什么一般都用空载时高、低压绕组电压之比来计算？

9. 额定电压为 10000/230V 的变压器，是否可以将低压绕组接在 380V 的交流电源上工作？

10 变压器长期运行时，实际工作电流是否可以大于、等于或小于额定电流？

11. 变压器的额定功率为什么用视在功率而不用有功功率表示？

12. 电压变化率与哪些因素有关，是否会出现负值？

13. 一台频率为 60Hz 的变压器接在 50Hz 的电源上运行，其他条件都不变，主磁通、空载电流、铁损耗和漏抗有何变化？为什么？

14. 两台变压器并联运行，若它们的容量相同而阻抗电压标幺值不同，哪台变压器分担的负载多？若阻抗电压标幺值相同而容量不同，则哪台变压器分担的负载多？

第四章　三相异步电动机的基本结构和工作原理

 导读

异步电机是一种交流电机，主要用作电动机使用，去拖动各种生产机械。例如，在工业方面，用于拖动中小型轧钢设备、各种金属切削机床、轻工机械、矿山机械等；在农业方面，用于拖动水泵、脱粒机、粉碎机以及其他农副产品的加工机械等；在民用电器方面的电扇、洗衣机、电冰箱、空调机等也大都是异步电动机拖动的。异步电机也可作为异步发电机使用。单机使用时，常用于电网尚未到达的地区，又找不到同步发电机的情况，或用于风力发电等特殊场合上。

异步电动机的优点是结构简单、容易制造、价格低廉、运行可靠、坚固耐用、检修维护方便、运行效率较高；缺点是功率因数较差。异步电动机运行时，必须从电网里吸收滞后性的无功功率，对电网是一个相当重的负担。但由于电网的功率因数可以用别的办法进行补偿，这并不妨碍异步电动机的广泛使用。

学习目标

1. 了解异步电动机的种类及用途
2. 掌握异步电动机的基本构造及主要结构部件的作用
3. 掌握三相异步电动机的基本工作原理
4. 了解异步电动机铭牌数据的含义与异步电动机的产品系列

第一节　异步电动机的用途和分类

交流旋转电机可分为同步电机和异步电机两大类。同步电机主要用作发电机，其转速与电源频率存在一种严格不变的关系。异步电机主要作为电动机运行，其转速与电源频率之间不存在严格不变的关系。异步电动机具有结构简单、制造容易、运行可靠、维护方便、成本较低、效率较高等优点，是现代化生产中应用最广泛的一种动力设备。例如，

中小型轧钢设备、矿山机械、机床、起重机、鼓风机、水泵以及脱粒、磨粉等农副产品的加工机械,在发电厂中,锅炉、汽轮机的附属设备、水泵、空压机、启门机和天车等大都采用异步电动机来拖动。在日常生活中,单相异步电动机广泛应用在电风扇、洗衣机、电冰箱、空调机及各种医疗机械中。据统计,在电网的总负载中,异步电动机占总动力负载的85%以上。

异步电动机的缺点主要是不能经济地实现范围较广的平滑调速,且异步电动机是感性负载,需从电网吸收无功电流建立磁场,从而使电网的功率因数降低,必须采用相应的无功补偿措施。因而对一些调速性能要求较高的机械负载,仍需使用调速性能较好的直流电动机拖动;对于单机容量较大、恒转速运转的机械负载,常采用可改善系统功率因数的同步电动机拖动。

异步电动机种类很多,根据其特征可作以下分类:按电源相数可分为单相、两相、三相异步电动机;按转子结构型式可分为鼠笼式和绕线式异步电动机;按外壳的防护形式可分为开启式、防护式、封闭式异步电动机。

第二节　异步电动机的基本结构

异步电动机有鼠笼式和绕线式两类,结构如图诶诶4-1及图4-2所示。它们的区别在于转子结构不同。异步电动机结构主要由固定不动的定子和旋转的转子所组成,定子与转子间存在很小的间隙,称为气隙。

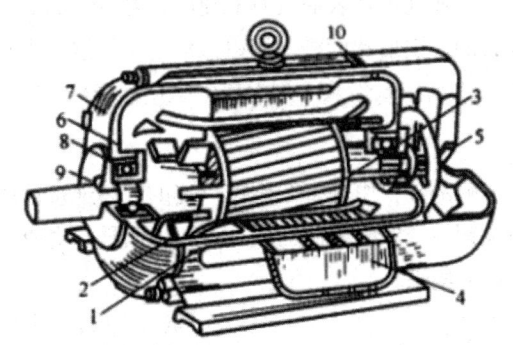

1—定子;2—定子绕组;3—转子;4—出线盒;5—风扇;
6—轴承;7—端盖;8—内盖;9—外盖;10—风罩

图4-1　鼠笼式异步电动机的结构

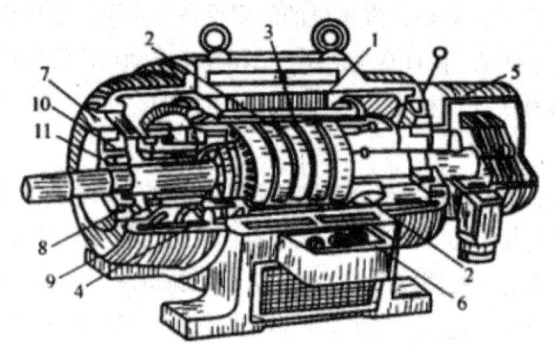

1—定子；2—定子绕组；3—转子；4—转子绕组；5—集电环风扇；
6—出线盒；7—轴承；8—轴承套；9—端盖；10—内盖；11—外盖

图4-2 绕线式异步电动机的结构

一、定子

异步电动机定子由定子铁芯、定子绕组和机座等部件组成，定子的作用是用来产生旋转磁场的。

1. 定子铁芯

定子铁芯是电机磁路的一部分，由于异步电动机中的磁场是旋转的，定子铁芯中的磁通为交变磁通。

为了减小磁场在铁芯中引起的涡流及磁滞损耗，定子铁芯由导磁性能较好的0.5mm厚、表面具有绝缘层（涂绝缘漆或硅钢片表面具有氧化膜绝缘层）的硅钢片叠压而成。定子铁芯叠片内圆冲有均匀分布的一定形状的槽，用以嵌放定子绕组。中小型电机的定子铁芯采用整圆冲片，如图 4-3（a）所示。大、中型电机常采用扇形冲片拼成一个圆。

2. 定子绕组

定子绕组是电机的电路部分，由许多线圈按一定的规律连接而成。小型异步电动机的定子绕组由高强度漆包圆铜线或铝线绕制而成；大、中型异步电机的定子绕组用截面较大的扁铜线绕制成型，再包上绝缘。

3. 机座

机座是电机的外壳，用以固定和支撑定子铁芯及端盖，机座应具有足够的强度和刚度，同时还应满足通风散热的需要。小型异步电机的机座一般用铸铁铸成，大型异步电机机座常用钢板焊接而成。为了增加散热面积、加强散热，封闭式异步电动机机座外壳上面有散热筋、防护式电动机机座两端端盖开有通风孔或机座与定子铁芯间留有通风道等。

二、转子

转子由转子铁芯、转子绕组和转轴等部件构成。转子的作用是用来产生电磁转矩。

1. 转子铁芯

转子铁芯也是电机磁路的一部分。通常用定子冲片内圆冲下来的原料做转子叠片,即一般仍用 0.5mm 厚的硅钢片叠压而成,套装在转轴上,转子铁芯叠片外圆冲有嵌放转子。

2. 转子绕组

转子绕组的作用是感应电动势和电流并产生电磁转矩。其结构型式有鼠笼式和绕线式两种,现分述如下。

第一,鼠笼式转子绕组。在每个转子槽中插入一铜条,在铜条两端各用一铜质端环焊接起来形成一个鼠笼的样子,称为铜条转子,如图4-4所示。也可用铸铝的方法,把转子导条和端环、风扇叶片用铝液一次浇铸而成,称为铸铝转子,如图4-5所示。中小型异步电动机的鼠笼转子一般采用铸铝转子。

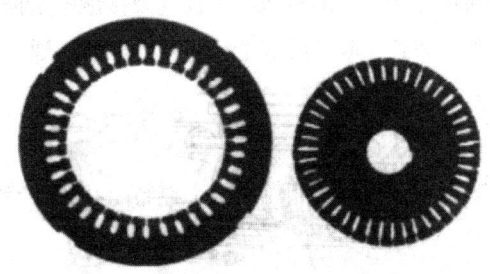

(a)定子冲片　　(b)转子冲片

图4-3　异步电动机铁芯冲片

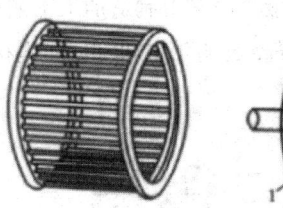 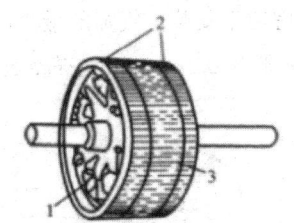

(a)铜条转子绕组　　(b)铜条转子

1—铁芯;2—导条短路环;3—嵌入的导条

图4-4　铜条转子结构

为了提高电动机的起动转矩,在容量较大的异步电动机中,可采用双鼠笼式或深槽式结构的转子,在第九章中将会介绍其结构特点和工作原理。

因鼠笼式转子结构简单、制造方便、运行可靠,所以得到广泛应用。

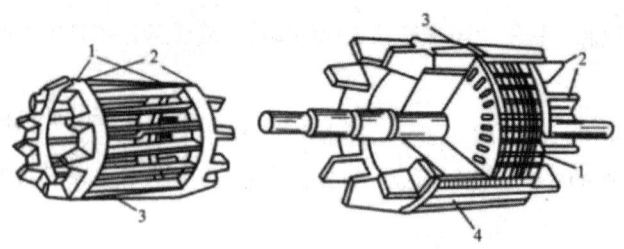

(a) 铸铝转子绕组　　　　(b) 铸铝转子

1—端环；2—风叶；3—铝条；4—转子铁芯

图4-5　铸铝型转子结构

第二，绕线式转子绕组。绕线式转子绕组与定子绕组相似，也是制成三相绕组，一般接成星形，三根引出线分别接到转轴上彼此绝缘的三个集电环上，通过电刷装置与外部电路相连，如图4-6所示。转子绕组回路串入三相可变电阻的目的是为了改善起动性能或调节转速。为了消除电刷和集电环之间的机械摩擦损耗及接触电阻损耗，在大中型绕线式电动机中，还装设有提刷短路装置。起动时转子绕组与外电路接通，起动完毕后，在不需调速情况下，将外部电阻全部短接。

3. 转轴

转轴一般由中碳钢或合金钢制成，其作用是支撑转子和传递转矩，因此要求它有一定的机械强度。

三、气隙

气隙的大小对异步电动机的性能影响很大。为了降低电机的励磁电流和提高功率因数，气隙应尽可能做得小些，但气隙过小，将使装配困难或运行不可靠，因此气隙大小除了考虑电性能外，还要考虑便于安装。气隙的最小值常由制造加工工艺和安全运行等因素来决定，异步电动机气隙一般为0.2～2mm左右，比直流电机和同步电机定、转子气隙小得多。

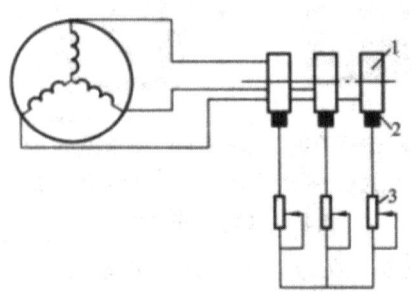

1—集电环；2—电刷；3—变阻器

图4-6　绕线式转子绕组接线图

第三节　三相交流绕组

交流电机绕组的作用是产生旋转磁场和三相对称交流电动势，它是电机实现机电能量转换的重要部件。

一、交流绕组的基本知识

1. 交流绕组的基本要求

从运行和设计制造两个方面考虑，对交流绕组提出如下要求：

第一，在一定导体数下，获得较大的基波电动势和基波磁动势，绕组电动势和磁动势的波形接近正弦波。

第二，三相绕组对称，即三相绕组在空间互差120°电角度，各相绕组匝数相等、电阻和电抗相等，以获得三相对称电动势和磁动势。

第三，用铜量少，绝缘性能和机械强度可靠，散热条件好。

第四，制造工艺简单，安装、检修方便。

2. 三相交流绕组的分类

三相交流绕组种类很多。按槽内元件边的层数，分为单层绕组和双层绕组。单层绕组按连接方式不同可分为等元件式、链式、交叉式和同心式绕组等；双层绕组则分为叠绕组和波绕组。按每极每相所占槽数是整数还是分数，分为整数槽和分数槽绕组；按绕组节距，又有整距绕组、短距绕组及长距绕组之分。

单层绕组一般用于小型异步电动机定子中，双层叠绕组一般用于汽轮发电机及大中型异步电动机的定子中，水轮发电机的定子绕组和绕线式异步电动机转子绕组，常采用双层短距波绕组。

3. 交流绕组常用的名词术语

第一，线圈。线圈是组成交流绕组的基本单元，又称绕组元件。线圈可以是单匝，也可以是多匝串联而成，如图4-7所示。线圈沿铁芯轴向的两个直线部分称为有效边，它是进行电磁能量转换的部分。在槽外用于连接两个有效边的部分称为端部。

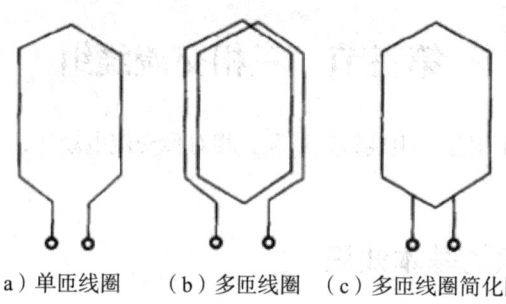

（a）单匝线圈　　（b）多匝线圈　　（c）多匝线圈简化图

图4-7　线圈示意图

第二，极距 τ。沿电机定子铁芯内圆每个磁极所占有的距离称为极距 τ。极距常用每一磁极所占的定子槽数来表示，即

$$\tau = \frac{\pi D}{2p} \tag{4-1}$$

或

$$\tau = \frac{Z}{2p} \quad (槽/极) \tag{4-2}$$

式中：D——定子铁芯内径；

p——电机磁极对数；

Z——定子铁芯槽数。

第三，线圈节距节距是指一个线圈的两个有效边之间的跨距，一般也用定子槽数来表示。从绕组产生最大磁动势或电动势的要求出发，节距应接近于电机极距，即

$$y \approx \tau = \frac{Z}{2p}$$

当 $y = \tau$ 时，称为整距绕组；当 $y < \tau$ 时，称为短距绕组；当 $y > \tau$ 时，称为长距绕组。短距和长距线圈能改善电动势和磁动势波形。但实际应用中由于长距线圈端部长，用铜量较多，一般都不采用，交流电机多采用短距绕组。

第四，电角度。电机圆周的几何角度是 360°，称为机械角度。从电磁观点来看，经过一对磁极，导体的基波电动势变化了一个周期，相当于 360° 电角度，即一对磁极占有空间 360° 电角度。若电机的极对数为 p，则电机圆周为 $p \times 360°$ 电角度，即

$$电角度 = p \times 360° \tag{4-3}$$

（5）槽距角 a_0 相邻两个槽间的电角度称为槽距角。若定子槽数为 Z，电机极对数为 p，则

$$a = \frac{p \times 360°}{Z} \tag{4-4}$$

第六,每极每相槽数 q。每一磁极下每相所占有的槽数称为每极每相槽数 q,若绕组相数为 m,则

$$q = \frac{Z}{2pm} \quad (4-5)$$

其中,q 为整数,称为整数槽绕组;q 为分数,称为分数槽绕组。

第七,相带。每相绕组在每个磁极下所连续占有的电角度 aq 称为绕组的相带。由于每个磁极的电角度是 180°,对三相绕组而言,每相占有 60° 的电角度,称为 60° 相带。交流电机一般采用 60° 相带。

第八,极相组。将一个磁极下属于同一相的 q 个线圈按一定方式串联成的线圈组,即为极相组。

4. 槽电动势星形图

为了帮助分析绕组的电动势和绕组元件的连接规律,将各槽内导体感应的正弦电动势用相量图表示,即为槽电动势星形图。现举一实例来说明。设有一台 $Z=36$、$2p=4$ 的三相异步电动机,定子槽内导体沿圆周均匀分布,如图 4-8 所示,各槽内导体的基波电动势在时间上依次相差一个槽距角 $a = \frac{2 \times 360°}{36} = 20°$。将定子铁芯上均匀分布的 36 个槽按顺序编号,每个槽的导体电动势采用同样编号的相量表示,则该电机的槽电动势星形图如图 4-9 所示,由于各同极性磁极下对应位置的电动势同相位,所以 19、20、21、……相量分别与 1、2、3、……相量重合。若电机有对磁极,则有 p 个重合的槽电动势星形图。

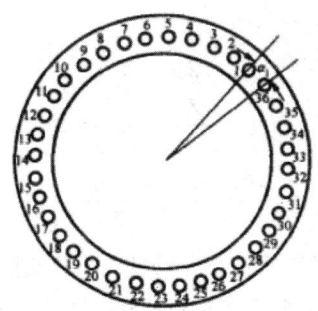

图4-8 同步发电机定子槽内导体沿圆周分布情况

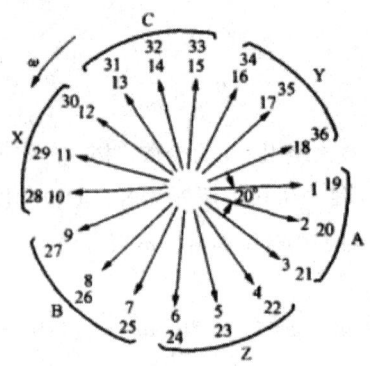

图4-9 槽电动势星形图

二、三相单层绕组

单层绕组的每个槽内只放置一个线圈边,整台电机的线圈数等于总槽数的一半。单层绕组的种类很多,可分为等元件式、链式、同心式和交叉式绕组等,下面以交叉式绕组为例,分析单层绕组的排列及连接方式。

【例4-1】Y132S-4型三相异步电动机,定子槽数 $Z = 36$,极数 $2p = 4$,每相支路数 $2a = 1$,其定子绕组采用单层交叉式绕组,大线圈节距为8槽,小线圈节距为7槽,试绘出其三相绕组展开图。

解(1)计算极距 τ,每极每相槽数 q,槽距角 a

$$\tau = \frac{Z}{2p} = \frac{36}{4} = 9$$

$$q = \frac{Z}{2pm} = \frac{36}{4 \times 3} = 3$$

$$a = \frac{p \times 360°}{Z} = \frac{2 \times 360°}{36} = 20°$$

(2)分板、分相。将槽依次编号,电机每极下共9槽,整个定子可分为 $4 \times 3 = 12$ 个相带,每个相带内有3个槽,每个相带的槽号分布情况如表4-1所示。

表4-1 单层交叉式绕组槽号分布情况表

槽号相带	A	Z	B	X	C	Y
第一对极	1、2、3	4、5、6	7、8、9	10、11、12	13、14、15	16、17、18
第二对极	19、20、21	22、23、24	25、26、27	28、29、30	31、32、33	34、35、36

(3)按线圈节距要求将各线圈边按电流方向连接成线圈。以A相为例,在第一对极下,可将线圈边2与10、3与11相连,组成两个节距为8的大线圈组;而将线圈边12与19相连组成一个节距为7的小线圈组。一对极下面有两个线圈组,两对极下共四个线圈组。如图4-10(a)所示,根据每相支路数 $2a = 1$ 的要求,将线圈组按"头接头、尾接尾"的

规律，沿电流方向顺向串联就构成 A 相绕组。

（4）根据三相绕组对称原则，B、C 两相绕组的连接方法与 A 相相同。三相绕组在空间依次互差 120° 电角度。

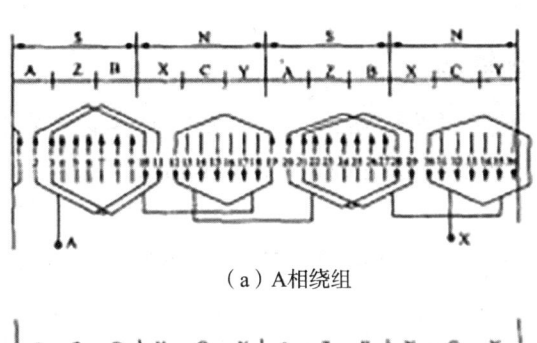

（a）A 相绕组

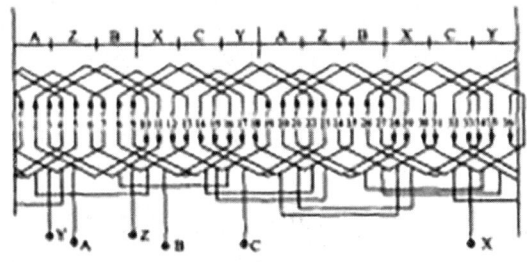

（b）三相绕组

图4-10　三相36槽4极单层交叉式绕组展开图

等元件式、同心式及链式绕组的展开图如图 4-11 所示。

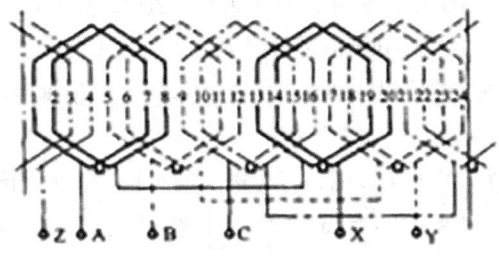

（a）等元件式

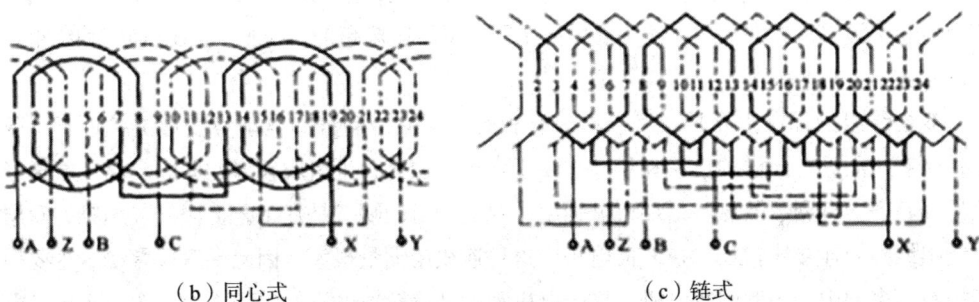

（b）同心式　　　　　　　　　　（c）链式

图4-11　三相单层绕组展开图（$p=2$；$Z=24$，$2a=1$）

单层绕组的优点是元件少,结构简单,嵌线较方便,槽内没有层间绝缘,槽利用率高。但单层绕组为等效整距绕组,不能利用短距来改善电动势和磁动势的波形,产生的磁动势和电动势波形较差,故电机铁损耗和噪声较大,起动性能不良,一般用于10kW以下的小容量异步电动机。

三、三相双层叠绕组

三相双层绕组有叠绕组和波绕组两种。为了改善电动势和磁动势的波形及节约端部连接的用铜量,双层绕组一般都采用短距绕组。下面以三相双层短距叠绕组为例,说明其连接规律。

【例4-2】国产J02-61-4型异步电动机,其定子绕组采用双层叠绕组形式,定子槽数$Z=36$,极数$2p=4$,线圈节距$y=\frac{7}{9}\tau$,并联支路数$2a=1$,试绘出绕组展开图。

解(1)计算极距τ,线圈节距y,每极每相槽数q及槽距角a

$$\tau = \frac{Z}{2p} = \frac{36}{4} = 9$$

$$y = \frac{7}{9}\tau = 7$$

$$q = \frac{Z}{2pm} = \frac{36}{4 \times 3} = 3$$

$$a = \frac{p \times 360°}{Z} = \frac{2 \times 360°}{36} = 20°$$

(2)分极、分相。将槽依次编号,整个定子表面12个相带,采用60°相带,每一相带占三个槽,每个相带的槽号分布情况与例4-1相同,如表4-1所示。

(3)按线圈节距要求连接组成线圈,并组成极相组。根据线圈节距$y=7$槽,将相应的线圈边逐个连接成线圈。例如1号槽的上层边与8号槽的下层边连接起来,构成1号线圈。依次类推,共得到36个线圈。将每极下同一相的q个线圈顺着电流的方向串联起来,构成一个极相组。如图4-12(a)所示,将线圈1、2、3;10、11、12;19、20、21;28、29、30分别串联起来,构成A相的四个极相组。

(4)将极相组连接成相绕组。根据要求的并联支路数$2a=1$,将每个极下同一相的四个极相组沿电流方向按"头接头、尾接尾"的规律连接起来,构成A、B、C三相绕组,如图4-12(b)所示。

双层绕组的优点主要是:可选择最有利的节距使磁动势和电动势波形更接近于正弦波;所有线圈具有同样的形状和尺寸,便于生产机械化;可组成较多的并联支路;端部形状排列整齐,有利于散热和增加机械强度。双层绕组的缺点是在工艺上嵌线较困难,双层叠绕组线圈间连接线较长,在多极电机中这种连线用铜量很大。因此,双层叠绕组主要用于极数不多的中、小型同步电机、异步电机和大型汽轮发电机的定子绕组,多极水轮发电机的定子绕组和绕线式异步电动机的转子绕组常采用波绕组。

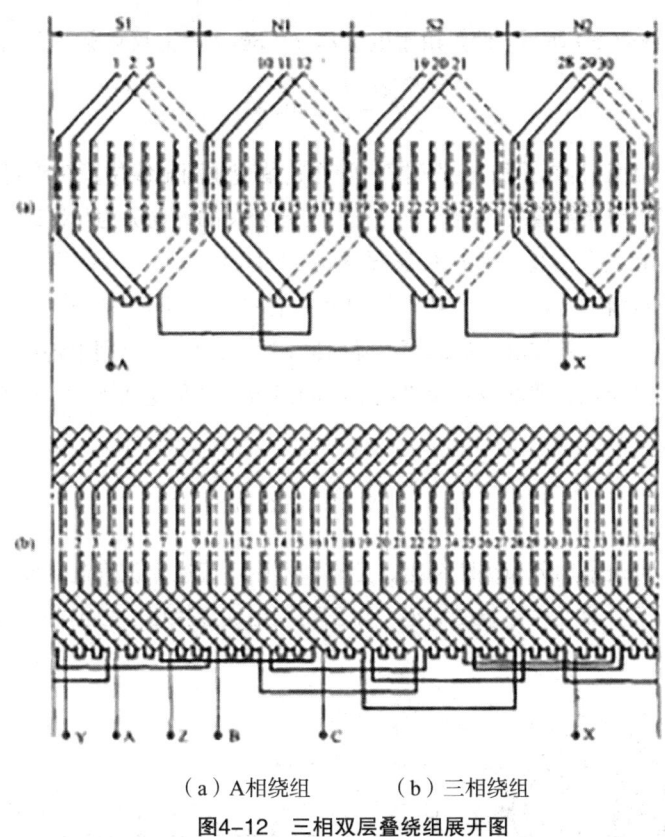

（a）A相绕组　　　（b）三相绕组
图4-12　三相双层叠绕组展开图

第四节　三相旋转磁动势

为了讨论定子三相绕组流过对称的三相正弦交流电流后，所建立的磁动势沿气隙空间分布情况及随时间变化规律，先来分析单相绕组的磁动势。

一、单相绕组的磁动势

在气隙均匀的电机定子上安放一单相集中整距绕组 AX，匝数为 N，在绕组中通入正弦交流电 $i = I_m \cos wt$，它将在电机内产生一个两极磁场，磁场分布如图4-13（a）所示。由于气隙均匀，若略去铁芯中的磁阻不计，可认为绕组所产生的磁动势全部降落在两个气隙上，并均匀分布在气隙的圆周表面上。在绕组 AX 的轴线处选定一个坐标原点 O，横坐标为空间电角度 a，（指定子圆周上离开原点的距离），纵坐标为磁动势 F，将定子内圆展开成一平面后，内圆各处气隙磁路上磁动势大小相等，正好等于绕组磁动势的一半，即 $\frac{1}{2}iN$。且规定，磁力线从定子到转子时，磁动势为正，反之为负，故气隙磁动势在空间为矩形分布，如图4-13（b）所示。但是由于电流 $i = I_m \cos wt$ 为正弦交变电流，故磁动势为：

$$f - \frac{1}{2}iN = \frac{1}{2}I_m \cos wt \qquad (4-6)$$

亦按正弦规律交变，即矩形波的幅值随时间作正弦变化而轴线位置在空间上固定不动，这种空间位置固定不动而幅值大小随时间按正弦规律变化的磁动势为脉振磁动势。

一个集中绕组在均匀气隙中产生的脉振磁动势为一沿空间分布的周期性变化的矩形波，可用傅里叶级数将其分解为基波和一系列奇次谐波，如图4-13（b）所示，其中基波含量最大，也是脉振的，基波磁动势的幅值随时间作正弦变化，空间上随离开绕组轴线的距离 a 也按正弦规律变化，即基波磁动势既是时间函数，又是空间函数，由傅里叶级数分析可得基波磁动势为：

$$f_1 = \frac{2}{\pi} I_m N \cos wt \, \cos a \qquad (4-7)$$

通常交流电机绕组采用分布短距绕组，分布和短距对高次谐波有削弱作用，选择适当的节距，可以削弱五次和七次谐波磁动势，在三相绕组的连接中，可消除三次及其倍数次谐波磁动势。

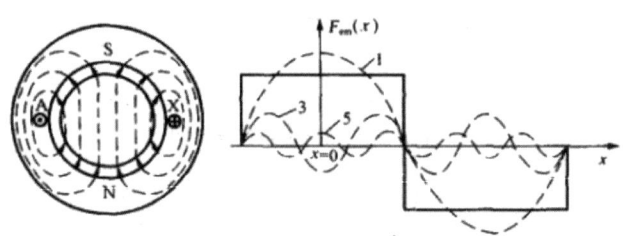

（a）磁场分布　　（b）脉振磁动势的矩形波分解

图4-13　单相集中整距绕组的磁势和磁场分布

二、三相旋转磁动势的产生

1. 三相旋转磁动势的形成

用图解法分析三相合成磁动势的形成简单形象。在三相交流电机定子铁芯里，放置着对称的三相绕组 A—X、B—Y、C—Z，且三相绕组在空间互差120°电角度，如图4-14（a）所示。在三相对称定子绕组中通入三相对称交流电 i_A、i_B、i_C，即

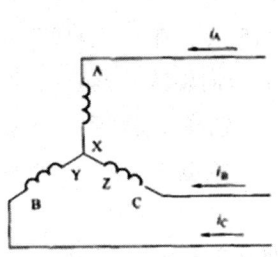
（a）星形连接的三相定子绕组

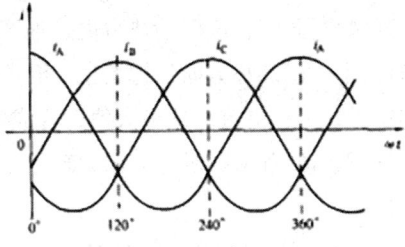
（b）三相对称电流波形

图4-14 定子三相绕组及其电流波形

$$i_A = I_m \cos wt$$
$$i_B = I_m \cos\left(wt - \frac{2}{3}\pi\right) \quad (4-8)$$
$$i_C = I_m \cos\left(wt - \frac{4}{3}\pi\right)$$

三相电流的波形如图 4-14（b）所示。现假设电流的瞬时值为正时是从绕组首端流入，尾端流出；则瞬时值为负时是从绕组尾端流入，首端流出。电流流入端用符号⊗表示，流出端用⊙表示。

下面选择各相电流出现最大值的几个瞬间来分析三相旋转磁动势的形成，如图 4-15 所示。

当 $wt = 0°$ 时，$i_A = I_m$，A 相电流具有正的最大值，电流从首端 A 流入，从尾端 X 流出；$i_B = i_C = \frac{1}{2}I_m$，B 相和 C 相电流均为负，故电流均从绕组的尾端流入，首端流出，如图 4-15（a）所示，根据标示的电流方向，利用右手螺旋定则，判断出此时合成磁动势的方向，合成磁动势轴线正好位于 A 相绕组轴线上。

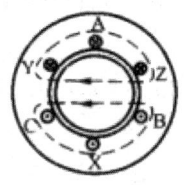
（a）$wt = 0°$ 时
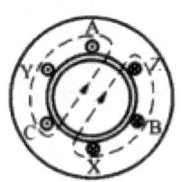
（b）$wt = 120°$ 时
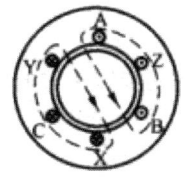
（c）$wt = 240°$ 时
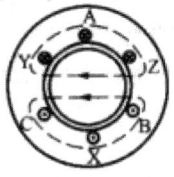
（d）$wt = 360°$ 时

图4-15 用图解法分析旋转磁动势

当 $wt = 120°$ 时，$i_B = I_m$，B 相电流具有正的最大值，电流从首端 B 流入，从尾端 Y 流出；$i_A = i_C = \frac{1}{2}I_m$，A 相和 C 相电流均为负，因此 A、C 两相电流均从尾端流入，首端流出，如图 4-15（b）所示，根据右手螺旋定则，判断出此时合成磁动势的方向，合成磁动势轴线正好位于 B 相绕组轴线上。磁动势方向沿顺时针方向旋转了 120°。

当 $wt=240°$ 时，$i_C=I_m$，$i_A=i_B=-\frac{1}{2}I_m$，C 相电流具有正的最大值，A 相和 B 相电流均为负。同理可判断此时合成磁动势方向，如图 4-15（c）所示，合成磁动势轴线正好位于 C 相绕组轴线上。磁动势方向从起始位置沿顺时针方向旋转了 240°。

当 $wt=360°$ 时，A 相电流又达最大值，合成磁动势轴线又旋转到了 A 相绕组的轴线上，磁动势方向从起始位置沿顺时针方向旋转了 360°。故电流变化一个周期，合成磁动势也旋转了一周。

由此得出结论：在三相对称交流绕组中通入三相对称交流电，将形成一个旋转磁动势。

2. 旋转磁场的转向

由图 4-15 可见，若三相绕组中通入的为正序电流，电流出现正的最大值的顺序为 A——B——C，则旋转磁场的方向也是从 A 相——B 相——C 相。如果任意对调两相绕组所接交流电源的相序，即通入三相绕组的电流变为负序，电流出现正的最大值的顺序则为 A——C——B，同样用图解法分析可知，旋转磁场方向也将变为从 A 相——C 相——B 相。

由此可得出结论：旋转磁场方向取决于通入三相绕组中的电流相序，始终由超前电流相转向滞后电流相。改变电流相序，就可以改变旋转磁场的方向。

3. 旋转磁场的转速

三相对称定子绕组中通入三相对称交流电产生旋转磁场，这个旋转磁场的转速称为同步转速，它与电源频率和定子绕组的磁极对数有关。

第一，当电机为一对磁极时，电流变化一个周期，旋转磁场旋转一周。若交流电频率为 f，则每分钟变化 $60f$ 次，旋转磁动势每分钟要转 $60f$ 周，即 $n_1=60f$（r/min）。说明旋转磁场的转速与电源频率 f 成正比。

第二，电流变化一个周期，旋转磁场相应旋转了 360° 电角度，对于一对磁极电机，电流变化一个周期，旋转磁场也旋转了 360° 机械角度，即旋转了一周。对于 p 对极电机，则旋转磁场在空间旋转 $360/p$ 机械角度，即旋转了 $1/p$ 周。这就是说，旋转磁场的转速与磁极对数成反比。

综上所述，旋转磁场的同步转速与电源频率 f、磁极对数 p 的关系可以用以下数学表达式表示。即：

$$n_1=\frac{60f}{p} \tag{4-9}$$

第五节 异步电动机的工作原理

一、工作原理

在异步电动机的定子铁芯里，嵌放着对称的三相绕组A—X、B—Y、C—Z，如图4-16所示。以鼠笼式异步电动机为例，转子是一闭合的多相绕组，下面分析异步电动机工作原理。

当异步电动机三相对称定子绕组接通三相对称交流电流时，定子电流便产生一个旋转磁场，且以同步转速沿着顺时针方向旋转。转子导体开始是静止的，故转子导体将切割定子磁场而感应电动势并产生感应电流。假设转子为纯电阻性电路，转子电流与感应电动势同相位，其方向由右手定则确定。转子载流导体在磁场中受到电磁力作用，由左手定则可判定电磁力F的方向。电磁力F对转轴形成一个电磁转矩，其作用方向与旋转磁场方向一致，拖着转子沿着旋转磁场方向旋转，将输入的电能变成转子旋转的机械能。

异步电动机的转子旋转方向始终与旋转磁场的方向一致，而旋转磁场的方向取决于通入交流电的相序，因此任意对调电动机的两根电源线，便可使电动机反转。

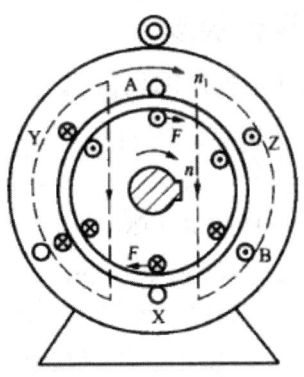

图4-16 异步电动机工作原理

二、转差率

异步电动机的转子转速n总是低于定子旋转磁场转速n_1，这是异步电动机转子产生感应电动势和电流并形成电磁转矩的必要条件。因电机转速n与旋转磁场转速n_1不同步，"异步"由此而得名。由于异步电动机的转子电流是依靠电磁感应作用产生的，所以又称为感应式电动机。通常我们将同步转速n_1与转子转速n之差对同步转速n_1之比称为转差率，用字母s表示，即：

$$s = \frac{n_1 - n}{n_1} \quad (4\text{-}10)$$

异步电动机带额定负载时，转差率很小，一般 s_N 相在 0.01～0.06 之间。由于转差率 s 反映了转子与旋转磁场之间的相对运动，故 s 大小对异步电动机转子电动势、电流、频率、电抗、功率因数等物理量都有直接影响，转差率是异步电动机的一个重要参数。

根据转差率 s，可以求电动机的实际转速 n，即：

$$n = (1-s) n_1 \quad (4\text{-}11)$$

【例 4-3】J02-51-2 型 10kW 异步电动机，电源频率为 50Hz，转子额定转速为 2930r/min，求额定转差率，并求转差率 s 为 0.1 时的转速。

解：两极异步电动机的同步转速

$$n_1 = \frac{60f}{p} = \frac{60 \times 50}{1} = 3000 \ (\text{r/min})$$

额定转差率

$$s_N = \frac{n_1 - n_N}{n_1} = \frac{3000 - 2930}{3000} = 0.0233$$

转差率为 0.1 时的转速

$$n = (1-s) n_1 = (1-0.1) \times 3000 = 2700 \ (\text{r/min})$$

三、异步电机的三种运行状态

根据转差率大小和正负，异步电机有电动机运行、发电机运行和电磁制动三种运行状态。

1. 电动机运行状态

当异步电机作电动机运行时，电磁转矩为驱动性质，电磁转矩克服负载制动转矩而做功，把从定子吸收的电功率转变成机械功率从转子输出。电动机转速与定子旋转磁场转速同方向，如图 4-17（b）所示，且实际转速取决于负载大小。当电机静止时，$n = 0$，$s = 1$；当异步电动机处于理想空载运行时，转速接近于同步转速，故异步电机作电动机运行时，转速变化范围为 $0 < n < n_1$，转差率变化范围为 $0 < s < 1$。

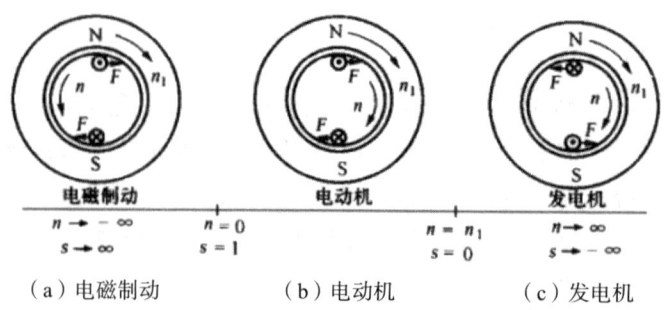

（a）电磁制动　　（b）电动机　　（c）发电机

图 4-17　异步电动机的三种运行状态

2. 发电机运行状态

如果用原动机拖动异步电机顺着旋转磁场的方向旋转，且使电机转速 n 大于同步转速 n_1，即 $n > n_1$，则 $s < 0$，磁场切割转子导体的方向与电动机状态时相反。因此转子电动势、转子电流及电磁转矩方向也与电动机运行状态时相反，如图 4-17（c）所示，电磁转矩与转子转向相反，对电机起制动作用，转子从原动机吸收机械功率。由于转子电流改变了方向，定子电流跟随改变方向，也就是说，定子绕组由原来从电网吸收电功率，变成向电网输出电功率，使电机处于发电机运行状态。

当异步电机作为发电机运行时，其转速可在 $n_1 < n < \infty$ 范围内变化，相应的转差率在 $-\infty < s < 0$ 范围内变化。

3. 电磁制动状态

如果用外力拖动电机逆着旋转磁场的旋转方向转动，则旋转磁场将以高于同步转速的速度（$n_1 + n$）切割转子导体，切割方向与电动机状态时相同。因此转子电动势、转子电流和电磁转矩的方向与电动机运行状态时相同，但电磁转矩与转子转向相反，对电机起制动作用，故称为电磁制动运行状态，如图 4-17（a）所示。为克服这个制动转矩，外力必须向转子输入机械功率。同时电机定子又从电网吸收电功率，这两部分功率都在电机内部以损耗的方式转化成热能消耗了。异步电机作电磁制动状态运行时，转速变化范围为 $-\infty < n < 0$，相应的转差率变化范围为 $1 < s < \infty$。

由以上分析可见，异步电机可以在电动机、发电机和电磁制动三种状态下运行。现代异步电机主要作为电动机运行；电磁制动往往只是异步电机在完成某一生产过程中而出现的短时运行状态，例如交流起重机下放重物时，为限制下放速度，使异步电机运行于电磁制动状态；至于异步发电机则有时用于农村小型水电站和风力发电站中。

第六节　异步电动机的铭牌

在异步电动机的机座上都装有一块铭牌，铭牌上标出了该电动机的型号及一些技术数据，了解铭牌上的有关数据，对正确选择、使用和维修电动机具有重要意义。表 4-2 所示是一台三相异步电动机的铭牌，现分别说明如下。

表 4-2　三相异步电动机铭牌

型号	Y180M2-4	功率	18.5kW	电压	380V
电流	35.9A	频率	50Hz	转速	1470r/min
接法	△	工作方式	连续	绝缘等级	E
防护形式	IP44（封闭式）			产品编号	—
×××× 电机厂				×年×月	

一、型号

型号是表示电机名称、规格、防护型式及转子类型等所采用的产品代号。我国电机型号一般采用大写印刷体的汉语拼音字母和阿拉伯数字组成。其中汉语拼音字母是根据电机的全名称选择有意义的汉字，再用该汉字的第一个拼音字母组成。常用的字母含义是：

J——交流异步电动机；

Y——异步电动机（新系列）；

O——封闭式（没有 O 是防护式）；

R——绕线式转子（没有 R 为鼠笼式转子）；

S——双鼠笼式转子；

C——深槽式转子；

Z——冶金和起重用的铜条鼠笼式转子；

Q——高起重转矩；

L——铝线电机；

D——多速；

B——防爆；

现以 Y 系列异步电动机为例说明型号中各字母及阿拉伯数字所代表的含义：

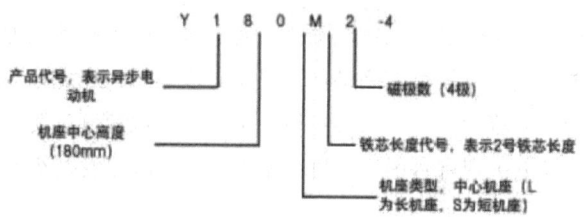

二、额定值

1. **额定电压** U_N

额定电压是指电动机在额定工作状态下运行时，定子绕组上规定使用的线电压，单位为 V 或 kV。

2. **额定电流** I_N

额定电流是指电动机在额定工作状态下运行时，电源输入电动机的线电流，单位为 A 或 kA。

3. **额定功率** P_N

额定功率是指电动机在额定工作状态下运行时，轴上输出的机械功率，单位为 W 或 kW。

对于三相异步电动机,其额定功率为:

$$P_N = \sqrt{3}U_N I_N \eta N \cos\varphi N \qquad (4-12)$$

式中:ηN——电动机的额定效率;

$\cos\varphi N$——电动机的额定功率因数。

4. 额定转速 n_N

额定转速表示电动机在额定工作状态下运行时的转速,单位为 r/min。

5. 额定频率 f_N

额定频率表示电动机在额定工作状态下运行时,输入电动机交流电的频率,单位为 Hz。我国交流电的频率为工频 50Hz。

6. 接法

接法表示电动机在额定电压下运行时,定子三相绕组的联结方式。其联结方式取决于电源电压。如铭牌上标明 380/220V、丫/△接法,说明电源线电压为 380V 时应接成丫形;电源线电压为 220V 时应接成 △ 形。无论采用哪种接法,相绕组承受的电压应相等。

定子三相绕组共有六个出线端,三相绕组的首端分别用 U1、V1、W1 表示,尾端分别用 U2、V2、W2 表示。通常把这六个出线端按图 4-18(a)所示的排列次序接在机座上的接线盒中。图 4-18(b)及图 4-18(c)所示,分别为定子绕组的星形接线及三角形接线。

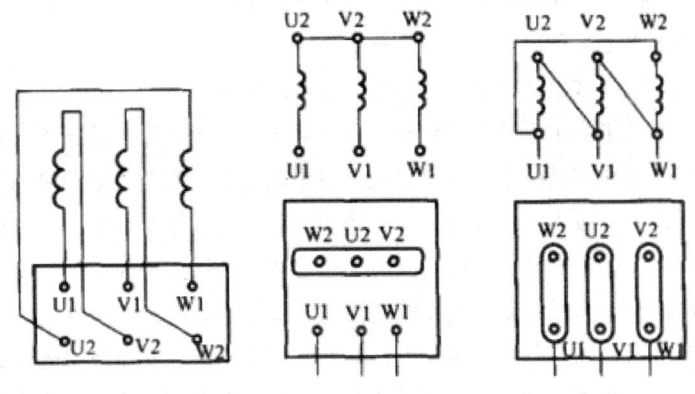

(a)接线盒中6个引线端的排列次序　(b)丫形联结　(c)△形联结

图4-18　三相异步电动机的接线盒

7. 防护等级

防护等级表示电动机外壳的防护型式。

8. 绝缘等级与温升

绝缘等级表示电动机所用绝缘材料的耐热等级。温升表示电动机发热时允许升高的温度。

9. 工作方式

工作方式也称定额，指运行持续的时间，分为连续运行、短时运行、断续运行三种。

三、异步电动机产品简介

1. Y 系列

Y 系列是一般用途的小型笼型电动机系列，取代了原先的 J2、JO2、JO3 系列。它具有效率高、起动转矩大、噪声低、振动小、防护性能好、安全可靠、外观美观等优点。其技术条件符合国际电工委员会（IEC）标准。

2. JR 系列

JR 系列是防护式三相绕线式异步电动机，用于电源线路容量不足、不能用笼式电动机起动的机械上，主要用于要求起动转矩或起动惯量较大的设备上。JR 系列电动机容量一般为 10～100kW。

3. YR 系列

YR 系列是一种大型三相绕线型异步电动机系列，是我国统一设计的升级换代产品，容量为 250～2500kW，主要用于冶金和矿山工业中。

4. JD2 和 JD02 系列

JD2 和 JDO2 系列是防护式和封闭式多速（D）异步电动机。它主要用于各式机床以及起重传动设备等需要多种速度的传动装置。

三相异步电动机的基本结构和工作原理。主要内容有：

第一，异步电动机的主要结构部件是定子和转子。定子的作用是通入三相交流电后产生旋转磁场；转子的作用是产生感应电流及形成电磁转矩，实现机电能量的转换。异步电动机为交流励磁，为了减小励磁电流，提高功率因数，其气隙通常较小，约 0.2～2mm。

第二，异步电动机根据转子结构不同分为鼠笼式和绕线式两大类。鼠笼式异步电动机结构简单、价格便宜，但其起动性能和调速性能不及绕线式异步电动机。

第三，交流绕组是同步电机和异步电机的共同理论基础。交流绕组的构成原则是：三相绕组必须对称，以获得对称的三相电动势和磁动势；在保证绕组电动势和磁动势波形接近于正弦波的情况下，尽可能获得较大的电动势和磁动势；节省材料，散热条件好，工艺简单。

第四，交流绕组种类很多。由于三相双层短距分布绕组能改善电动势和磁动势波形、线圈制作方便、端部排列整齐、有利散热和增强机械强度，因此大中型交流电机均采用双层短距分布绕组。双层短矩叠绕组能节省端部用铜量和获得较多的并联支路，在中、小型同步电机、异步电机和大型汽轮发电机定子绕组中得到广泛应用。磁极对数较多的水轮发电机为了节省端部用铜量，常采用双层波绕组；另外，双层波绕组结构比较坚固，适用于旋转的转子绕组，故绕线式异步电动机转子常采用波绕组。单层绕组结构简单、嵌线方便、槽利用率高，多用于小功率三相异步电动机中。

第五，单相交流绕组磁动势为脉振磁动势。脉振磁动势既是空间的函数，也是时间的函数。三相对称绕组中通入三相对称交流电，产生的是旋转磁动势。旋转磁场的方向取决于电流的相序，总是从超前电流相转向滞后电流相。旋转磁场的转速为同步转速，与电源频率及电机极对数有关，即 $n_1 = \dfrac{60f}{p}$。

第六，异步电动机三相对称定子绕组中通入三相对称交流电产生旋转磁场，转子导体切割定子旋转磁场而产生感应电动势及感应电流，转子载流导体在定子旋转磁场中受电磁力作用，形成电磁转矩，拖动转子沿旋转磁场方向转动起来，从而实现了电能与机械能的转换。改变定子电流相序可以改变异步电动机转向。从原理分析可知，异步电动机转子电流是感应而产生的，故异步电动机又称感应电动机。

第七，$n < n_1$ 是异步电动机工作的必要条件。

第八，转差率 $s = \dfrac{n_1 - n}{n_1}$ 它是异步电动机的一个重要参数。根据其大小和正负可判定。

第九，异步电动机额定功率 P_N 为额定运行状态下，转子轴上输出的机械功率，即：

$$P_N = \sqrt{3} U_N I_N \eta N \cos\varphi N$$

习　题

1. 简述三相鼠笼式异步电动机主要结构部件及各部件的作用。
2. 三相绕线式异步电动机与鼠笼式异步电动机结构上主要有什么区别？
3. 异步电动机定、转子之间的气隙是大好还是小好？为什么？
4. 简述三相交流绕组构成原则。
5. 什么叫极距？设有一台三相交流电机，定子槽数为48，极数2p=8，求其极距。
6. 绕组的每极每相槽数的含义是什么？某三相交流电机，定子槽数为36，极数为6，则其定子每极每相槽数为多少？
7. 什么叫槽距角？计算习题6中的槽距角。
8. 什么叫相带？什么叫极相组？绕组的极相组数与电极极数之间有何关系？
9. 什么叫单层绕组？什么叫双层绕组？各有何优缺点？各用在什么场合？
10. 一台三相双层叠绕组电机，极数 $2p=4$，定子槽数 $z=24$，节距 $y=\dfrac{5}{6}\tau$，每相支路数 $2a=2$，试计算极距、节距、每极每相槽数及槽距角。并画出三相绕组展开图。
11. 什么叫脉振磁动势？什么叫旋转磁动势？单相及三相交流绕组的磁动势各是

什么性质？

12. 交流电机定子三相绕组通入正序电流和负序电流时，磁场的旋转方向有何不同？试绘图说明。

13. 简述异步电动机工作原理。异步电动机的转向主要取决于什么？说明如何实现异步电动机的反转。

14. 异步电动机转子转速能不能等于定子旋转磁场的转速？为什么？

15. 一台绕线式三相异步电动机，如将定子三相绕组短路，转子三相绕组通入三相交流电流，这时电动机能转动吗？转向如何？

16. 什么叫异步电动机的转差率？异步电机有哪三种运行状态？并说明三种运行状态下，转速及转差率的范围。

17. 一台六极异步电动机由频率为50HZ的电源供电，其额定转差率为$s_N = 0.05$，求该电动机的额定转速？

18. 一台三相异步电动机由频率为50Hz的电源供电，其额定转速为$n_N = 2930$r/min，求此电动机的磁极对数、同步转速及额定负载时的转差率。

19. 一台三相异步电动机，$P_N = 4$kW，$U_N = 380$V，$\cos\varphi N = 0.88$，$\eta N = 0.87$，求异步电动机的额定电流。

第五章　交流电机电枢绕组的电动势与磁动势

导读

交流电机包括同步电机和异步电机两大类。虽然同步电机和异步电机在运行原理和结构上有很多不同，比如同步电机采用直流励磁，而异步电机采用交流励磁。但它们之间也有许多相同之处，例如定子绕组的结构和形式是相同的，定子绕组的感应电动势、磁动势的性质、分析方法也完全相同。因此，本章介绍的内容同时适用于同步电机和异步电机。

学习目标

1. 了解交流电机电枢绕组的基本构成
2. 理解交流电机电枢绕组产生的磁动势

第一节　交流电机电枢绕组

一、交流电机电枢绕组的基本要求

和变压器相仿，在交流电机中要进行能量的转换必须要有绕组，这些绕组被称为电枢绕组。交流电机的电枢绕组尽管形式多样，但其基本功能相同，即感应电动势、导通电流和产生电磁转矩，所以其构成原则也基本相同。一般来说，从运行性能和制造两方面来考虑，对交流电机的电枢绕组有以下一些基本要求。

第一，在一定的导体数下，有合理的最大绕组合成电动势和磁动势；

第二，各相的相电动势和相磁动势波形力求接近正弦波，即要求尽量减少它们的高次谐波分量；

第三，对三相绕组，各相的电动势和磁动势要求对称（大小相等且相位上互差120°电角度），并且三相阻抗也要求相等；

第四，绕组用铜量少，绝缘性能和机械强度可靠，散热条件好；

第五，绕组的制造、安装和检修要方便。

二、交流电机电枢绕组的分类

由于交流电机应用范围非常广，不同类型的交流电机对电枢绕组的要求也各不相同，因此交流电机电枢绕组的种类也非常多。其主要分类方法有以下几种。

第一，按槽内层数分，可分为单层和双层绕组。其中，单层绕组又可分为链式、交叉式和同心式绕组，双层绕组又可分为叠绕组和波绕组。

第二，按相数分，可分为单相、两相、三相及多相绕组。

第三，按每极每相槽数，可分为整数槽和分数槽绕组。

尽管交流绕组种类很多，但由于三相双层绕组能较好地满足对交流电机电枢绕组的基本要求，所以现代动力用交流电机的电枢绕组一般多采用三相双层绕组。

三、与交流电机电枢绕组相关的一些名词术语

在介绍交流电机电枢绕组的结构及绕制方法之前，先来熟悉一些与之相关的名词术语。

第一，极对数 p：指电机主磁极的对数。

第二，电角度：电机转子铁心的端面是个圆，从几何的角度来说可以分为360°，这样划分的角度为机械角度，即电机铁心圆周为360°机械角度。然而从磁场角度看，一对磁极便是一个交变周期，我们把电机一对极（一个N极，一个S极）所对应的机械角度定为360°电角度。如果电机有 p 对极，则电角度 = p × 机械角度。在图5-1中，我们将电机沿气隙展开，一个圆周长用360°机械角度表示。不论电机的极数是多少（图中是4极），一对极对应360°电角度，电机一个圆周对应 p×360°电角度。在后面的章节中可知，应用电角度分析电机绕组在磁场中的位置及产生的感应电动势和电流分布是非常方便的。

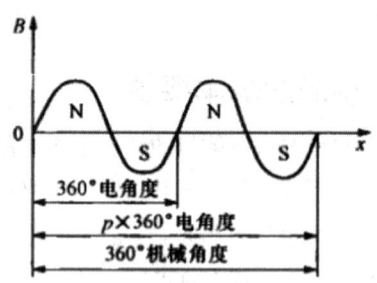

图5-1 机械角度与电角度

第三，极距 τ：极距指电机一个主磁极在电枢表面所占的长度。其表示方法很多，一般可以用空间长度（$\pi D/2p$）、所占槽数（$Z/2p$）、电角度（180°或 π）等方式来表示。其中 D 为电机电枢直径，Z 为电枢铁心槽数，p 为电机极对数。

DISI，每极每相槽数 q：在交流电机中，每极每相占有的平均槽数 q 是一个重要的参数，如电机槽数为 Z，极对数为 p，相数为 m，则得

$$q = Z/2pm \tag{5-1}$$

$q=1$ 的绕组称为集中绕组；$q>1$ 的绕组称为分布绕组。

第五，槽距角 a：相邻两槽间的电角度为槽距角，用 a 表示。若交流电机的极对数为 p，槽数为 Z，则槽距角为：

$$a = p \times 360° / Z \quad (5-2)$$

四、槽电动势星形图

当正弦分布的磁场以同步转速旋转时，在定子周围上每槽导体中感应的电动势都是正弦波，幅值相等，但在时间相位上不同，当把电枢上各槽内导体按正弦规律变化的电动势分别用相量表示时，这些相量构成一个辐射星形图，称为槽电动势星形图。槽电动势星形图是分析交流绕组的有效方法，下面用具体例子来说明。

【例 5-1】图 5-2 是一台三相同步发电机的定子槽内导体沿电枢内圆周的分布情况，已知 $2p=4$，电枢槽数 $Z=24$，转子磁极逆时针方向旋转，试绘出槽电动势星形图。

解：根据槽距角的定义，可计算出本例中的槽距角为

$$a = \frac{p \times 360°}{Z} = \frac{2 \times 360°}{24} = 30°$$

在图 5-2 中，设同步电机的转子磁极磁场的磁通密度沿电机气隙按正弦规律分布，则当电机转子逆时针旋转时，均匀分布在定子圆周上的导体切割磁力线，感应出电动势。很明显，此感应电动势将随时间按正弦规律变化。对每槽中的导体而言，磁场转过一对磁极，导体感应电动势变化一个周期，即 360°。又由于各槽导体在空间电角度上彼此相差一个槽距角 a，因此导体切割磁场有先有后，各槽导体感应电动势彼此之间存在着相位差，其大小等于槽距角 a。于是，可以假设 1 号槽的导体电动势为相量 1，则 2 号槽导体电动势相量滞后相量 1 个 a 电角度，本例中 $a=30°$。以此类推，将这些相量依次按顺序画出来，就可得到图 5-3 所示的槽电动势星形图。

由图 5-3 可见，1～12 号相量与 13～24 号相量分别重合。这是由于本例中的电机有两对磁极，而 1 号槽导体和 13 号槽导体虽然处于不同的一对磁极下，但它们在各自的一对磁极下的位置相同，因此它们的感应电动势同相位。以此类推，2 号槽感应电动势和 14 号槽感应电动势，12 号槽感应电动势和 24 号槽感应电动势相位也对应相等。一般地说，当用相量表示各槽导体感应电动势时，由于一对磁极下有 Z/p 个槽，因此一对磁极下的 Z/p 个槽电动势相量均匀分布在 360°的范围内，构成一个电动势星形图。若 Z 和 p 有最大公约数 t，则有 t 个重合的星形图。如［例 5-1］中 $Z=24$ 和 $p=2$ 的最大公约数为 2，故有两个重合的电动势星形图。

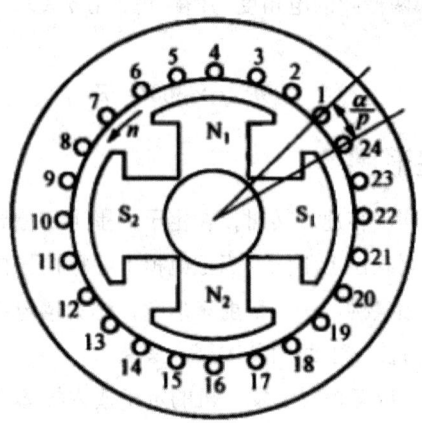

图5-2 槽内导体沿定子圆周的分布情况

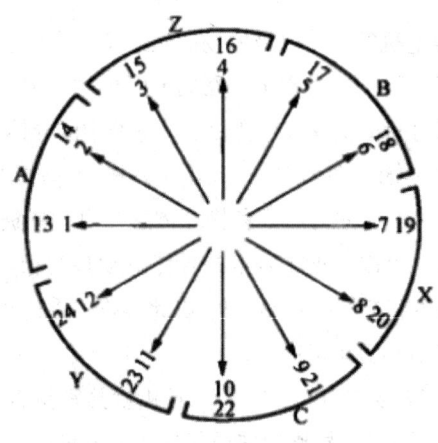

图5-3 槽电动势星形图

五、三相单层绕组

1. 线圈

线圈（也称元件）是构成绕组的基本元件，它由 N_C 根线匝串联而成，而线匝则由两根相距一定距离的导体通过末端相连而构成。线圈中嵌放在槽内的部分称为线圈边，一个线圈包含两个线圈边，线圈边之间的连接部分称为端部，如图5-4所示。

线圈的宽度即两个线圈边之间的距离称为节距，一般用 y_1 表示。其大小通常用线圈所跨的槽数来决定。一般来说，y_1 的大小和极距 τ 比较接近（主要是为了满足线圈感应电动势最大的要求）。若 $y_1=\tau$，则称线圈为整距线圈，$y_1<\tau$ 为短距，$y_1>\tau$ 为长距。

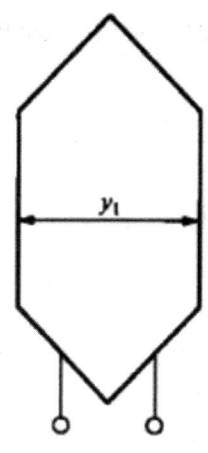

图5-4 线圈

2. 单层绕组

定子或转子每槽中只有一个线圈边的三相交流绕组称为三相单层绕组。三相交流绕组由于每槽中只包含一个线圈边,所以其线圈数为槽数的一半,即为 2/2。和三相双层绕组相比,三相单层绕组具有线圈数量少、制造工时省、槽内无层间绝缘、槽利用率高等优点,但却不能像双层绕组那样能通过选择短距线圈来削弱电动势和磁动势中的高次谐波,并且由于同一槽内的导体均属于同一相,故其槽漏抗较大。因此,三相单层绕组比较适合于10kW以下的小型交流异步电机中,很少在大、中型电机中采用。

按照线圈的形状和端部连接方法的不同,三相单层绕组主要可分为链式、同心式和交叉式等形式。

六、三相双层绕组

三相双层绕组是指电机每一槽分为上下两层,线圈(元件)的一个边嵌在某槽的上层,另一边安放在相隔一定槽数的另一槽的下层的一种绕组结构。双层绕组的线圈结构和单层绕组相似,但由于其一槽可安放两个线圈边,所以双层绕组的线圈数和槽数正好相等。根据双层绕组线圈形状和连接规律,三相双层绕组可分为叠绕组和波绕组两大类。

1. 叠绕组

叠绕组在绕制时,任何两个相邻的线圈都是后一个"紧叠"在另一个上面,故称为叠绕组。

双层叠绕组的主要优点在于:①可以灵活地选择线圈节距来改善电动势和磁动势波形;②各线圈节距、形状相同,便于制造;③可以得到较多的并联支路数;④可采用短距线圈以节约端部用铜。主要缺点在于:①嵌线较困难,特别是一台电机的最后几个线圈;②线圈组间连线较多，极数多时耗铜量较大。一般 10kW 以上的中、小型同步电机和异步电机及大型同步电机的定子绕组采用双层叠绕组。下面通过具体例子来说明叠绕组的绕制方法。

【例 5-2】 一三相交流电机 $Z=24$，$2p=4$，试绘制 $a=2$ 的三相双层叠绕组展开图。

解（1）计算可得

$$a = \frac{p \times 360°}{Z} = \frac{2 \times 360°}{24} = 30°$$

$$q = \frac{Z}{2pm} = \frac{24}{4 \times 3} = 2$$

$$\tau = \frac{Z}{2p} = \frac{24}{4} = 6$$

为改善电动势和磁动势波形及节省端接线材料，双层绕组通常都采用线圈跨距接近于 τ 的短距线圈，本例中取线圈跨距 $y_1=5$。

（2）画出电动势星形图。和单层绕组一样，电动势星形图也是分析双层绕组的好方法。很明显，在双层绕组中，如果其上层线圈边的电动势星形图和槽电动势星形图完全相同，那么下层线圈边的电动势星形图则取决于线圈的跨距，又由于各线圈的节距相等，所以，若把各线圈的电动势求出来，其所构成的仍是一辐射星形图，相邻两线圈之间的相位差仍为槽距角 a。因此，槽电动势星形图既可以代表上层线圈边的电动势星形图，又可代表各线圈的电动势星形图，电动势相量和线圈的编号都取上层线圈边所在槽的槽号。

（3）分相。双层绕组的分相方法和单层绕组类似，本例中的分相方法如图 5-3 所示。但要注意的是，此时划分到每一相带的是线圈的编号，而不是槽内导体的编号。例如：划分到 A 相带的是 1、2、13、14 号线圈，而不是指 1、2、13、14 号槽内的导体。

（4）绘制绕组展开图。根据前面的电动势星形图及分相，可以将同一磁极下属于同一相带的线圈依次连成一个线圈组，则 A 相可得四个线圈组，分别为 1-2，7-8，13-14，19-20。同理 B、C 两相也各有 4 个线圈组。每个线圈组的电动势等于组内线圈电动势之和。很显然，四个线圈组的电动势的大小相等，但同一相的两个相带中的线圈组电动势相位相反，例如 A 相的 A 相带和 X 相带中的线圈电动势相位正好相反。因此，A 相带的线圈组和 X 相带线圈组之间的连接只能是反向串联或反向并联。那么每相的四个线圈组可通过串联或并联构成一相绕组，其最大并联支路数 $a_{max}=2p$，比单层绕组要多一倍，并且其并联支路数可选择。取 $a = \frac{2p}{\text{整数}}$ 所得的任一整数值，本例中 a 可选 1、2、4。

2. 波绕组

波绕组的连接特点是把所有同一极性下属于同一相的线圈按一定顺序串联起来组成一个线圈组。所以对于波绕组来说，不管极对数为多少，其一相下面有且只有两个线圈组，这两个线圈组按需要串联或并联，构成相绕组。由于相连接的线圈成波浪形前进，故成为波绕组。

同叠绕组相比，波绕组的主要优点在于其可以减少组间连线用铜，故多应用于极数较多的水轮发电机定子绕组和绕线式异步电机的转子绕组。另外，由于波绕组多采用单匝线圈，在制造时，一般先把用铜条弯成的条形半匝式波绕组嵌入槽内后，再把端部焊接在一起连成线圈，因此其制造工艺较为简单。波绕组的缺点在于其采用短距线圈时，只能改善电动势和磁动势波形，而不能节省端部用铜。另外其对端部并头处的焊接质量要求高，否则运行时容易产生开焊事故。

第二节　交流电机电枢绕组的电动势

在交流电机中，一般要求电机电枢绕组中的感应电动势随时间作正弦变化，这就要求电机气隙中磁场沿空间为正弦分布。要得到完全严格的正弦波磁场很难实现，但是可以采取各种结构参数使磁场尽可能接近正弦波，例如从磁极形状、气隙大小和绕组选择等方面进行考虑。在国家标准中，常用波形正弦性畸变率来控制电动势波形的近似程度。本节首先研究在正弦分布（基波）磁场下定子绕组中感应出的电动势。

一、导体电动势

当气隙磁场的磁通密度压 B_δ 在空间按正弦波分布时，设其最大磁密为 B_{1m}，则

$$B_\delta = B_{1m} \sin \alpha$$

当电机绕组的导体和气隙磁场作相对运动时，导体切割气隙磁场产生感应电动势，则此感应电动势为

$$e_{c1} = B_\delta l v = B_{1m} l v \sin \omega t = E_{c1m} \sin \omega t$$

式中：$E_{c1m} = B_{1m} l v$，为导体电动势最大值；v 为导体切割磁力线的线速度。当磁场转速为 n_1 时，有

$$v = \frac{\pi D n_1}{60} = 2 \frac{\pi D}{2p} \frac{p n_1}{60} = 2\tau f$$

二、线圈电动势和短距系数

线圈一般由 N_c 匝构成。当 $N_c = 1$ 时，称为单匝线圈或线匝。先来看一下线匝的电动势。当线匝的跨距 $y_1 = \tau$ 时，称为整距线匝，由于整距线匝两有效边感应电动势的瞬时值大小相等而方向相反，即两有效边感应电动势相量大小相等，相位差为 $180°$。故整距线匝的感应电动势为

$$\dot{E}_{t1(y_1=\tau)} = \dot{E}_{c1} - \dot{E}'_{c1} = 2\dot{E}_{c1}$$

其有效值为

$$E_{t1(y_1=\tau)} = 2E_{c1} = \sqrt{2}\pi f\Phi_1 = 4.44 f\Phi_1$$

对于跨距<的短距线匝，其两有效边的感应电动势相量相位差=，所以短距线匝的电动势为

$$E_{t1(y_1<\tau)} = \dot{E}_{c1} - \dot{E}'_{c1} = \dot{E}_{c1} + (-\dot{E}'_{c1})$$

三、线圈组电动势和分布系数

由前面的分析可知，每个极（双层绕组时）或每对极（单层绕组时）下有 q 个线圈串联，组成一个线圈组，所以线圈组的电动势等于9个串联线圈电动势的相量和。

四、相电动势和线电动势

我们知道在多极电机中每相绕组均由处于不同极下一系列线圈组构成，这些线圈组既可串联，也可并联。此时绕组的相电动势等于此相每一并联支路所串联的线圈组电动势之和。如果设每相绕组的串联匝数（即每一并联支路的总匝数）为 N，每相并联支路数为 a 时，则相电动势为

$$E_{ph1} = 4.44 N k_{N1} f \Phi_1$$

五、感应电动势与绕组所交链磁通的相位关系

上面导出了交流绕组相电动势公式，从此公式中可以得出相电动势的有效值，但有时还需要知道相电动势与该相绕组所交链磁通之间的相位关系。

设当 $\omega t = 0$ 时，磁场和 A 相绕组的位置如图 5-5（a）所示。此时绕组所交链的磁通为正的最大值，即每极磁通 Φ_1，但绕组的两有效边都处于磁通密度为零的位置，所以整个绕组的感应电动势 e_{ph1}；当 $\omega t = 90°$ 时，磁场在空间中转过了 90°，如图 5-5（b）所示。此时绕组所交链的磁通为零，但绕组的两个有效边处于最大磁通密度处，所以绕组的感应电动势 e_{ph1} 最大。

从上面的分析中可以看到，感应电动势滞后于绕组所交链的磁通 90° 电角度，其相量图如图 5-5（c）所示。

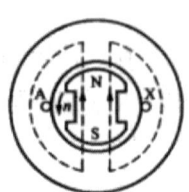 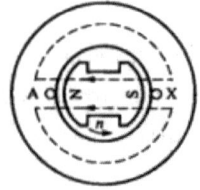 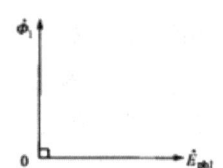

（a）$\omega t = 0$ 时磁场的位置　（b）$\omega t = 90°$ 时磁场的位置　（c）电动势和磁通相量图

图5-5　电动势与磁通之间的相位关系

六、磁极磁场非正弦分布所引起的谐波电动势

一般在同步电机中,磁极磁场不可能为正弦波。比如在凸极同步电机中,磁极磁场沿电机电枢表面一般呈平顶波形。它不仅对称于横轴,而且和磁极中心线对称。由于基波和高次谐波都是空间波,所以磁密波也为空间波。

对于第 v 次谐波磁场,其极对数为基波的 v 倍,而极距则为基波的 $1/v$ 倍,即

$$p_v = vp, \quad \tau_v = \tau/v$$

谐波磁场随转子旋转而形成旋转磁场,其转速与基波相同,即 $n_v = n$。

因此谐波磁场在定子绕组中感应电动势的频率为

$$f_v = \frac{p_v n_v}{60} = \frac{vpn}{60} = vf_1$$

v 次谐波电动势的有效值为

$$E_{phv} = 4.44 N k_{Nv} f_v \Phi_v = 4.44 N k_{yv} k_{qv} f_v \Phi_v$$

v 次谐波的每极磁通量

$$\Phi_v = \frac{2}{\pi} B_{vm} \tau_v l = \frac{2}{\pi} \frac{1}{v} B_{vm} \tau l$$

七、磁场非正弦分布引起的谐波电动势的削弱方法

由于电机磁极磁场非正弦分布所引起的发电机定子绕组电动势的高次谐波,产生了许多不良的影响,例如:①使发电机电动势波形变坏;②使电机本身的附加损耗增加,效率降低,温升增高;③使输电线上的线损增加,并对邻近的通信线路或电子装置产生干扰;④可能引起输电线路的电感和电容发生谐振,产生过电压;⑤使感应电机产生附加损耗和附加转矩,影响其运行性能。

为了尽量减少上述问题产生,就应该采取一些方法来尽量削弱电动势中的高次谐波,使电动势波形接近于正弦。从数学分析中可以发现,谐波次数越高,其幅值就越小。因此,主要考虑削弱次数较低的奇次谐波电动势,如3、5、7等次的谐波电动势。一般常用的方法有以下几种。

第一,使气隙磁场沿电枢表面的分布尽量接近正弦波形。对于凸极式电机来说,由于其气隙不均匀,所以一般采用改善磁极的极靴外形的方法来改善气隙磁场波形,具体如图5-6(a)所示;而对于隐极式电机来说,由于其气隙比较均匀,所以一般主要通过合理安放励磁,绕组来改善气隙磁场波形,具体如图5-6(b)所示。

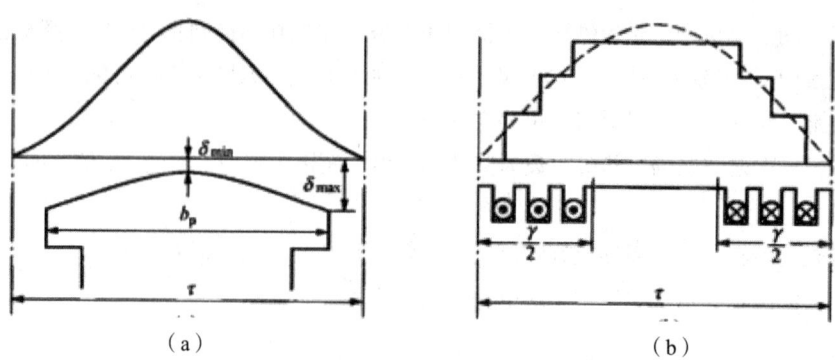

图5-6 凸极电机的极靴外形和隐极电机的励磁绕组的布置

第二,利用三相对称绕组的连接来消除线电动势中的3次及其倍数次奇次谐波电动势。三相电动势中的3次谐波大小相等,相位上彼此相差$3\times120°=360°$,即相位也相同。当三相绕组采用星形连接时,线电动势为两相电动势的相量差,所以线电动势中的3次谐波为零,同理3次谐波的倍数次奇次谐波也不存在。当采用三角形连接时,由于线电动势等于相电动势,所以$3E_{ph3}$在闭合的三角形中形成环流,3次谐波电动势E_{ph3}正好与环流的阻抗压降平衡,所以在线电动势中不会出现3次谐波,同理也不会出现3次谐波的倍数次奇次谐波。

因此,对称三相绕组无论采用星形还是三角形连接,线电动势中都不存在3次及其3的倍数次谐波。但由于采用三角形连接时,闭合回路中的环流会引起附加损耗,所以现代同步发电机一般多采用星形连接。

第三,采用短距绕组来削弱高次谐波电动势。前面在讲三相双层绕组时,已经提过采用短距绕组可削弱高次谐波电动势。其原因就在于当我们取线圈(元件)的跨距$y_1=\dfrac{v-1}{v}\tau$时,$k_{yv}=\sin(v-1)\times90°=0$,则次谐波电动势为零。因为三相绕组采用星形或三角形连接时,线电压中已经消除了3次及3的倍数次谐波。所以在选择绕组节距时,主要考虑同时削弱5次和7次谐波电动势。因此,通常取$y_1=\dfrac{5}{6}\tau$,这时5次和7次谐波电动势都得到较大的削弱。

第四,采用分布绕组削弱高次谐波电动势。从数学分析中可以发现,当电机每极每相槽数q增加时,基波的分布系数k_{q1}下降不多,但高次谐波的分布系数却显著减少。因此,采用分布绕组可以削弱高次谐波电动势。但是,随着q的增大,电枢槽数Z也增多,这将使冲剪工时和绝缘材料消耗量增加,从而使电机成本提高。实际上,当$q>6$时,高次谐波的下降已经不太显著。因此,一般交流电机的q均在2~6之间。

第五,采用斜槽或分数槽绕组削弱齿谐波电动势。

在同步发电机运行中发现,空载电动势的高次谐波中,次数为$v=k\dfrac{z}{p}\pm1$的谐波较强,由于它与一对极下的齿数有特定的关系，所以称为齿谐波电动势。

通过数学分析可以发现，当 $v = k\dfrac{z}{p} \pm 1 = 2mqk \pm 1$ 时，因为 $k_{Nv} = k_{N1}$ 故不能采用绕组分布和短距的方法来削弱齿谐波电动势。

目前，用来削弱齿谐波电动势的方法主要有两种。

（1）用斜槽削弱齿谐波电动势

这种方法常用于中、小型异步电机及小型同步电机，一般斜一个定子齿距 t_1（一对齿谐波的极距 $2\tau_y$）。

斜槽以后，同一根导体内各点所感应的齿谐波电动势相位不同，可以大部分互相抵消而使导体总电动势中的齿谐波大为削弱。同理，斜槽对基波电动势和其他谐波电动势也起削弱的作用，只是削弱的程度有所示同。为计及这一影响，计算电动势时，对于斜槽的绕组，还应乘以斜槽系数。

（2）采用分数槽绕组

这是一种很有效的削弱齿谐波电动势的方法，在水轮发电机和低速同步电机中得到广泛的应用，其作用原理与斜槽相似。对于分数槽绕组，因为 q 不等于整数，所以磁极下各相带所占槽数不同，例如有的多一槽，有的少一槽。因此各线圈组在磁极下处于不同的相对位置，各个线圈组内的齿谐波电动势相位不同，可以大部分互相抵消，从而使相绕组中的齿谐波电动势大为削弱。

第三节　交流电机电枢单相绕组产生的磁动势

我们知道，电机是一种机电能量转换装置，而这种能量转换必须有磁场的参与，因此，研究电机就必须研究分析电机中磁场的分布及性质。在交流电机中气隙磁通的建立是很复杂的。它可以由定子磁动势建立，也可由转子磁动势建立，或者由定子和转子磁动势共同建立。不论是定子磁动势还是转子磁动势，它们的性质都取决于产生它们的电流类型及电流的分布。同步电机的定子绕组和异步电机的定、转子绕组均为交流绕组，它们中的电流则是随时间变化的交流电。因此，交流绕组的磁动势及气隙磁通既是时间的函数，又是空间的函数，分析比较复杂。

下面以定子电流产生的磁动势为例来进行分析，所得的结论同样适用于转子磁动势。根据由浅入深的原则，将按照整距线圈、单相绕组、三相绕组的顺序，依次分析它们的磁动势。为了简化分析，做出下列假设：①绕组中的电流随时间按正弦规律变化（实际上就是只考虑绕组中的基波电流）；②槽内电流集中在槽中心处；③转子呈圆柱形，气隙均匀；④铁心不饱和，铁心中磁压降可忽略不计（即认为磁动势全部降落在气隙上）。

一、单个线圈（元件）的磁动势

线圈是构成绕组的最基本单位，所以磁动势的分析首先从线圈开始。由于整距线圈的磁动势比短距线圈磁动势简单，因此先来分析整距线圈的磁动势。

图 5-7（a）是一台两极电机的示意图，电机的定子上放置了一整距线圈，当线圈中有电流流过时，就产生了一个两极磁场。磁场方向和电流方向满足右手螺旋定则。

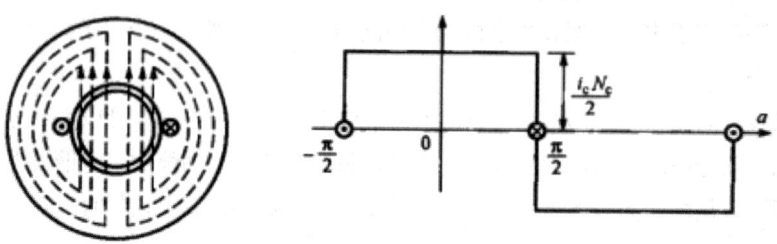

（a）两极电机磁场分布　　　　（b）磁动势波形图

图5-7

由全电流定律可知，作用于任一闭合路径的磁动势，等于其所包围的全部电流。从图 5-7（a）中，可以看到电机中每条磁力线路径所包围的电流都等于 $N_c i_c$，其中 N_c 为线圈匝数，i_c 为导体中流过的电流。由于忽略了铁心上的磁压降，所以总的磁动势 $N_c i_c$ 可认为是全部降落在两段气隙中，每段气隙磁动势的大小为 $\frac{1}{2} N_c i_c$。将图 5-7（a）予以展开，可得到图 5-7（b）所示的磁动势波形图。从图中可以看到，整距线圈的磁动势在空间中的分布为一矩形波，其幅值为 $\frac{1}{2} N_c i_c$。当线圈中的电流随时间按正弦规律变化时，矩形波的幅值也随时间按照正弦规律变化。当电流达到正的最大值时，矩形波的幅值也达到正的最大值；当电流为零时，矩形波的幅值也为零；如果电流为负数时，则磁动势也随之改变方向。但其轴线位置在空间保持固定不变。把这种空间位置不变，而幅值随时间变化的磁动势称为脉振磁动势。

若线圈流过的电流

$$i_c = I_{cm} \sin \omega t = \sqrt{2} I_c \sin \omega t$$

则气隙中的磁动势为

$$f_c = \pm \frac{1}{2} N_c i_c = \pm \frac{\sqrt{2}}{2} N_c I_c \sin \omega t = \pm F_{cm} \sin \omega t$$

以上分析的是一对极的电机。当电机的极对数大于 1 时，由于各对极下的情况完全相同，所以只要取一对极来分析就可以了。

一般每一线圈组总是由放置在相邻槽内的 q 个线圈组成。如果把 q 个空间位置不同的矩形波相加，合成波形就会发生变化，这将给分析带来困难。所以，为了便于分析，一般将矩形磁动势波形通过傅里叶级数将其进行分解，化为一系列正弦形的基波和高次谐波，然后将不同槽内的基波磁动势和谐波磁动势分别相加，由于正弦波磁动势相加后仍为正弦波，所以可简化对磁动势的分析。

将图5-7（b）所示的矩形波用傅里叶级数进行分解，若坐标原点取在线圈中心线上，横坐标取空间电角度 α，可得基波和一系列奇次谐波（因为磁动势为奇函数），如图5-8所示。其中基波和各奇次谐波磁动势幅值按照傅里叶级数求系数的方法得出。

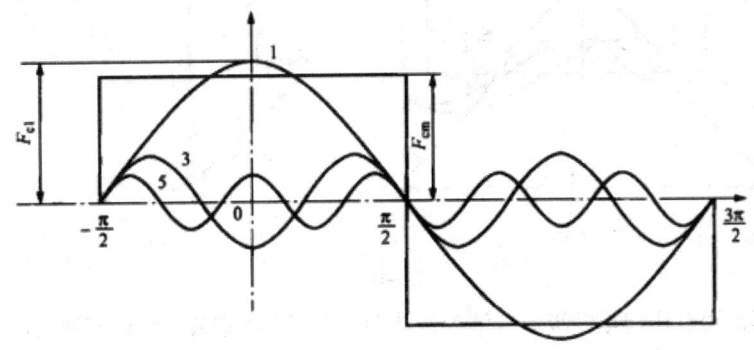

图5-8 矩形波好解为基波和谐波

由上述分析可得出以下结论。

第一，整距线圈产生的磁动势是一个在空间上按矩形分布，幅值随时间以电流频率按正弦规律变化的脉振波。

第二，矩形磁动势波形可以分解成在空间按正弦分布的基波和一系列奇次谐波，各次谐波均为同频率的脉振波，其对应的极对数 $p_v = vp$，极距为 $\tau_v = \tau/v$。

第三，电机 v 次谐波的幅值 $F_{cv} = 0.9 I_c N_c / v$。

第四，各次谐波都有一个波幅在线圈轴线上，其正负由 $\sin v\dfrac{\pi}{2}$ 决定。

二、相绕组的磁动势

1. 单层绕组一相的磁动势及分布系数

如前所述，交流绕组有单层和双层两种。单层绕组一般是整距、分布绕组。现在以这种绕组为例来说明单层绕组一相磁动势的计算。

单层绕组一相有 p 个线圈组。一个线圈组由 q 个线圈串联而成。如图5-9（a）所示，3个线圈串联成为线圈组，由于相邻的线圈在空间位置上相隔一个槽距角 α 电角度，因而每个线圈产生的矩形波磁动势也相互移过一个 α 电角度。将这3个线圈的磁动势相加，就得到如图5-9（a）中所示的阶梯形波。

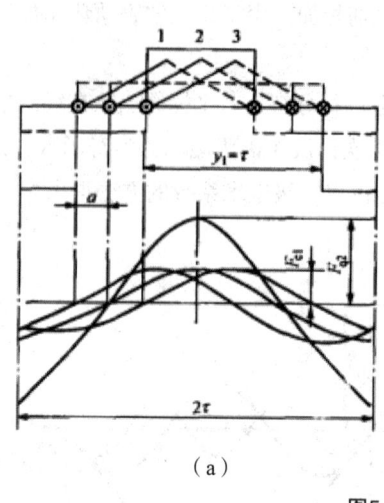 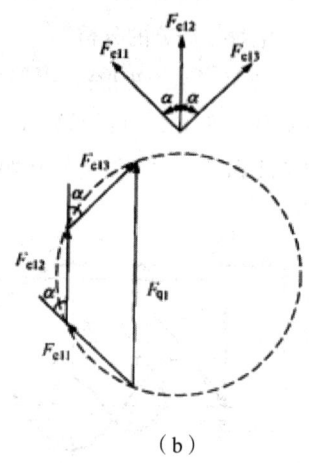

(a) （b）

图5-9

由于矩形波可利用傅里叶级数分解为基波和一系列奇次谐波，其中基波之间在空间上的位移角也是 α 电角度。如图 5-9（a）所示，把 q 个线圈的基波磁动势逐点相加，就可求得基波合成磁动势的最大幅值 F_{q1}。因为基波磁动势在空间按正弦规律分布，所以可以用空间矢量相加来代替波形图中磁动势的逐点相加。如图 5-9（b）所示，空间矢量的长度代表各个基波的幅值，矢量的位置代表正波幅所在处，所以各空间矢量相互之间的夹角等于 α 电角度。将这 q 个空间矢量相加，就可以得到如图 5-9（b）所示的磁动势矢量图，由此得出一个线圈组的基波磁动势的幅值为

$$F_{q1} = q F_{c1} k_{q1} = 0.9 I_c q N_c k_{q1}$$

2. 双层短距绕组一相的磁动势及短距系数

大型电机的定子绕组一般采用双层分布短距绕组，所以有必要讨论采用短距绕组对磁动势所造成的影响。双层绕组的线圈总是由一个槽的上边和另一个槽的下元件边组成。但磁动势的大小只取决于线圈边电流在空间的分布，与线圈边之间的连接顺序无关。

通过以上分析，对单相绕组的磁动势可得出下列结论。

第一，单相绕组的磁动势是空间位置固定的脉振磁动势，其在电机的气隙空间按阶梯形波分布，幅值随时间以电流的频率按正弦规律变化。

第二，单相绕组的脉振磁动势可分解为基波和一系列奇吹谐波，每次波的频率相同都等于电流的频率。其中磁动势基波的幅值 $F_{ph1} = 0.9 \dfrac{IN}{P} k_{N1}$，ν 次谐波的幅值为 $F_{phv} = \dfrac{k_{Nv}}{\nu k_{N1}} F_{ph1}$。从对幅值的分析中可以发现，采用短距和分布绕组对基波磁动势的影响较小，而对各高次谐波磁动势有较大的削弱，从而改善了磁动势的波形。

第三，基波的极对数就是电机的极对数，而 ν 次谐波的极对数 $p_\nu = \nu p$。

第四，各次波都有一个波幅在相绕组的轴线上，其正负由绕组系数 k_{Nv} 决定。

第四节　三相电枢绕组产生的磁动势

由于现代电力系统采用三相制，这样无论是同步电机还是异步电机大多采用三相绕组，因此分析三相绕组的合成磁动势是研究交流电机的基础。由于基波磁动势对电机的性能有决定性的影响，因此本节将首先分析基波磁动势。三相绕组合成磁动势的分析方法主要有三种，即数学分析法、波形叠加法和空间矢量法。本节将采用数学分析法和空间矢量法来对三相绕组合成磁动势的基波进行分析。

一、数学分析方法

三相电机的绕组一般采用对称三相绕组，即三相绕组在空间上互差 120° 电角度，绕组中三相电流在时间上也互差 120° 电角度。

在写磁动势表达式之前必须首先确定参考坐标系。若把空间坐标的原点取在 A 相绕组的轴线上，并以顺相序方向作为 α 的正方向；同时选取 A 相绕组电流为零的瞬间作为时间的起始点，则 A、B、C 三相绕组各自产生的脉振磁动势的基波表达式为

$$\left.\begin{aligned} f_{A1}(t,\ a) &= F_{ph1}\cos\alpha\sin\omega t \\ f_{B1}(t,\ a) &= F_{ph1}\cos(\alpha-120°)\sin(\omega t-120°) \\ f_{C1}(t,\ a) &= F_{ph1}\cos(\alpha-120°)\sin(\omega t-240°) \end{aligned}\right\}$$

三相合成磁动势基波是一个圆形旋转磁动势，其幅值为单相磁动势基波幅值的 $\frac{3}{2}$ 倍，转速 $n_1 = \dfrac{60f}{p}$，转向为 a 的正方向。

二、空间矢量法

用空间矢量法来分析三相绕组合成磁动势，即用空间矢量把一个脉振磁动势分解为两个旋转磁动势，然后进行矢量相加，这个方法比前面的数学分析法更直观。

从前面的分析可知，单相绕组脉振磁动势的基波可以分解为两个幅值相等、转速相同，但转向相反的旋转磁动势。各相磁动势的基波各自分解为正、反向的两个旋转磁动势，然后将每个旋转磁动势用一个旋转的空间矢量来表示。

画空间矢量图时，只能画出某一时刻旋转磁动势的大小和位置。无论画哪个时刻的都可以，各矢量间的相对关系是不会变的。

通过分析，可以得出以下结论。

第一，对称的三相绕组内通有对称的三相电流时，三相绕组合成磁动势的基波是一个

正弦分布、幅值恒定的圆形旋转磁动势，其幅值为每相基波脉振磁动势最大幅值的$\frac{3}{2}$倍，即

$$F_1 = \frac{3}{2} = 1.35 \frac{IN}{P} k_{N1}$$

第二，合成磁动势的转速，即同步转速 $n_1 = \frac{60f}{p}$ $(r/\min)$。

第三，合成磁动势的转向取决于三相电流的相序及三相绕组在空间的排列。合成磁动势是从电流超前相的绕组轴线转向电流滞后相的绕组轴线。改变电流相序即可改变旋转磁动势转向。

第四，旋转磁动势的瞬时位置视相绕组电流大小而定，当某相电流达到正最大值时，合成磁动势的正幅值就与该相绕组轴线重合。

三、三相电枢绕组合成磁动势的高次谐波

从前面的分析中可以知道，每相的脉振磁动势中，除了基波外，还有 3、5、7……奇次谐波。这些谐波磁动势都随着绕组中的电流频率而脉振，除了极对数为基波的 ν 倍外，其他性质同基波并无差别，所以上节中分析三相基波磁动势的方法，完全适用于分析三相高次谐波磁动势。

在对称三相绕组合成磁动势中，不存在 3 次及其倍数次谐波合成磁动势。

用分析方法可得三相绕组的 5 次谐波合成磁动势是一个正弦分布，波幅恒定的旋转磁动势，但其转速为基波的 1/5，转向与基波相反。三相绕组的 7 次谐波合成磁动势也是一个正弦分布，波幅恒定的旋转磁动势，其转速为基波的 1/7，转向与基波相同。由于交流绕组采用分布、短距绕组，使 5 次、7 次高次谐波磁通削弱到极小，而更高次数的谐波磁通本身已经很小，因此，三相绕组产生的磁动势可以忽略谐波，认为只有基波。在后面分析同步电机和异步电机时，三相绕组的合成磁动势及其产生的电动势均指基波，且省去下标中的数字 1。

至于谐波磁场在绕组自身的感应电动势因频率与基波电动势相同，我们把绕组谐波磁场归并到绕组漏磁场中，成为电枢绕组漏抗的一部分。

习 题

1. 时间和空间电角度是怎样定义的？机械角度与电角度有什么关系？
2. 整数槽双层绕组和单层绕组的最大并联支路数与极对数有何关系？
3. 为什么单层绕组采用短距线圈不能削弱电动势和磁动势中的高次谐波？

4. 何谓相带？在三相电机中为什么常用 60° 相带绕组，而不用 120° 相带绕组？

5. 试说明谐波电动势产生的原因及其削弱方法。

6. 试述分布系数和短距系数的意义。若采用长距线圈，其短距系数是否会大于 1？

7. 齿谐波电动势是由于什么原因引起的？在中、小型感应电机和小型凸极同步电机中，常用转子斜槽来削弱齿谐波电动势，斜多少才合适？

8. 为什么说交流绕组产生的磁动势既是时间的函数，又是空间的函数，试以三相合成磁动势的基波来说明。

9. 脉振磁动势和旋转磁动势各有哪些基本特性？产生脉振磁动势、圆形旋转磁动势和椭圆形旋转磁动势的条件有什么不同？

10. 一台三角形连接的定子绕组，接到对称的三相电源上，当绕组内有一相断线时，将产生什么性质的磁动势？

11. 把一台三相交流电机定子绕组的三个首端和末端分别连在一起，再通以交流电流，合成磁动势基波是多少？如将三相绕组依次串联起来后通以交流电流，合成磁动势基波又是多少？为什么？

12. 把三相感应电动机接到电源的三根接线头对调两根后，电动机的转向是否会改变？为什么？

13. 试述三相绕组产生的高次谐波磁动势的极对数、转向、转速和幅值。它们所建立的磁场在定子绕组内的感应电动势的频率为多少？

14. 短距系数和分布系数的物理意义是什么？为什么现代交流电机一般采用短距、分布绕组？

15. 一台 50Hz 的三相电机，通以 60Hz 的三相交流电流，若保持电流的有效值不变，试分析其基波磁动势的幅值大小，极对数、转速和转向将如何变化。

16. 一台两相交流电机的定子绕组在空间上相差 90° 电角度，若匝数相等，通入怎样的电流形成圆形旋转磁场？通入什么样的电流形成脉振磁场？若两相匝数不等，通入什么样的电流形成圆形旋转磁场？通入什么样的电流形成脉动磁场？

第六章 异步电动机的电力拖动

导读

以交流电动机为原动机的电力拖动系统称为交流电力拖动系统。交流电动机有异步电动机和同步电动机,这两种类型的电动机相比较,异步电动机结构简单,价格便宜,而且其性能良好、运行可靠,因此交流电力拖动系统中的电动机主要是三相异步电动机。

学习目标

1. 了解异步电动机的起动概念,掌握对异步电动机起动性能的要求
2. 理解绕线式异步电动机改善起动性能的原理
3. 掌握异步电动机常用调速方法,熟悉其特点及适用范围
4. 掌握异步电动机的正确使用方法,初步学会异步电动机的维护及常见故障处理方法

第一节 异步电动机的起动概述

三相异步电动机从接通电源开始,转速从零增加到额定转速或对应负载下的稳定转速的过程称为起动过程。

一、起动性能的指标

第一,起动转矩倍数 $\dfrac{M_{st}}{M_N}$

第二,起动电流倍数 $\dfrac{I_{st}}{I_N}$

第三,起动时间

第四,起动设备

异步电动机起动时,为了使电动机能够转动并很快达到额定转速,要求电动机具有足够大起动转矩,起动电流较小,并希望起动设备尽量简单、可靠、操作方便,起动时间短。

二、起动电流和起动转矩

1. 起动电流

电动机起动瞬间的电流叫起动电流。刚起动时，$n = 0$，$s = 1$，气隙旋转磁场与转子相对速度最大，因此，转子绕组中的感应电动势也最大，由转子电流公式 $I_2 = \dfrac{E_{20}}{\sqrt{(r_2/s)^2 + x_{20}^2}}$ 可知，起动时 $s = 1$，异步电动机转子电流达到最大值，一般转子起动电流 I_{st2} 是额定电流 I_{2N} 的 5～8 倍。根据磁动势平衡关系，定子电流随转子电流而相应变化，故起动时定子电流 I_{st1} 也很大，可达额定电流的 4～7 倍。这么大的起动电流将带来以下不良后果：

第一，使线路产生很大电压降，导致电网电压波动，从而影响到接在电网上其他用电设备的正常工作。特别是容量较大的电动机起动时此问题更突出。

第二，电压降低，电动机转速下降，严重时使电动机停转，甚至可能烧坏电动机。另一方面，电动机绕组电流增加，铜损耗过大，使电动机发热、绝缘老化。特别是对需要频繁起动的电动机影响较大。

第三，使电动机绕组端部受电磁力冲击，甚至发生形变。

2. 起动转矩

异步电动机起动时，起动电流很大，但起动转矩却不大。因为起动时，$s = 1$，$f_2 = f_1$，转子漏抗 x_{20} 很大，$x_{20} \gg r_2$，转子功率因数角 $\varphi_2 = tg^{-1}\dfrac{x_{20}}{r_2}$ 接近 90°，功率因数 $\cos\varphi_2$ 很低；同时，大的起动电流也会引起电源电压降低，使电机主磁通有所减小。由于这两方面因素，根据电磁转矩公式 $M = C_M \Phi_m I_2' \cos\varphi_2$ 可知尽管 I_2 很大，异步电动机的起动转矩并不大。

通过以上分析可知，异步电动机起动的主要问题是起动电流大，而起动转矩却不大。为了限制起动电流，并得到适当的起动转矩。根据电网的容量、负载的性质、电动机起动的频繁程度，对不同容量、不同类型的电动机应采用不同的起动方法。减小起动电流有如下两种方法：

第一，降低异步电动机电源电压 U_1。

第二，增加异步电动机定、转子阻抗，对鼠笼式和绕线式异步电动机，可采用不同的方法来改善起动性能。

第二节　鼠笼式异步电动机的起动

一、直接起动

直接起动是将额定电压通过开关直接加在电动机定子绕组上来使电动机起动。采用的起动装置为三相闸刀开关、铁壳开关或接触器，如图 6-1 所示。这种起动方法的优点是起动设备简单、操作方便，起动迅速；缺点是起动电流大。

异步电动机能否采用直接起动应由电网的容量、起动频繁程度、电网允许干扰的程度以及电动机的容量、型式等因素决定。若电网容量足够大，而电动机容量较小时，一般采用直接起动，而不会引起电源电压有较大的波动。允许直接起动的电动机容量通常有如下规定：

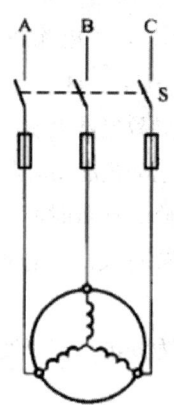

图6-1 鼠笼式异步电动机直接起动

第一，电动机由专用变压器供电，且电动机频繁起动时电动机容量不应超过变压器容量的 20%；电动机不经常起动时，其容量不超过 30%。

第二，若无专用变压器，照明与动力共用一台变压器时，允许直接起动的电动机的最大容量应以起动时造成的电压降落不超过额定电压的 10%～15% 的原则确定。

第三，容量在 7.5kW 以下的三相异步电动机一般均可采用直接起动。

通常也可用下面经验公式来确定电动机是否可以采用直接起动。

$$\frac{I_{st}}{I_N} < \frac{3}{4} + \frac{变压器容量(kV \cdot A)}{4 \times 电动机功率(kW)} \quad (6\text{-}1)$$

若满足式（6-1）要求，则电动机能够采用直接起动。

二、降压起动

降压起动是利用起动设备将加在电动机定子绕组上的电源电压降低，起动结束后恢复其额定电压运行的起动方式。当电源容量不够大，电动机直接起动的线路电压降超过 15% 时，应采用降压起动。降压起动以降低起动电流为目的，但由于电动机的转矩与电压的平方成正比，因此降压起动时，虽然起动电流减小，起动转矩也大大减小，故此法一般只适用于电动机空载或轻载起动。降压起动的方法有以下几种：

1. 定子回路串电抗（电阻）降压起动

如图 6-2 所示，起动时，接触器触点 S1 闭合，在异步电动机定子回路串入适当的电抗器或变阻器，起动电流在电抗器 X（或电阻器 R）上产生电压降，对电源电压起分压作用，使定子绕组上所加电压低于电源电压，待电动机转速升高后，接触器触点 S2 闭合，切除电抗 X（或电阻 R），电动机在全电压下正常运行。

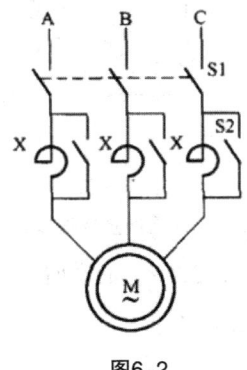

图6-2

定子回路串电抗（或电阻）降压起动时，起动电流与起动电压成比例减小，若加在电动机上的电压减小到原来的 $\dfrac{1}{K}$，则起动电流也减小到原来的 $\dfrac{1}{K}$，而起动转矩因与电源电压平方成正比，因而减小到原来的 $\dfrac{1}{K^2}$。

定子回路串电阻器降压起动，设备简单、操作方便、价格便宜，但要在电阻上消耗大量电能，故不能用于经常起动的场合，一般用于低压电机。电抗器降压起动避免了上述缺点，但其设备费用较高，故通常用于高压电动机。

2. 星形——三角形（Y-△）换接降压起动

这种起动方法只适用于定子绕组作三角形接法运行的电动机。起动时将绕组改接成星形，待电机转速上升到接近额定转速时再改成三角形。其原理接线如图 6-3（a）所示。

Y-△换接降压起动是利用星三角起动器来实现的。起动时，合上开关 S1，再把 S2 置于 Y 侧，定子绕组作星形接法，每相绕组承受的相电压为线电压的 $1/\sqrt{3}$，起动电流较小。待电动机转速升高到接近额定转速，再把开关 S2 置于△侧，定子绕组改接成三角形，绕组相电压即为线电压，电动机在额定电压下正常运行。

下面我们将电动机作星形起动及三角形全压起动时的起动电流、起动转矩作一比较。如图 6-3（b）、（c）所示。

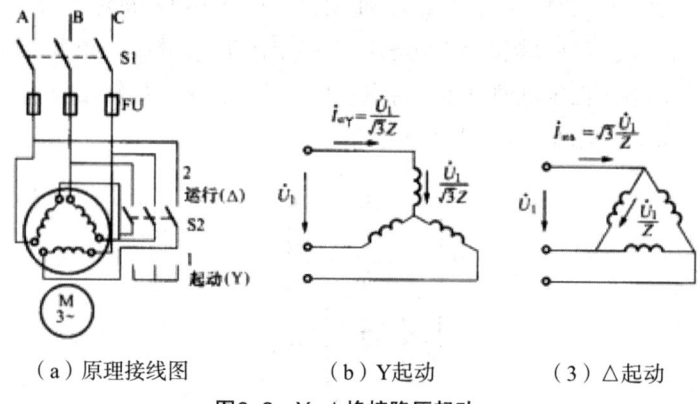

（a）原理接线图　　　（b）Y起动　　　（3）△起动

图6-3　Y-△换接降压起动

设电源电压为 U_1，电动机每相阻抗为 Z，起动时，三相绕组接成星形，绕组电压为 $U_1/\sqrt{3}$，故电网供给电动机的起动电流为：

$$I_{stY} = \frac{U_1}{\sqrt{3}Z}$$

若电动机作三角形直接起动，则绕组相电压为电源线电压，定子绕组每相起动电流为 U_1/Z。故电网供给电动机的起动电流为：

$$I_{st\triangle} = \sqrt{3}\frac{U_1}{Z}$$

Y形与△形连接起动时，起动电流的比值为：

$$\frac{I_{stY}}{I_{st\triangle}} = \frac{\frac{U_1}{\sqrt{3}Z}}{\sqrt{3}\frac{U_1}{Z}} = \frac{1}{3} \qquad （6-2）$$

由于起动转矩与相电压的平方成正比，故Y形与△形连接起动的起动转矩的比值为：

$$\frac{M_{stY}}{M_{st\triangle}} = \frac{\left(\frac{U_1}{\sqrt{3}}\right)^2}{U_1^2} = \frac{1}{3} \qquad （6-3）$$

综上所述，采用Y-△降压起动，其起动电流及起动转矩都减小到直接起动时的1/3。Y-△换接起动的最大优点是起动设备简单，成本低，我国生产的JO2及Y系列4～100kW的三相鼠笼式异步电动机定子绕组都采用三角形连接，使Y-△降压起动方法得以广泛应用。此法的缺点是起动转矩只有三角形直接起动时的1/3，起动转矩降低很多，而且是不可调的，因此只能用于轻载或空载起动的设备上。

3. 自耦变压器降压起动

这种起动方法是利用自耦变压器来降低加在电动机定子绕组上的端电压,其原理接线如图 6-4 所示。起动时,先合上开关 S1,再将开关 S2 掷于"起动"位置,这时电源电压经过自耦变压器降压后加在电动机上起动,限制了起动电流,待转速升高到接近额定转速时,再将开关 S2 掷于"运行"位置,自耦变压器被切除,电动机在额定电压下正常运行。

下面对自耦变压器降压起动后的起动电流和起动转矩与全压起动时的情况作以比较。

设电网电压为 U_1,自耦变压器的变比为 K_a,变压器抽头比为 $K=\dfrac{1}{K_a}$,经自耦变压器降压后,加在电动机上的起动电压(耦变压器二次侧电压)为 $\dfrac{1}{K_a}U_1$,由于电动机的起动电流与定子绕组上的电压成正比,故通过电动机定子绕组的电流(自耦变压器二次侧电流)I'_{sta} 也为额定电压下直接起动时起动电流 I_{st} 的 $\dfrac{1}{K_a}$ 倍,又由于自耦变压器的电流与电压成反比,自耦变压器一次侧电流为其二次侧电流的 $\dfrac{1}{K_a}$,故电网供给电动机的起动电流 I_{sta} 为流过电动机定子绕组电流的 $\dfrac{1}{K_a}$,为直接起动电流的 $\dfrac{1}{K_a^2}$ 倍,即:

$$I_{sta}=\frac{1}{K_a}I'_{sta}=\frac{1}{K_a}\left(\frac{1}{K_a}I_{st}\right)=\frac{1}{K_a^2}I_{st}=K^2I_{st} \qquad (6-4)$$

式中:I_{sta}——降压后电网供给电动机的起动电流;

I'_{sta}——降压后电动机定子绕组的起动电流;

I_{st}——在额定电压下直接起动的电流。

采用自耦变压器降压起动时,加在电动机上的电压为额定电压的 $\dfrac{1}{K_a}$ 倍,由于起动转矩与电源电压的平方成正比,所以起动转矩也减小到直接起动时的 $\dfrac{1}{K_a^2}$ 倍,即:

$$M_{sta}=\frac{1}{K_a^2}M_{st}=K^2M_{st} \qquad (6-5)$$

式中:M_{sta}——自耦变压器降压起动转矩;

M_{st}——在额定电压下直接起动的转矩。

由此可见,利用自耦变压器降压起动,电网供给的起动电流及电动机的起动转矩都减小到直接起动时的 $\dfrac{1}{K_a^2}$。

自耦变压器二次侧通常有几个抽头,例如 40%、60%、80% 三个抽头分别表示二次侧电压为一次侧电压的百分比。自变压器降压起动的优点是不受电动机绕组连接方式的影响,且可按允许的起动电流和负载所需的起动转矩来选择合适的自耦变压器抽头。其缺点是设备体积大，投资高。自耦变压器降压起动一般用于 Y-△ 起动不能满足要求，且不频繁起动的大容量电动机。

4. 延边三角形降压起动

用星三角形降压起动，起动电流和起动转矩固定地减小为直接起动的 1/3，无法调节。在此基础上发展了延边三角形降压起动，它的起动方法与 Y-△ 起动法相似。在起动时，将电动机定子绕组的一部分接成星形，另一部分接成三角形，当起动结束时，再把绕组改接成 △ 形接法正常运行。延边三角形降压起动时，每相绕组所承受的电压比星形时大，而比三角形时小，故其起动电流及起动转矩介于 Y-△ 降压起动与三角形直接起动之间。这种起动方法的优点是改变星形及三角形中间抽头位置可以获得不同的起动电流及起动转矩，以适应不同的起动要求。其缺点是结构复杂，绕组抽头多，故该方法在实际应用中受到了一定限制。

三相鼠笼式异步电动机各种降压起动方法的性能及优缺点如表 6-1 所示。

表 6-1 三相鼠笼式异步电动机各种降压起动方法的性能比较

起动方法	电抗（电阻）降压起动	自耦变压器起动	Y-△ 起动	延边三角形起动		
				抽头 1:2	抽头 1:1	抽头 2:1
起动电压	$\frac{1}{k}U_N$	$\frac{1}{k}U_N$	$\frac{1}{\sqrt{3}}U_N$	$0.78U_N$	$0.71U_N$	$0.66U_N$
起动电流	$\frac{1}{k}I_{st}$	$\frac{1}{k^2}I_{st}$	$\frac{1}{3}I_{st}$	$0.6I_{st}$	$0.5I_{st}$	$0.43I_{st}$
起动转矩	$\frac{1}{k^2}M_{st}$	$\frac{1}{k^2}M_{st}$	$\frac{1}{3}M_{st}$	M_{st}	M_{st}	M_{st}
各种起动方法的优缺点	电动机定子回路串电抗降电动机定子回路接入自用于定子绕压起动，起动过程中把电抗短接。电阻降压起动次数不能频繁，较少采用。用电抗器代替电阻起动，无上述缺点，但设备费用高	电动机定子回路接入自耦变压器起动，起动后切除之。起动电流与电压平方成比例减小。应用较多。但设备价格贵；不宜频繁起动	用于定子绕组 △ 接法的电动机，设备简单，可以频繁起动。应用较多	用于定子绕组 △ 接法的电动机，可采用不同的抽头比例来适应不同的使用要求。设备简单，可以频繁起动		

【例 6-1】有一台鼠笼式异步电动机，额定功率 P_N=28 kW，△ 连接，额定电 U_N=380 V，$\cos\varphi_N$=0.88，η_N=0.83，n_N=1455 r/min，I_{st}/I_N=6，M_{st}/M_N=1.1，K_m=2.3。要求起动电流 I_{st1} 小于 150 A，负载转矩为 M_L=73.5 N·m。试求：

（1）额定电流 I_N 及额定转矩 M_N。

（2）能否采用 Y-△ 换接降压起动？

解：（1）电动机额定电流

$$I_N = \frac{P_N}{\sqrt{3}U_N \eta_N \cos\varphi_N} = \frac{28 \times 10^3}{\sqrt{3} \times 380 \times 0.83 \times 0.88} = 58.25 \text{ (A)}$$

电动机额定转矩

$$M_N = 9550 \frac{P_N}{n_N} = 9550 \times \frac{28}{1455} = 183.78 \text{ (N·m)}$$

（2）用Y-△换接降压起动

起动电流

$$I_{stY} = \frac{1}{3} I_{st} = \frac{1}{3} \times 6 \times 58.25 = 116.5 \text{ (A)}$$

起动转矩

$$M_{stY} = \frac{1}{3} M_{st} = \frac{1}{3} \times 1.1 \times 183.78 = 67.39 \text{ (N·m)}$$

正常起动通常要求起动转矩应不小于负载转矩的1.1倍。由上面计算可知起动电流满足要求，但起动转矩小于负载转矩，故不能采用Y-△换接降压起动。

第三节　绕线式异步电动机的起动

鼠笼式异步电动机利用降压方法限制起动电流，但起动转矩也随起动电压成平方倍地减小了，故只适用于空载及轻载起动的机械负载。对于重载起动的机械负载，如起重机、卷扬机、龙门吊车等，广泛采用起动性能较好的绕线式异步电动机。

绕线式异步电动机与鼠笼式异步电动机的最大区别是转子绕组为三相对称绕组。转子回路串入可调电阻或频敏变阻器之后，可以减小起动电流，同时增大起动转矩，因而起动性能比鼠笼式异步电动机好。

一、转子回路串变阻器起动

1. 起动原理

根据转子电流公式 $I_2 = \frac{sE_{20}}{\sqrt{r_2^2 + (sx_{20})^2}}$，起动时的转子电流为：

$$I_{st2} = \frac{sE_{20}}{\sqrt{r_2^2 + x_{20}^2}} \tag{6-6}$$

起动时的转子回路功率因数为：

$$\cos\varphi_{st2} = \frac{r_2}{\sqrt{r_2^2 + x_{20}^2}} = \frac{1}{\sqrt{1+\left(\frac{x_{20}}{r_2}\right)^2}} \quad (6-7)$$

起动转矩为

$$M_{st} = C_M \Phi_m I_{st2} \cos\varphi_{st2} \quad (6-8)$$

式（6-6）和式（6-7）表明，转子回路串入电阻后，可以减小起动电流，提高功率因数，在转子回路串入适当的电阻，可以使 $\cos\varphi_{st2}$ 增加的效果大于 I_{st2} 的减小，从而使起动转矩增加。

增加转子回路电阻，最大电磁转矩不变，但可以改变获得最大电磁转矩的转差率，使起动时获得最大的电磁转矩，但起动时转子回路所串电阻并不是越大越好，否则起动转矩反而会减小，这在前面已做过阐述。转子回路串变阻器起动的接线图如图6-5所示。

2. 起动过程

起动时，为了增大电动机在整个起动过程中的转矩，缩短起动时间，随着电动机转速的升高，应把转子回路串入的电阻逐级切除。如图6-6所示为绕线型电动机起动过程中的一组机械特性曲线。

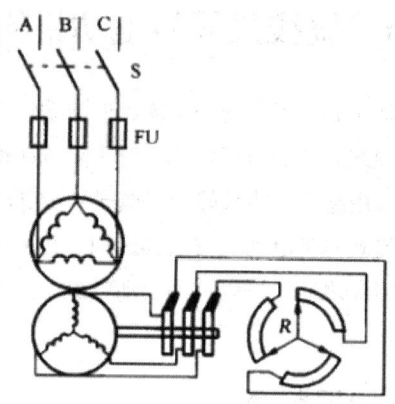

图6-5 绕型式异步电动机转子串变阻器起动线路

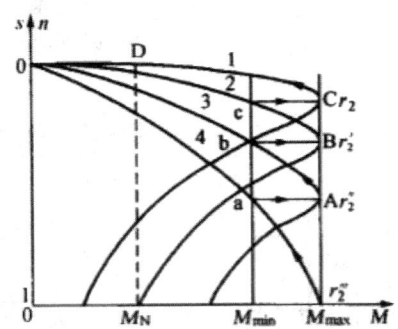

图6-6 绕线型异步电动机起动中的机械特性曲线

电动机刚开始起动时，变阻器的电阻全部串入转子回路，机械特性曲线如图中曲线4所示，起动后，转速逐渐上升，电磁转矩沿转矩特性曲线4逐渐减小，当下降到a点时，切除一部分电阻，电动机机械特性曲线变为曲线3，电磁转矩又回升到最大值A点，使电动机转子加速，随着转速升高，电磁转矩沿曲线3逐渐下降，达到b点后，又切除一部分电阻，电动机的机械特性曲线变为曲线2，电磁转矩又回升到最大值B点，随着转速的再升高，电磁转矩沿曲线2又逐渐下降，达到C点后，电阻全部切除，电动机机械特性曲线变为曲线1，电磁转矩回升到最大值C点，电动机转速继续上升，最后在D点以额定转速稳定运行，起动过程结束。

如果绕线式异步电动机不接起动电阻，而采用全压起动，电动机机械特性曲线即为曲线1所示，起动转矩很小，有可能导致电动机起动困难，甚至无法起动。

绕线式异步电动机转子回路串电阻可以抑制起动电流并获得较大的起动转矩，选择适当电阻可使起动转矩达到最大值，故可以允许电动机在重载下起动。其缺点是在分级切除电阻的起动中，电磁转矩和转速突然增加，会产生较大的机械冲击。该起动方法起动设备较复杂、笨重，运行维护工作量较大。

二、转子回路串频敏变阻器起动

1. 频敏变阻器的结构

频敏变阻器的外部结构与三相电抗器相似，由三个铁芯柱和三个绕组组成，三个绕组接成星形，通过集电环和电刷与转子电路相接，如图6-7所示。

频敏变阻器铁芯用几片或十几片厚钢板制成，铁芯间有可以调节的气隙，当绕组通过交流电后，在铁芯中产生的涡流损耗和磁滞损耗都较大。

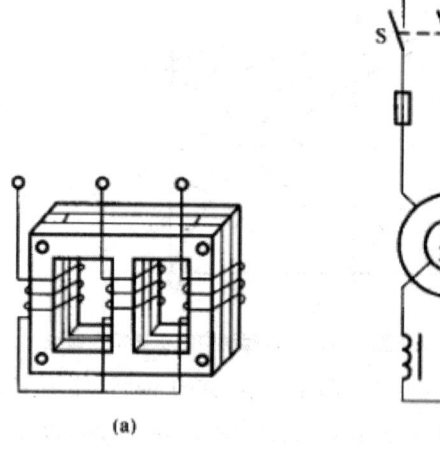

(a)频敏变阻器的结构示意图　　(b)频敏变阻器起动线路图

图6-7　转子绕组串频敏变阻器的起动原理接线图

2. 工作原理

频敏变阻器是根据涡流原理工作的,即铁芯涡流损耗与频率的平方成正比。当转子电流频率变化时,铁芯中的涡流损耗变化,频敏变阻器等值电路的参数 r_m 和 x_m 随之而变化,故称为频敏变阻器。

当绕线式异步电动机刚起动时,电动机转速很低,转子电流频率 f_2 很高,接近于 f_1,铁芯中涡流损耗及其对应的等效电阻 r_m 最大,相当于转子回路串入了一个较大的起动电阻,起到了限制起动电流和增加起动转矩的作用。起动后,随转子转速上升,转差率减小,转子电流频率 $f_2 = sf_1$ 随之而减小,于是频敏变阻器的涡流损耗减小,反映铁芯损耗的等值电阻 r_m 也随之减小,起到转子回路自动切除电阻的作用。起动结束后,转子绕组短接,把频敏变阻器从电路中切除。

频敏变阻器实际上是利用转速上升,转子频率 f_2 的平滑变化来达到使转子回路电阻平滑减小目的。故是一种无触点的变阻器,能实现无级平滑起动,可获得恒转矩的起动特性,没有机械冲击。且频敏变阻器结构较简单,成本低,使用寿命长,维护方便。其缺点是体积较大,设备较重。由于其电抗的存在,功率因数较低,起动转矩并不很大。因此,当绕线式异步电动机在轻载起动时,采用频敏变阻器起动,重载时一般采用串变阻器起动。

第四节 深槽式和双鼠笼式异步电动机

鼠笼式异步电动机具有结构简单、造价低、效率高、坚固耐用等优点,但由于其起动转矩小,故应用受到一定限制。绕线式异步电动机通过转子回路串电阻来改善起动性能,而鼠笼式异步电动机转子导条自成短路闭合回路,无法外接电阻。为了改善鼠笼式异步电动机的起动性能,只好通过改进电机的内部结构,采用特殊的转子槽形,利用电流的集肤效应,制成深槽式和双鼠笼式异步电动机。这两种电动机基本保持了普通鼠笼式异步电动机的优点,又具有起动时转子电阻较大,正常运行时转子电阻自动减小的特点,从而减小了起动电流,增大了起动转矩,达到了改善起动性能的目的。

一、深槽式异步电动机

1. 结构特点

深槽式异步电动机定子与普通异步电动机的定子完全相同,转子外形与单鼠笼转子相同,主要区别在于转子槽形,具有"深而窄"的特点。通常槽深 h 与槽宽 b 之比 b=10～12。当转子导条中通过电流时,槽漏磁通的分布如图6-8(a)所示。与导条底部相交链的漏磁通比槽口部分所交链的漏磁通要多,所以槽底部分漏抗大,槽口部分漏抗小。

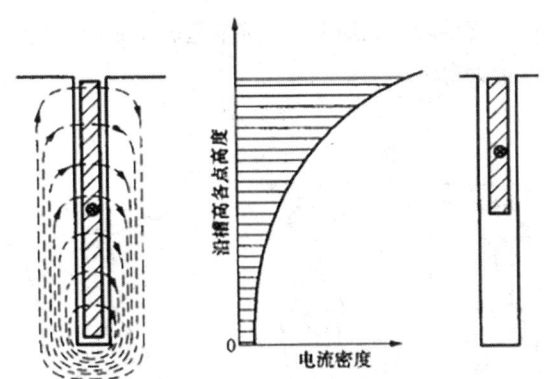

(a)漏磁通的分布　(b)电流密度分布　(c)导条的有效截面

图6-8　深槽式转子导条中电流的集肤效应

2. 工作原理

深槽式异步电动机是利用电流的集肤效应来改善电机起动性能的。起动时,$n=0, s=1$,转子电流频率较高,$f_2 = s f_1 = f_1$,转子漏电抗 $x_2 = 2\pi f_2 L_2$ 较大,远远大于转子电阻,即 $x_2 \gg r_2$,故转子电流分布基本取决于漏电抗。由于槽口漏抗小于槽底漏抗,转子电流按电抗成反比分布，所以导条中靠近槽口处电流密度将很大，靠近槽底处则较小，沿槽高的电流密度分布自上而下逐步减小，如图6-8（b）所示。大部分电流集中在导体上部，这就是电流的集肤效应。其效果相当于减小了导条的高度和截面，如图6-8（c）所示。因此转子有效电阻增大，如同起动时转子回路串入了一个起动变阻器。从而限制了起动电流，提高了起动转矩，改善了起动性能。

集肤效应与转子电流的频率和槽形尺寸有关，频率越高，槽形越深，集肤效应越显著。

随着转速升高，转差率减小，转子电流频率 $f_2 = s f_1$ 逐渐减小，集肤效应逐渐减小，转子电阻自动减小。当起动完毕，电动机正常运行时，转差率很小，转子电流频率很低，仅 1～3Hz，转子漏电抗很小，远远小于转子电阻，即 $x_2 \ll r_2$，转子导条内电流按电阻均匀分配，集肤效应基本消失，转子电阻恢复正常的数值。相当于转子回路中的起动变阻器自动切除了。

可见，深槽式异步电动机是根据集肤效应原理，减小转子导体有效截面，增加转子回路有效电阻来达到改善起动性能的目的。但深槽会使槽漏磁通增多，故深槽式异步电动机漏抗比普通鼠笼式异步电动机大，功率因数、最大转矩及过载能力稍低。

二、双鼠笼式异步电动机

1. 结构特点

双鼠笼异步电动机转子上具有两套笼型绕组，如图6-9（a）所示，上笼的导条截面积较小，并用黄铜或铝青铜等电阻系数较大的材料制成，电阻较大。下笼导条的截面积大，并用电阻系数较小的紫铜制成，电阻较小。此外，也可采用铸铝转子，如图6-9（b）所示。由于下笼处于铁芯内部，交链的漏磁通多，上笼靠近转子表面，交链的漏磁通较少，故下笼的漏电抗较上笼漏电抗大得多。

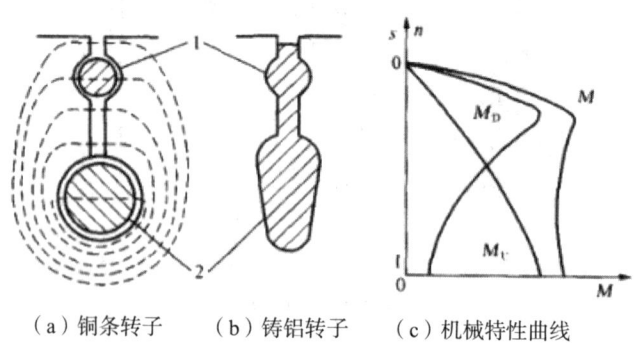

（a）铜条转子　（b）铸铝转子　（c）机械特性曲线

图6-9　双笼式电动机转子槽形及其机械特性

2. 起动原理

双鼠笼式异步电动机也是利用集肤效应原理来改善起动性能的。起动时，转子电流频率较高,转子漏抗大于电阻,转子电流分配主要取决于漏抗,由于下笼漏抗大于上笼,故电流主要流过上笼,起动时上笼起主要作用,由于上笼电阻大,可以限制起动电流,产生较大的起动转矩,所以上笼又称为起动笼。

起动过程结束后,电动机正常运行,转差率很小,转子电流频率很低,转子漏抗远小于电阻。转子电流分配主要取决于电阻,于是电流从电阻较小的下笼流过,产生正常时的电磁转矩,下笼在运行时起主要作用,故下笼又称为工作笼。

双笼式异步电动机的机械特性曲线,如图6-9(c)所示,可以看成是上、下笼两条机械特性曲线的合成,改变上、下笼导体的材料和几何尺寸就可以得到不同的机械特性曲线,以满足不同负载的要求。

综上所述,深槽式和双鼠笼式异步电动机都是利用集肤效应原理来增大起动时的转子电阻,来改善起动性能的。起动电流较小,起动转矩较大,电动机可获得近似恒定转矩的起动特性,一般都能带额定负载起动。因此,大容量、高转速电动机一般都做成深槽式的或双鼠笼式的。

深槽式和双鼠笼式异步电动机也有一些缺点,由于槽深,槽漏磁通增多,漏抗比普通鼠笼式电动机增大,故功率因数较低,过载能力稍差。

双鼠笼式异步电动机比深槽式异步电动机的起动性能要好些,但由于深槽式异步电动机结构简单,耗铜量少,价格相对较便宜,因此深槽式异步电动机应用得更为广泛。

第五节　异步电动机的调速

电力拖动系统是电动机拖动,并通过传动机构带动生产机械运转的一个动力学整体。电动机起动后要拖动生产机械完成一定的生产任务。电动机的机械特性和生产机械的负载特性共同决定了电力拖动系统能否稳定运行。

一、电力拖动系统稳定运行的条件

1. 生产机械的负载特性

第一,恒转矩负载。

凡负载转矩 M_L 的大小与转速无关,即 $M_L=$ 常数,称为恒转矩负载。根据负载转矩的方向是否与转向有关,又分为位能性恒转矩负载和反抗性恒转矩负载。负载特性如图6-10所示。

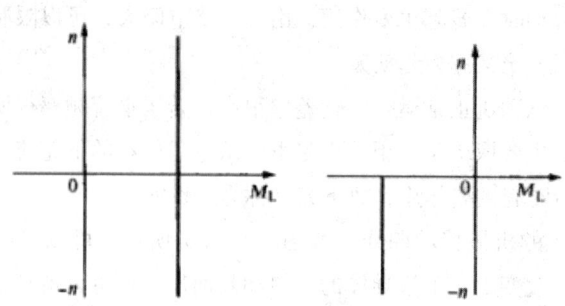

（a）位能性恒转矩负载特性　（b）反抗性恒转矩负载特性

图6-10　恒转矩负载特性

第二，恒功率负载。

恒功率负载的负载转矩与转速的乘积为一常数。即负载功率一定时，负载转矩 M_L 与转速成反比。例如车床切削工件，粗加工时，切削量大，切削阻力大，用低速。精加工时切削量小，为保证加工精度，用高速，保证了电机的安全经济运行所示。负载特性如图6-11所示。

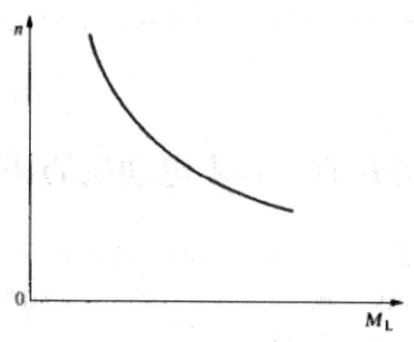

图6-11　恒功率负载特性

第三，通风机负载。

通风机负载的负载转矩与转速的平方成正比，即 $M_L = K \ll 2Kn^2$。这类负载如通风机、鼓风机、水泵、液压泵等，负载特性是一条抛物线。如图6-12所示。

上述介绍的是三种典型的负载转矩特性，而实际的负载转矩特性常常是几种典型特性的综合。

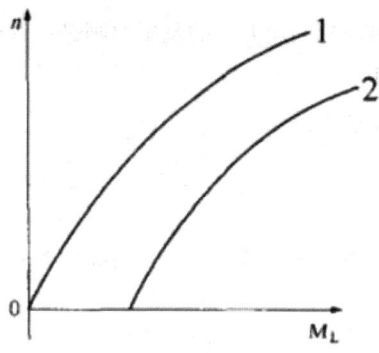

图6-12 通风机负载特性

2. 电力拖动系统稳定运行的概念

设有一电力拖动系统,原来运行于某一转速,当系统受到外界某种短时扰动(如电网电压波动,负载突然变化等),图6-12通风机负载特性使 $M_M \neq M_L$,电动机转速发生变化,离开了原平衡状态。如果系统在新的条件下能建立一个新的平衡状态,或者当外界扰动消失后,系统能恢复到原来的转速,就称该系统能稳定运行,否则就是不稳定的。

3. 电力拖动系统稳定运行条件

第一,电动机的机械特性与生产机械的负载特性必须有交点。

在交点处 $\dfrac{dM_M}{dn} < \dfrac{dM_L}{dn}$。即在交点的转速以上电磁转矩小于负载转矩 $M_M < M_L$。交点的转速以下电磁转矩大于负载转矩 $M_M > M_L$。

图 6-13 所示为异步电动机和通风机负载的配合,曲线 1 为电动机的机械特性,曲线 2 为负载的机械特性。设系统原来工作在交点 A,电磁转矩和负载转矩相平衡 $M_M = M_L$ 转速为 n_a。由于某种原因负载转矩的突然增加,则系统开始减速运行,在转速以下电磁转矩大于负载转矩,系统又开始加速运行,当扰动瞬时出现又消失后,系统转速又升回到 n_a,$M_M = M_L$ 系统恢复在 A 点稳定运行。

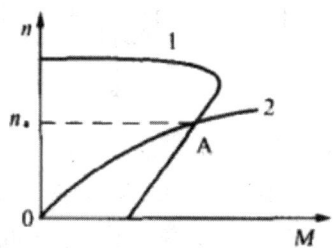

图6-13 电动机机械特性和生产机械负载特性的配合

二、异步电动机的调速

为了适应生产的需要，满足生产机械的要求，在生产过程中需要人为地改变电动机的转速，称为调速。选择异步电动机调速方法的基本原则是：调速范围广、调速平滑性好、调速设备简单、调速中的损耗小。

根据异步电动机的转速关系式：

$$n = n_1(1-s) = \frac{60f_1}{p}(1-s) \qquad (6-9)$$

可知，通过改变定子绕组的磁极对数 p、改变电源频率 f_1 或改变转差率 s 可以实现异步电动机的调速。

1. 变极调速

当电源频率不变时，改变电动机的极数，电动机的同步转速随之成反比变化。若电动机极数增加一倍，同步转速下降一半，电动机的转速也几乎下降一半，即改变磁极对数可以实现电动机的有级调速。

要改变电动机的极数，可以在定子铁芯槽内嵌放两套不同极数的定子绕组，但从制造的角度看，很不经济，故通常采用的方法是单绕组变极调速，即在定子铁芯内装一套绕组。通过改变定子绕组的接法来改变极数和电动机的转速，这种电动机称为多速电动机。变极调速只适用于笼式异步电动机。因为笼式异步电动机转子的磁极对数能自动地随定子磁极对数相应变化。而绕线式异步电动机的转子绕组在转子嵌线时就已确定了磁极对数，在改变定子磁极对数时，转子绕组必须相应地改变接法，才能得到与定子绕组相同的磁极对数，不容易实现。故绕线式异步电动机一般都不采用变极调速。

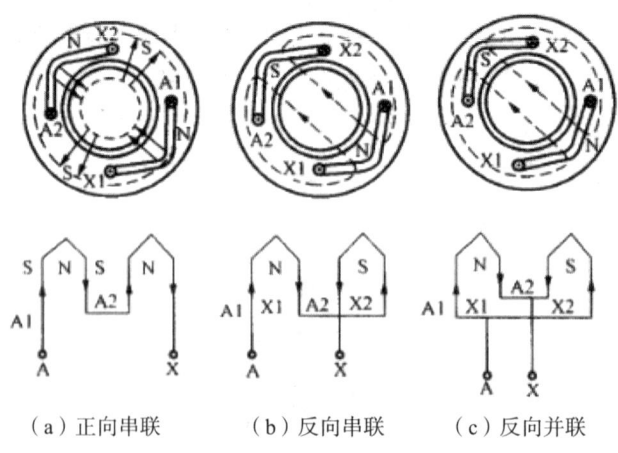

（a）正向串联　　（b）反向串联　　（c）反向并联

图6-14　变极调速原理

定子绕组的变极原理如下。图6-14只画出了定子三相绕组中的 A 相绕组，每相绕组都由两个线圈组串联组成，每个线圈组用一个集中线圈来表示。若把 A 相两组线圈 A1×1

和 A2×2 顺向串联，则气隙中形成四极磁场，即 2p=4。若将绕组中的一组线圈 A2×2 反接，使其中的电流方向与另一组线圈 A1×1 中的电流方向相反，即 A1×1 与 A2×2 反向串联，或反向并联，则气隙中形成两极磁场，即 2p=2。

由此可见，改变定子绕组的接线方式，使其中一半绕组中的电流反向，可使变极对数发生改变，这种仅在每相内部改变绕组连接来实现变极的方法称为反向变极法。一般变极时均采用这种方法。

多极电动机定子绕组的接线方式很多，在变极时，三相线圈中都有一半要反接，其中最常用的有两种，一种是绕组从三角形改接成双星形，写作△/2Y，另一种是从单星形改接成双星形，写作Y/2Y。这两种接法都能使电动机极数减小一半，使电动机转速接近成倍改变。但不同的接线方式，电动机允许输出功率不同，因此要根据生产机械的要求进行选择。

第一，△/2Y 接法变极调速。

如图 6-15 所示，为△/2Y 接法双速异步电动机定子绕组接线图。当 4、5、6 三个抽头开路，将 1、2、3 接三相电源时，三相绕组接成三角形，如图 6-15（b）所示。定子各相中的两组线圈正向串联，电流方向如图 6-15（a）中实线箭头所示，此时磁极数为 2p=4。若将 1、2、3 点接在一起，将 4、5、6 接到三相电源上时，如图 6-15（c）所示，定子各相中的两组线圈反向并联，每相绕组中均有一半绕组的电流反方向，如图 6-15（a）中的虚线箭头所示。这时磁极数减小一半，2p=2，同步转速增加一倍。即实现了变极调速。

设电网电压 U_1 和通过每个线圈中的电流 I_1 不变，并假设变极前后电动机效率 η 和功率因数 $\cos\varphi$ 不变，则变极前后的输出功率和输出转矩的关系如下：

△形接法时电动机的输出功率为：

$$P_{2(Y)} = 3U_1 I_1 \eta \cos\varphi$$

双Y形接法时电动机的输出功率为：

$$P_{2(2Y)} = 3\frac{U_1}{\sqrt{3}}(2I_1)\eta\cos\varphi = 2\sqrt{3}U_1 I_1 \eta\cos\varphi$$

$$\frac{P_{2(2Y)}}{P_{2(\triangle)}} = \frac{2\sqrt{3}}{3} = 1.15$$

（6-10）

式（6-10）说明定子绕组由三角形变成双星形接法，极对数减少一半，电动机转速增加一倍。但输出功率只增加了 15%，可认为属于恒功率调速。由 $M_2 = P_2/\Omega$ 可知，高转速时产生的输出转矩比低转速时几乎减小一半。此种调速方法适用于带恒功率负载，如各种金属切削机床。机床在低转速时进行粗加工，进刀量大，需要转矩大；高转速时进行精加工，进刀量小，需要转矩小。

第二，Y/2Y 接法变极调速。

当绕组接成丫形时是四极电机,改接成双丫形时是两级电机,极对数减少一半,转速增加一倍。设电网电压 U_1 和通过每个线圈中的电流 I_1 不变,并假设变极前后的效率和功率因数保持不变,则变极前后输出功率和输出转矩的关系如下:

丫接法时电动机的输出功率为:

$$P_{2(Y)} = 3\frac{U_1}{\sqrt{3}}(2I_1)\eta\cos\varphi = \sqrt{3}U_1 I_1 \eta\cos\varphi$$

2丫接法时电动机的输出功率为:

$$P_{2(2Y)} = 3\frac{U_1}{\sqrt{3}}(2I_1)\eta\cos\varphi = 2\sqrt{3}U_1 I_1 \eta\cos\varphi$$

$$\frac{P_{2(2Y)}}{P_{2(Y)}} = 2 \tag{6-11}$$

式(6-11)表明由单星形改接成双星形时,极对数减半,电动机转速增倍,输出功率也增加一倍。由 $M_2 = P_2/\Omega$ 可知,输出转矩基本不变。故丫/2丫变极调速方法属于恒转矩调速,适宜于带动起重机、运输机等恒转矩的负载。

反向变极法除了能得到如 2/4、4/8 极等倍极比双速电动机外,还可以得到 4/6、6/8、6/4/2、8/4/2、8/6/4 等非倍极比多速电动机。一般用倍极比变极调速,变极后绕组相序将发生改变。若要保持电动机转向不变,应把接到电动机的三根电源线任意对调两根。

变极调速的优点是设备简单、运行可靠,为了满足不同生产机械的需要,定子绕组采用不同的接线方式,可获得恒转矩调速或恒功率调速。缺点是电动机绕组引出头较多,调速的平滑性差,调速级数少。必要时需与齿轮箱配合,才能得到多级调速。对于不需要无级调速的生产机械,如金属切削机床、通风机、升降机等,多速电动机得到比较广泛的应用。

2. 变频调速

变频调速是改变电源频率 f_1 从而使电动机的同步转速 $n_1 = \dfrac{60 f_1}{p}$ 变化达到调速的目的。由转速公式 $n = n_1(1-s)$,考虑到正常情况下转差率 s 很小,故异步电动机转速 n 与电流频率近似成正比,改变电动机供电频率即可实现调速。

在变频的同时,通常希望气隙主磁通 Φ_m 维持不变。因为若 Φ_m 增加,电动机磁路过饱和,引起励磁电流增加、铁芯损耗加大、电机温升过高,功率因数降低;若 Φ_m 减小,电动机容量将得不到充分利用。由电动势公式以 $U_1 \approx E_1 = 4.44 f_1 N_1 K_{W1} \Phi_m$ 可知,若要保持磁通 Φ_m 为定值,则电源 U_1 电压必须随频率的变化作正比变化,即保持 U_1/f_1 为常数。

对于恒转矩负载,若保持 $U_1/f_1 =$ 定值,可保持磁通 Φ_m 不变,同时也能保证电动机的过载能力 K_m 不变。对于恒功率负载,若保持 $U_1/f_1 =$ 定值,气隙磁通 Φ_m 可维持不变,但过载能力将发生变化。若满 $U_1/f_1 =$ 定值,则电动机的过载能力不变,但气隙磁通 Φ_m

将发生变化。故变频调速特别适用于恒转矩负载。

图 6-16 为在 $U_1/f_1=$ 定值的条件下,三相异步电动机变频调速时的机械特性曲线。变频调速的主要优点是调速范围大、调速平滑、机械特性较硬、效率高。但它需要一套专用变频电源,调速系统较复杂、设备投资较高。近年来随着晶闸管技术的发展,为获得变频电源提供了新的途径。晶闸管变频调速器的应用,大大促进了变频调速的发展。变频调速是近代交流调速发展的主要方向之一。三相异步电动机的变频调速在很多领域内已获得广泛应用,如轧钢机、纺织机、球磨机、鼓风机、水泵及化工企业中的某些设备等。

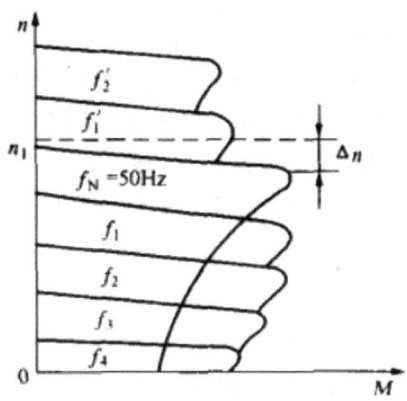

图6-16 三相异步电动机变频调速时的机械特性

3. 改变转差率调速

改变外加电压或者改变转子电路的电阻,都可以改变转差率,从而改变电动机的转速,前者用于鼠笼式异步电动机,后者适用于绕线式异步电动机。

第一,调压调速。

改变加在异步电动机定子绕组上的电压,即获得了一组人为机械特性曲线。其最大转矩随电压的平方而下降,产生最大转矩的临界转差率不变。对于恒转矩负载 M_L,若采用调压调速,如图 6-17(a)所示,调速范围小,实用价值不大。但若用于通风机负载,其负载转矩 A4 随转速的变化关系如图 6-17(b)虚线所示,从 a、a'、a'' 三个工作点所对应转速看,调速范围较宽,因此改变电压调速适合于通风性质的负载。对于恒转矩负载,若要获得较宽的调速范围,可采用转子电阻较大、机械特性较软的高转差率鼠笼式异步电动机,如图 6-17(c)所示。负载转矩为恒转矩 M_L 时,不同的电源电压 U_1、U_1'、U_1'' 可获得不同的工作点 a、a'、a'',调速范围较宽。但在电压低时特性曲线太软,负载波动将引起转速的较大变化,转差率常常不能满足要求。

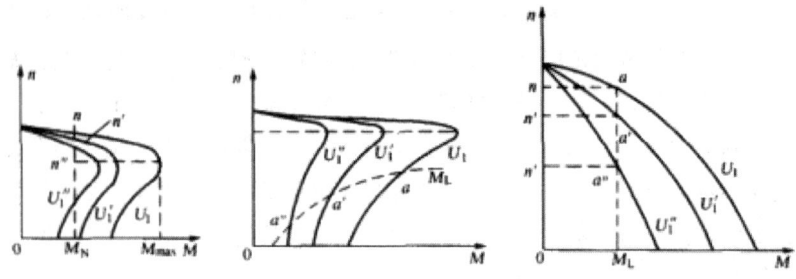

（a）恒转矩负载调压调速　（b）通风机负载调压调速　（c）高转差率电动机的调压调速

图6-17　鼠笼式异步电动机调压调速

目前，随着晶闸管技术的发展，晶闸管交流调压调速已得到广泛应用。其优点是可以获得较大的调速范围，调速平滑性较好。其缺点是：当电动机运行在低转速时，转差率较大，转子铜损耗较大，使电动机效率低，发热严重，故这种调速一般不宜于在低速下长时间运转。

第二，改变转子回路电阻调速。

改变转子回路的电阻调速，只适用于绕线式异步电动机。

如图 6-18 所示为改变转子回路电阻所获得的一组人为机械特性。增加转子回路电阻，最大电磁转矩不变，但产生最大转矩的转速要发生变化。当负载转矩 M_L 一定时，不同转子电阻对应不同的稳定转速，而且随转子电阻的增加 $r_2'' > r_2' > r_2$，电动机转速下降 $n'' < n' < n$。转子回路串变阻器调速与转子回路串变阻器起动的原理相似，但起动变阻器是按短时设计的，而调速变阻器允许在某一转速下长期工作。

从调速性质来看，转子回路串电阻属于恒转矩调速，调速过程中负载转矩不变，故电动机产生的电磁转矩应不变。由电磁转矩公式可知，转子回路电阻与转差率成正比，即 $\dfrac{r_2'}{s}$ =定值。

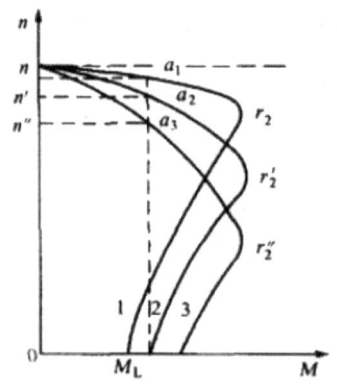

图6-18　绕线式电动机转子串电阻调速

这种调速方法的优点是设备简单、操作方便，可在一定范围内平滑调速，调速过程中最大转矩不变，电动机过载能力不变。缺点是转子回路串接电阻越大，机械特性越软，转速随负载的变化很大，运行稳定性下降，故最低转速不能太小，调速范围不大。且调速电阻上要消耗一定的能量，随外接电阻增大，转速下降，转差率增大，转子铜损耗增大，电动机效率下降。在空载和轻载时调速范围很窄。此法主要用于运输、起重机械中的绕线式异步电动机上。

三、电磁调速异步电动机

电磁调速异步电动机亦称滑差电动机。它实际上就是一台带有电磁滑差离合器的鼠笼式异步电动机，其原理如图 6-19 所示。

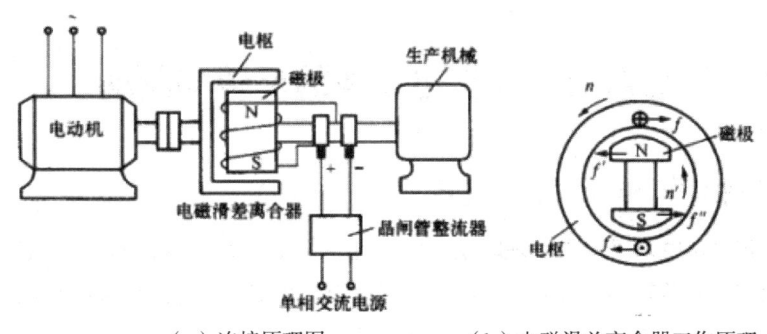

（a）连接原理图　　　　　　（b）电磁滑差离合器工作原理

图6-19　电磁调速异步电动机

1. 电磁滑差离合器的结构

电磁滑差离合器由电枢和磁极两部分组成，两者之间无机械联系，各自能独立旋转。电枢是由铸钢制成的空心圆柱体，直接固定在异步电动机轴端上，由电动机拖动旋转，是离合器的主动部分。磁极的励磁绕组由外部直流电源经集电环通入直流励磁电流进行励磁。磁极通过联轴器与异步电动机拖动的生产机械直接连接，称为从动部分。

2. 电磁滑差离合器的工作原理

磁极的励磁绕组通入直流电后形成磁场。异步电动机带动离合器电枢以转速旋转，电枢便切割磁场产生涡流，方向如图 6-19（b）所示。电枢中的涡流与磁场相互作用产生电磁力和电磁转矩，电枢受到的力 F 的方向可用左手定则判定，对电枢而言，F 产生的是个制动转矩，需要依靠异步电动机的输出机械转矩来克服此制动转矩，从而维持电枢的转动。

根据作用力与反作用力大小相等、方向相反的原则，可知离合器磁极所受电磁力 F' 的方向，与 F 方向相反。在 F' 产生的电磁转矩的作用下，磁极转子带动生产机械沿电枢旋转的方向以 n' 的速度旋转，$n' < n$。由此可见电磁滑差离合器的工作原理和异步电动机工作原理相同。电磁转矩的大小由磁极磁场的强弱和电枢与磁极之间的转差决定。当激磁电流为零，磁通为零，无电磁转矩；当电枢与磁极间无相对运动时，涡流为零，电磁转矩

也为零。故电磁离合器必须有滑差才能工作,所以电磁调速异步电动机又称为滑差电动机。

当负载转矩一定时,调节励磁电流的大小,磁场大小、电磁转矩随之改变,从而达到调节转速的目的。

电磁离合器结构有多种形式。目前我国生产较多的是电枢为圆筒形铁芯,磁极为爪形磁极。电磁调速异步电动机的主要优点是调速范围广,可达 10∶1,调速平滑,可实现无级调速,且结构简单,操作维护方便,适用于恒转矩负载。其缺点是由于离合器是利用电枢中的涡流与磁场相互作用而工作的,故涡流损耗大,效率较低。另一方面由于其机械特性较软,特别是在低转速下,其转速随负载变化很大,不能满足恒转速生产机械的需要。为此电磁调速异步电动机一般都配有能根据负载变化而自动调节励磁电流的控制装置。

第六节 异步电动机的反转与制动

一、三相异步电动机的反转

讨论三相异步电动机工作原理时就已经知道,异步电动机的转向取决于定子旋转磁场的方向,而定子旋转磁场的方向又取决于定子电流的相序,故通过对调电动机的任意两根电源线,改变定子电流的相序,就可使电动机反转。

图 6-20(a)所示为接触器互锁的正反转控制线路。KF、KR 分别为电动机正、反转控制的交流接触器,SB1、SB2 为电动机正、反转起动按钮,SB3 停止按钮,熔断器 FU 作短路保护,热继电器 FR 作过载保护。

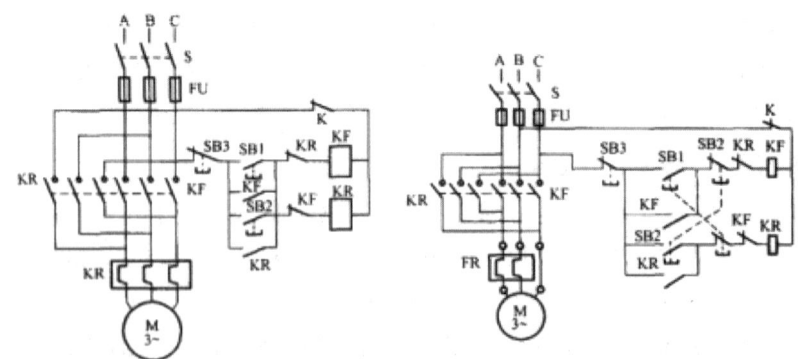

(a)接触器互锁的正反转控制电路　　(b)双重连锁的正、反转控制电路

图6-20　异步电动机的正反转控制电路

合上开关 S,接通电源,按下正转按钮 SB1,正转控制电路接通,电流流过的路径是电源 A 相——停止按钮 SB3——正转按钮 SB1——接触器常闭辅助触点 KR——接触器线圈 KF——热继电器 FR 常闭触点——电源 C 相。接触器线圈 KF 带电,其主触点 KF 闭合,

电动机与电源接通，通入定子绕组的电源相序为A——B——C，电动机起动正转运行。

按下按钮SB3，无论原来电动机是正转还是反转，控制电路都将断电，交流接触器线圈KF和线圈KR都将失电，使电动机停下来。

电动机若要反转，可在S接通情况下，按下反转按钮SB2，反转控制电路通电，接触器线圈KR带电，其主触点KR闭合。此时通入电动机定子绕组电源的相序为A——C——B，电动机反转。

按触器KF（KR）的常开触点与按钮SB1（SB2）并联，起自保持（自锁）作用，而KF（KR）的常闭辅助触点串联在反转（正转）控制电路中，起连锁（互锁）作用，以防止因误操作而使两只接触器主触点同时闭合所造成的短路事故。两个接触器KF、KR中的任一个通电后，它的常闭辅助触点应断开，但有时遇到该触点已损坏，并未断开，不能实现互锁。为了安全起见，采用了图6-20（b）所示的双重连锁的正、反转控制电路，分别把正、反转起动按钮SB1、SB2的常闭触点串在反、正转接触器KR、KF电路中，该控制电路安全可靠，在实际应用中较多。

二、三相异步电动机的制动

电动机产生的电磁转矩与转子转向相反的状态，称为制动。在电力拖动中，常要求拖动生产机械的异步电动机处于制动运行。为了提高劳动生产率和保证设备及人身安全，有些生产机械要求电动机低速运行，或要求电动机迅速停车，如起重机下放重物，电气机车下坡时，异步电动机属于制动状态。

三相异步电动机的制动分为机械制动和电气制动两大类。机械制动是利用机械装置使电动机在切断电源后迅速停止，如电磁抱闸机构。电气制动是使异步电动机产生一个与其转向相反的电磁转矩，作为制动转矩，从而使电动机减速或停转。下面介绍电气制动的主要方法：反接制动、能耗制动及再生制动。

1. 反接制动

异步电动机运行时，若转子的转向与气隙旋转磁场的转向相反，这种运行状态叫反接制动。反接制动又可分为正转反接和正接反转两种。

第一，正转反接。

将正在运行的异步电动机定子绕组两相反接，定子电流相序改变，气隙旋转磁场的方向也随之改变。由于机械惯性电机转子仍按原方向转动，转子导体以 $n_1 + n$ 的相对速度切割旋转磁场，切割磁场的方向与电动机状态时相反，故转子电动势、转子电流和电磁转矩的方向随之改变，电机处于 $s \approx 2$ 的电磁制动运行状态，对转子产生制动作用，转子转速很快下降，当转速 n 接近于0时，制动结束。若要停车，则应立即切断电源，否则电动机将反转。反接制动开始时，反接时的制动电流比起动电流还要大，但由于转子电流频率较大，转子漏抗大，功率因数很低，所以制动转矩较小。故对于绕线式异步电动机，反接时一般在转子回路中串入制动电阻以限制反接时的制动电流和增大制动转矩,提高制动效果。改变制动电阻的数值可以调节制动转矩的大小以适应生产机械的不同要求。鼠笼式电动机为了限制反接时的电流冲击,可在定子绕组电路中串联限流电阻 R,如图 6-21 所示。

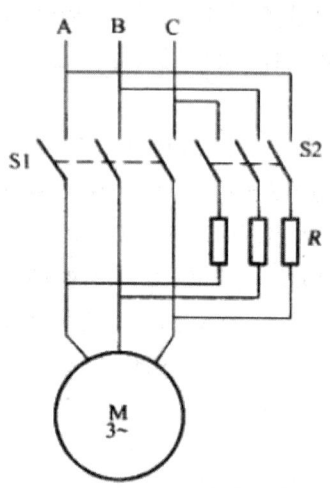

图6-21 三相异步电动机正转反接原理接线图

第二,正接反转。

正接反转制动发生在起重设备中,如图 6-22(a)所示。电动机的定子绕组按电动机运行时的接法接线,即所谓正接,而利用转子回路串入较大电阻 r_1 来使转子反转,其原理与在转子回路中串电阻调速相同。异步电动机提升重物时,在固有机械特性曲线 a 点上以 n_a 稳定运行,如图 6-22(b)所示。当异步电动机下放重物时,在转子回路串入较大电阻,人为机械特性曲线斜率随串入电阻的增加而增加,如图 6-22(b)中的特性 2 所示。由于机械惯性,转速瞬时来不及变化,电动机的工作点由固有机械特性曲线 1 上的 a 点转移到人为机械特性曲线 2 的 b 点。而此时电动机电磁转矩 M_b 小于负载转矩 M_L,电机转速逐渐减小,当转速 n 下降到 c 点为零时,电动机电磁转矩 M_c 仍小于 M_L,重物便迫使电动机的转子反向旋转,电机进入正接反转制动状态,在重物作用下,电动机反向加速,电磁转矩逐步增大,直到 $M_d = M_L$ 为止,电动机便以较低的转速下放重物,而不至于把重物损坏。调节转子回路电阻可以控制重物下放的速度。利用同一转矩下转子电阻与转差率成正比的关系,即:

$$\frac{s_d}{s_a} = \frac{r_2 + r_t}{r_2}$$

可求得在需要的下放速度 n_d 时,转子附加电阻 r_t 的数值。

式中:s_a——反接制动开始时的转差率;

s_d——以稳定速度下放重物时的转差率。

反接制动优点是制动能力强,停车迅速,所需设备简单;缺点是制动过程冲击大,电能消耗多，不易准确停车，一般只用于小型异步电动机中。

2. 发电机制动

在电动机工作过程中，由于外来因素的影响，使电动机转速超过旋转磁场的同步转速n_1，电动机进入发电机状态，此时电磁转矩的方向与转子转向相反，变为制动转矩，电机将机械能转变成电能向电网反馈，故又称为再生制动或回馈制动。

第一，位能负载高速拖动电动机。

当起重机下放重物时，刚开始，电动机转速小于同步转速，即$n < n_1$，它处于电动机运行状态，电磁转矩与电动机旋转方向相同。接着，在电磁转矩和重物重力产生的转矩双重作用下，使转子转速超过旋转磁场转速，即$n > n_1$，电机进入发电机制动状态运行，这时，电磁转矩方向与电动机运行状态时相反，成为制动转矩，电动机开始减速，直到制动转矩与重力转矩相平衡时，重物将以恒定转速平稳下降。

第二，变极调速时的发电机制动。

当电动机由少极数变换到多极数瞬间，旋转磁场转速突然成倍地减小，而转子由于惯性，转速n尚未降下来，于是转子转速大于同步转速，电动机进入发电机制动状态。

发电机制动的优点是经济性能好，可将负载的机械能转换成电能反馈回电网。其缺点是应用范围窄，仅当电动机转速$n > n_1$时才能实现制动。

3. 能耗制动

能耗制动原理线路如图6-23所示，拉开开关S1，将异步电动机从交流电源断开，然后迅速合上开关S2，直流电源通过电阻接入定子两相绕组中，此时，定子绕组产生一个静止磁场，而转子因惯性仍继续旋转，则转子导体切割此静止磁场而感应电动势和电流，转子电流与静止磁场相互作用并产生电磁转矩。电磁转矩的方向由左手定则判定，与转子转动的方向相反，为一制动转矩，使转速下降。当转速降为零时，转子中感应电流为零，制动过程结束。这种制动方法是利用转子惯性转动切割磁场而产生制动转矩，把转子的功能变为电能消耗在转子电阻上，故称为能耗制动。

能耗制动的优点是制动力强，制动较平稳，无大冲击，对电网影响小。缺点是需要一套专门的直流电源，低速时制动转矩小，电动机功率较大时，制动的直流设备投资大。

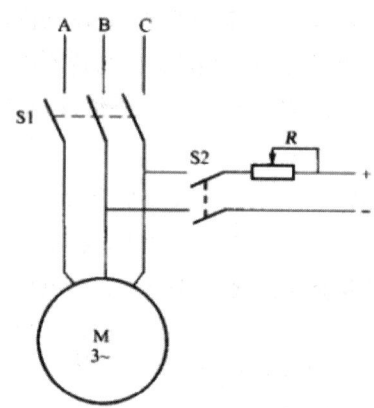

图6-23 三相异步电动机能耗制动原理接线图

第七节 异步电动机的使用、维护及常见故障处理方法

合理地选择电动机及其安装和接线方式,以及对其运行进行监视、维护和定期检查维修,是消除故障隐患、提高电动机寿命的重要手段。

一、电动机起动前的准备

为了保证电动机正常、安全的起动,一般起动前应作好下述准备:

第一,检查电源是否有电,电压是否正常,若电源电压过高或过低,都不宜起动。

第二,检查起动装置是否完好,如零部件有无损坏,使用是否灵活,触头接触是否良好,接线是否正确、牢固等。

第三,熔丝规格大小是否合适,安装是否牢固,有无熔断或损伤。

第四,电动机接线盒上接头有无松动或氧化。

第五,检查传动装置,如皮带松紧是否合适,连接是否牢固,联轴器的螺丝、销子是否牢固等。

第六,转动电动机转子和负载机械的转轴,看其转动是否灵活,有无摩擦声或其他异声。

第七,用500V兆欧表测量电动机相间及对地的绝缘电阻。所测得的绝缘电阻值应不小于$0.5M\Omega$,若小于$0.5M\Omega$时,电动机必须经过干燥处理或进行返修后方能使用。

第八,检查电动机及起动电器外壳是否接地,接地线有无断路,接地螺丝是否松动、脱落等。

第九，搬开电动机周围的杂物并清除机座表面灰尘、油垢等。

第十，检查负载机械是否妥善地做好了起动准备。

第十一，详细核对电动机铭牌上所载各项数据，如功率、电压、转速等，是否和实际使用要求相符；检查电动机定子绕组连接方法是否正确。

第十二，核对起动设备的规格、容量是否和电动机使用的要求相符。

第十三，应先作空载运转检查，检查旋转方向是否正确。若旋转方向反了，应立即切断电源，将三相电源中任意两相对调，即可改变电动机转向。

二、异步电动机起动中的注意事项

第一，电动机在通电试运行时必须提醒在场人员注意，不应站在电动机及被拖动设备的两侧，以免旋转物切向飞出造成伤害事故。

第二，接通电源后，若电动机出现起动缓慢、异常声音、不能起动等不正常情况，应立即切断电源，绝不能迟疑等待，更不能带电检查电动机故障，否则将会烧毁电动机和发生危险。

第三，起动时应注意观察电动机、传动装置、负载机械的工作情况，以及线路上的电流表和电压表的指示，若有异常现象，应立即断电检查，待故障排除后，再行起动。

第四，使用双投闸刀起动、星三角形起动器或自耦降压起动器时，特别要注意操作顺序。一定要先将手柄推到起动位置，待电动机转速稳定后再拉到运转位置，防止误操作造成设备和人身事故。

第五，同一线路上的电动机不应同时起动，一般应由大到小逐台起动，以免多台电动机同时起动引起线路上电流太大，电压降低过多，造成电动机起动困难或使开关设备跳闸。

第六，一台电动机多次连续起动时，应按制造厂规定保持适当的间隔时间，以防电动机过热，连续起动一般不宜超过 $3 \sim 5$ 次。

三、电动机运行中的监视

电动机在运行时，值班工作人员可以通过仪表和感觉器官监视其运行情况，以便及早发现问题，减少或避免故障的发生。

1. 监视电动机的温度、检查电动机的通风是否良好

电动机正常运行时会发热，使电动机温度升高，但不应超出允许温升。如果电动机负载过大，使用环境温度过高，通风不畅或运行中发生故障，就会使其温度超出允许温升，导致绕组过热烧毁，因此电动机温度的高低是反映电动机运行的主要标志，在运行中要经常检查。

发现电动机过热应立即停机检查，等查明原因，排除故障后再行使用。

2. 监视电动机的电流

一般容量较大的电动机应装设电流表，随时对其电流进行监视。若电流大小或三相电流不平衡超过了允许值，应立即停机检查。容量较小的电动机一般不装电流表，应经常用钳形表测量。

3. 监视电源电压

电动机的电源上最好装设一只电压表和转换开关，以便对其三相电源电压进行监视。电动机的电源电压过高、过低或三相电压不平衡，特别是三相电源缺相，都会带来不良后果。如发现这种情况应立即停机，待查明原因，排除故障后使用。

4. 注意电动机的振动、响声和气味

电动机正常运行时，应平稳、轻快、无异常气味和响声。若发生剧烈振动、噪声和焦臭气味，应停机进行检查修理。

5. 传动装置的检查

电动机运行时要随时注意查看皮带轮或联轴器有无松动，传动皮带是否有过紧、放松的现象等，如果有，应停机上紧或进行调整。

6. 注意轴承的工作情况

电动机运行中应注意轴承声响和发热情况。若轴承声音不正常或过热，应检查润滑情况是否良好和有无磨损。

7. 注意绕线式电动机电刷与集电环之间出现的火花

如果所发生的火花大于某一规定限度，必须及时加以调整。

四、电动机的定期检查和保养

为了保证电动机正常工作，除了按操作规程正确使用，运行过程中注意监视和维护外，还应进行定期检查和保养。间隔时间可根据电动机的类型、使用环境决定。主要检查和保养项目如下：

第一，及时清除电动机机座外部的灰尘、油泥，如使用环境灰尘较多，最好每天清扫一次。

第二，经常检查接线板螺丝是否松动或烧伤。

第三，定期测量电动机的绝缘电阻，若使用环境比较潮湿更应经常测量。

第四，定期用煤油清洗轴承，并更换新润滑油。

第五，定期检查起动设备，查看触头和接线有无烧伤、氧化，接触是否良好等。

第六，绝缘情况的检查。电动机在使用中，应经常检查绝缘电阻，注意查看电动机机壳接地是否可靠。

第七，除了按上述几项内容对电动机定期维护外，运行一年后要大修一次。

五、三相异步电动机的常见故障及排除方法

三相异步电动机的故障现象有多种形式，其原因也很多，而且可能出现不同原因造成的故障现象很相似，或同一故障有不同的外观表现。故使用中一旦电动机发生故障，为保证生产，必须迅速而准确地分析、判断电动机故障的原因，及时排除。

异步电动机故障可分为机械故障和电气故障。机械故障如轴承、风扇、机座、转轴等故障，一般比较容易观察与发现。电气故障主要是定子绕组、转子绕组、电刷等导电部分出现的故障。电动机出现了故障，首先要了解其型号结构、使用情况，旧的电动机还要了解其维修情况，同时还要注意观察或询问运行情况及故障现象，如起动情况、所带负荷的大小、有无振动、噪声、发热、冒烟、焦臭气味等异常现象。从故障的主要现象入手，通过观察了解、仪表测量，必要时可让电动机通电短时运行，分析判断确定故障原因。异步电动机的常见故障现象、原因及处理方法如表 6-2 所示。

表 6-2 异步电动机的常见故障现象、原因及处理方法

故障现象	可能原因	处理方法
1.电动机不能起动，且没有任何声响	（1）电源没电； （2）熔丝熔断两相以上； （3）电源线有两相或三相断线或接触不良； （4）开关或起动设备有两相以上接触不良	（1）接通电源； （2）更换熔丝； （3）找出故障处，重新刮净、接好； （4）查出接触不良处，予以修复
2.电动机不能起动且有嗡嗡声响	（1）电源线有一相断线； （2）熔丝熔断一相； （3）星形接法电机绕组有一相断线，三角形接法绕组有一相或两相断线； （4）定、转子相擦； （5）负载机械卡死； （6）轴承损坏； （7）电压太低	（1）查出断线处，重新接好； （2）更换熔丝； （3）检查绕组断线处，重新修好； （4）找出相擦原因，予以排除； （5）检查负载机械及传动装置； （6）更换轴承； （7）电源线太细，起动压降太大，应更换粗导线，设法提高电压
3.电动机起动时熔丝熔断	（1）定子绕组一相反接； （2）定子绕组有短路或接地故障； （3）负载机械卡住； （4）起动设备操作不当； （5）传动皮带太紧； （6）轴承损坏； （7）熔丝过细； （8）单相起动	（1）分清三相首尾，重新接好； （2）检查绕组短路和接地处，重新修好； （3）检查负载机械和传动装置； （4）纠正操作方法； （5）把皮带调整得松紧适当； （6）更换轴承； （7）合理选用熔丝
4.电动机起动困难，起动后转速较低	（1）电源电压过低； （2）定子线圈有短路或接地； （3）转子笼条或端坏断裂； （4）电动机过载； （5）将三角形接法的电动机错接为星形接法	（1）调整电压或等线路电压正常时再使用电动机； （2）检查线圈短路、接地处，予以修复； （3）重新铸铝或另换转子； （4）减轻负载； （5）按正确接法改接过来

「续表」

故障现象	可能原因	处理方法
5.电动机三相电流不平衡，且温度过高，甚至冒烟	（1）电源电压不平衡； （2）绕组有短路和接地； （3）重换线圈后，部分线圈接线错误； （4）电动机单相运转	（1）查出线路电压不平衡的原因，予以排除； （2）检查短路接地处，并予以修复； （3）查出接错处，改接过来； （4）检查线路或绕组的中断或接触不良处，并重新接好
6.电动机三相电流同时增大，温度过高，甚至冒烟	（1）电源电压过高； （2）电动机过载； （3）接法错误； （4）起动频繁	（1）调整线路电压或等电压正常时再工作； （2）减轻负载； （3）改接过来； （4）减少起动次数或改用其他合适类型的电动机
7.电流没有超过额定值，但电动机温度过高	（1）环境温度过高； （2）电动机受太阳直接曝晒； （3）通风不畅； （4）电动机灰尘、油泥过多，影响散热	（1）设法降低环境温度或降低电机容量使用； （2）应增加遮阳设施； （3）清理风道或搬开影响通风的东西； （4）清除灰尘、油泥
8.电动机有不正常的振动	（1）电动机基础不稳固或校正不好； （2）风扇叶片损坏造成转子不平衡； （3）轴弯或有裂纹； （4）传动皮带接头不好； （5）电动机单相运转； （6）绕组有短路或接地； （7）并联绕组有支路断路； （8）转子笼条或端环断裂	（1）加固基础或重新校正； （2）更换风扇或设法校正转子； （3）更换新轴或校正弯轴； （4）重新接好； （5）查找线路或绕组的断线和接触不良处，并予修复； （6）查找短路和接地处，并予以修复； （7）查出断线处，予以修复； （8）重新铸铝或另换转子
9.电动机运行时声音不正常	（1）轴承损坏或润滑油严重缺少、油中有杂质等； （2）定转子相擦； （3）风罩或转轴上零件（风扇、联轴器等）松动； （4）风罩内有杂物； （5）轴承内圈和轴配合太松； （6）电动机单相运转； （7）绕组有短路或接地； （8）线圈有接错； （9）并联绕组中有支路断路； （10）电源电压过低； （11）电动机过载； （12）转子笼条和端环断裂	（1）更换或清洗轴承并换新油； （2）找出相擦原因，予以排除； （3）固紧风罩或其他零件； （4）清除杂物； （5）堆焊转轴轴承档，并按规定尺寸车好，使其配合紧密； （6）检查线路、绕组断线或接触不良处，予以排除； （7）检查短路、接地处，重新修好； （8）改接过来； （9）检查断路点，重新接好； （10）设法调整电压或等线路电压；正常时再使用； （11）减轻负载； （12）转子重新铸铝或更换转子

〔续表〕

故障现象	可能原因	处理方法
10.轴承过热	（1）传动皮带过紧； （2）轴弯； （3）端盖松动或没有装好； （4）黄油太脏或变质； （5）黄油过多或过少； （6）黄油牌号不符； （7）轴承损坏； （8）端盖轴承室太紧	（1）调整皮带使之松紧适当； （2）校正弯轴或更换新轴； （3）上紧螺栓合严口； （4）清洗轴承更换新油； （5）黄油应加到油腔的2/3； （6）按要求黄油牌号更换黄油； （7）更换轴承； （8）按正常尺寸扩大轴承室
11.机壳带电	（1）引出线或接线盒接头的绝缘损坏碰地； （2）定子槽两端的槽口绝缘损坏； （3）槽内有铁屑等杂物未除尽，导线嵌入后即通地； （4）外壳没有可靠接地	（1）套一绝缘套管或包扎绝缘布； （2）耐心找出绝缘损坏处，然后垫上绝缘纸再涂上绝缘漆； （3）拆开每个线圈接头，用淘汰法找出接地线圈进行局部修理； （4）将外壳可靠接地
12.绝缘电阻降低	（1）潮气浸入或雨水滴入电动机内； （2）绕组上灰尘污垢太多； （3）引出线和接线盒接头的绝缘损坏； （4）电动机过热后绝缘老化	（1）用摇表检查后，进行烘干处理； （2）清除灰尘、油污后，浸渍处理； （3）重新包扎引出线接头； （4）7kW以下电动机可重新浸渍处理

现将本章要点归纳如下：

第一，标志异步电动机起动性能的主要指标是起动电流倍数 I_{st}/I_N 和起动转矩倍数 M_{st}/M_N。对起动性能的主要要求是起动电流小，起动转矩足够大。异步电动机起动时感抗大，功率因数低，因此虽然起动电流大，但起动转矩并不大。为解决这些矛盾，对于不同的负载及供电网络，可采用不同的起动方式。

第二，鼠笼式异步电动机起动方法有直接起动和降压起动。若电网容量较大，输电线压降在 $10\% \sim 15 U_N$ 的允许范围内，应尽量采用直接起动，以获得较大的起动转矩。当电网容量较小或电动机容量较大时，应采用降压起动，以减小起动电流。降压起动时，在减小起动电流的同时，起动转矩也减小了，故只适用于空载和轻载起动。降压起动常用的方法有定子回路串电抗器起动、Y－△换接起动和自耦变压器降压起动。

第三，绕线式异步电动机的起动方法有：转子回路串电阻起动或转子回路串频敏变阻器起动。在转子回路串入适当电阻，不仅可以减小起动电流，而且可以提高功率因数，增大起动转矩，从而改善起动性能。频敏变阻器是根据涡流原理工作的。当绕线式异步电动机轻载起动时，多采用频敏变阻器起动，以实现无级平滑起动。

第四，深槽式和双鼠笼式异步电动机是利用"集肤效应"原理来改善起动性能的。起动时，由于转子回路频率很高，转子电流的"集肤效应"使转子有效电阻增大，从而限制了起动电流，增加了起动转矩。而正常运行时，由于转子频率很低，电流的"集肤效应"消失，转子电阻自动减小，相当于转子回路电阻自动切除，保证了电动机正常运行时有较高的效率。高转速、大容量电动机一般都制成深槽式和双鼠笼式异步电动机。目前，由于深槽式异步电动机较双鼠笼式异步电动机结构简单、耗铜量少，故应用得更为广泛。

第五，异步电动机调速方法较多。如变极调速、变频调速、改变电源电压调速、转子回路串入电阻调速、利用滑差离合器调速等。一般鼠笼式异步电动机采用变极调速；绕线式异步电动机采用转子回路串电阻调速。变极调速是通过改变定子绕组连接方法，使每相一半绕组电流方向改变来实现调速的。变频调速性能好，在近代交流调速方法中最有发展前途。

第六，改变异步电动机电源相序，即任意对调定子绕组的两根电源线，可改变定子旋转磁场的方向，从而使异步电动机反转。

第七，制动方法有机械制动和电磁制动两种。电磁制动的方法有：反接制动、发电制动、能耗制动。

反接制动有正转反接和正接反转两种。正转反接制动主要用于中型车床和铣床的主轴制动。正接反转制动常用于起重机缓慢下放重物。反接制动比较简单、效果好，但能量损耗较大，不经济。

发电制动主要用于鼠笼式异步电动机变极调速中和拖动位能负载的电动机中（如电车下坡、起重机下放重物）。此制动方式简单、经济，可靠性较高。

能耗制动较平稳，但需要直流电源供给激磁电流。能耗制动被广泛用于矿井提升机及起重运输等生产机械上。如船用起货机和锚机，门机起升机构，可利用能耗制动实现快速停车和低速下降。

第八，三相异步电动机使用前的检查、运行中的监视、维护及定期检修是消除故障隐患、确保电动机正常运行的重要手段。了解异步电动机常见故障，找出故障所在，并采取相应措施予以排除。

习 题

1. 为什么三相异步电动机的起动电流大而起动转矩却不大？起动电流大对电网及电动机有什么影响？
2. 对三相异步电动机的起动性能有哪些基本要求？
3. 鼠笼式异步电动机的起动方式分哪两大类？说明其适用场合。
4. 异步电动机有哪些降压起动方式？各有什么优缺点？
5. 有一台异步电动机的额定电压为380/220V，Y/△连接，当电源电压为380V时，能否采用丫—△换接降压起动？为什么？
6. 为什么深槽式和双鼠笼式异步电动机能改善起动性能？
7. 绕线式异步电动机的起动方法有哪些？各有什么优缺点？

8. 绕线式异步电动机在转子回路串电阻后，为什么能减小起动电流、增大起动转矩？串入的电阻是否越大越好？

9. 简述频敏变阻器的结构特点及工作原理。

10. 异步电动机常用的调速方法有哪些？

11. 对三相绕线式异步电动机通常采用什么方法调速？

12. 什么叫三相异步电动机制动？电气制动有哪几种方法？

13. 三相绕线式异步电动机反接制动时，为什么要在转子回路中串入比较大的电阻？

14. 有一台异步电动机，其额定数据为：P_N=10kW，n_N=1450r/min，U_N=380V，△连接，$\cos\varphi$ = 0.87，I_{st}/I_N=7，M_{st}/M_N=1.4 试求：

第一，额定电流及额定转矩。

第二，采用 Y-△换接降压起动时的起动电流和起动转矩。

第三，当负载转矩为额定转矩的 50% 和 30% 时，能否采用 Y-△换接降压起动。

第四，如果用自耦变压器降压起动，当负载转矩为额定转矩的 80% 时，应在什么地方抽头？电压为多少？起动电流为多少？

15. 一台三相四极绕线式异步电动机，f_1=50Hz，转子每相电阻 r_2=0.02Ω，额定转速 n_N=1485r/min，若负载转矩不变，要求把转速下降到 1050r/min，问转子每相应串入多大电阻？

16. 若发现异步电动机通电后不转动，首先应怎么办？其原因主要有哪些？

17. 三相异步电动机在运行中发生焦臭味或冒烟，其原因主要有哪些？应如何处理？

第七章　三相感应异步电动机与电力拖动

 导读

　　交流电机可分为异步电机和同步电机两大类。异步电机也叫感应电机，主要作为电动机使用。异步电动机广泛用于工农业生产中，例如机床、水泵、冶金、矿山设备与轻工机械等都用它作为原动机，其容量从几千瓦到几千千瓦。日益普及的家用电器，例如洗衣机、风扇、电冰箱、空调器中大多采用单相异步电动机，其容量从几瓦到几千瓦。在航天、计算机等高科技领域，异步控制电机也得到广泛应用。异步电机也可以作为发电机使用，例如小水电站、风力发电机也可采用异步电机。

　　异步电动机之所以得到广泛应用，主要是由于它有如下优点：结构简单、运行可靠、制造容易、价格低廉、坚固耐用和效率较高。异步电动机主要的缺点是目前尚不能经济地在较大范围内平滑调速以及它必须从电网吸收滞后的无功功率。虽然异步电动机的交流调速已有长足进展，但成本较高，尚不能广泛使用；在电网负载中，异步电动机所占的比重较大，这个滞后的无功功率对电网来说是一个相当重的负担，它增加了线路损耗，妨碍了有功功率的传输。但现在这些问题已经陆续地得到解决，总体来说，交流电机的发展超过了直流电机，传统的直流电机将渐渐被交流电机和新型直流电机取代（如直流无刷电机等）。

学习目标

1. 了解异步电动机的用途和主要分类方法
2. 了解电机绕组的绕线方式及内部的空间结构；三相绕组的展开图、交流绕组电势表达式，以及绕组系数的计算
3. 掌握三相异步电动机的功率计算和异步电动机运行时的有关概念

第一节　三相感应异步电动机

一、三相异步电动机转子静止时的运行分析

　　转子静止时异步电机是利用电磁感应原理将能量从定子传递到转子的，定、转子之间

无电的联系。从工作原理上讲，它和变压器相似，均满足电磁感应定律。三相异步电动机的定子绕组相当于变压器的一次绕组，转子绕组则相当于变压器的二次绕组。因此，分析变压器内部电磁关系的三种基本方法（电压方程式、等效电路和相量图）也同样适用于异步电动机。

分析三相异步电机的运行先从转子静止的异步电机开始，然后再研究转子 m_1 旋转时的情况。本节以绕线式转子为例分析电机转子开路和转子堵转两种转子静止的情况。

分析时设异步电机定子和转子绕组均为对称多相绕组，相数分别为 m_1 和 m_2，每相串联匝数分别为 N_1 和 N_2，基波绕组系数分别为 k_{w1} 和 k_{w2}，定、转子绕组所产生的基波磁场的极对数分别为 P_1 和 P_2。同时规定下标 2 表示定子的量，而下标 2 表示转子的量。通过等效折算，任何一个对称的转子绕组都可以用一个相数为 m_1，匝数为 N_1，绕组系数为 k_{w1} 的定子绕组来等效代替，因此，我们以叫 $m_1 = m_2$ 的三相绕线式异步电机为例，首先分析转子绕组开路的情况。

（一）转子绕组开路

转子开路的等效电路如图 7-1 所示，各物理量的正方向也如图所示。当转子绕组开路（K 断开）时，转子绕组中的电流为零，定子三相绕组有空载电流通过，三相空载电流将产生一个旋转磁动势，称为空载磁动势，其基波幅值为：

$$F_0 = \frac{m_1}{2} \times 0.9 \times \frac{N_1 k_{w1}}{p} I_0$$

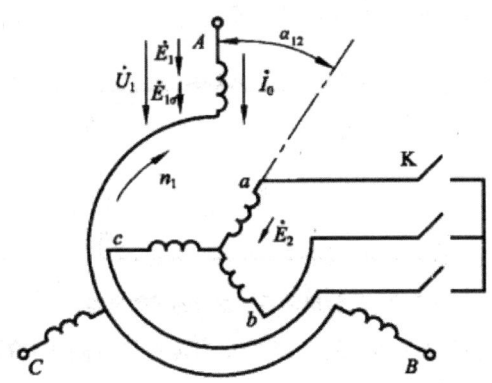

图7-1 转子静止时的等效电路（转子绕组开路）

该磁动势产生旋转的基波磁场，其主磁通为 Φ_m，而 Φ_m 在定子一相绕组中的感应电动势为：

$$\dot{E}_1 = -j4.44 f_1 N_1 k_{w1} \Phi_m$$

和变压器一样，定子漏磁通在定子绕组中感应的漏磁电动势可用漏抗压降的形式表示，即：

$$\dot{E}_{1\sigma} = -jX_{1\sigma}\dot{I}_0$$

式中，$X_{1\sigma}$称为定子漏电抗，它是对应于定子漏磁通的电抗。

设定子绕组上外加电压为$\dot{U}_1$，相电流为$\dot{I}_0$，主磁通Φ在定子绕组中感应的电动势为$\dot{E}_1$，定子漏磁通在定子每相绕组中感应的电动势为$\dot{E}_{1\sigma}$，定子每相电阻为r_1，类似于变压器空载时的一次侧，根据基尔霍夫第二定律，可列出电动机空载时每相的定子电压方程式为：

$$\dot{U}_1 = -\dot{E} - \dot{E}_{1\sigma} + r_1\dot{I}_0 = -\dot{E}_1 + jX_{1\sigma}\dot{I}_0 + r_1\dot{I}_0$$
$$= -\dot{E}_1 + (r_1 + jX_{1\sigma})\dot{I}_0 = -\dot{E}_1 + Z_1\dot{I}_0$$

式中，Z_1为定子绕组的漏阻抗，$Z_1 = r_1 + jX_{1\sigma}$。

与分析变压器时相似，可写出：

$$\dot{E}_1 = -(r_m + Z_m)\dot{I}_0$$

式中，Z_m为励磁阻抗，$Z_m = r_m + jX_{1\sigma}$，其中r_m为励磁电阻，是反映铁损耗的等效电阻；X_m为励磁电抗，与主磁通相对应。

所以，定子电压方程式也写为：

$$\dot{U}_1 = -(Z_1 + Z_m)\dot{I}_0$$

电机与拖动基础

由上述公式即可画出异步电动机空载时的等效电路，如图7-2所示。

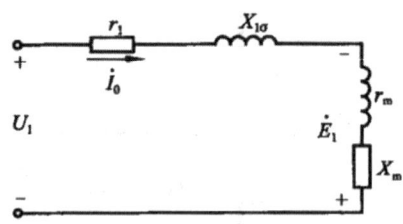

图7-2 异步电动机空载时的等效电路

在转子静止不动时，主磁通为Φ_m的气隙基波旋转磁场以同步转速n_1切割转子绕组（每相串联匝数为N_2、基波绕组系数为k_{w2}），电动势频率仍为f_1，转子相电动势可表示为：

$$\dot{E}_2 = -j4.44f_1N_2k_{w2}\dot{\Phi}_m$$

于是得到异步电机的电动势变比为：

$$\frac{\dot{E}_1}{\dot{E}_2} = \frac{N_1k_{w1}}{N_2k_{w2}} = k_e$$

尽管异步电动机电磁关系与变压器十分相似，但它们之间还存在着差异：

① 主磁场性质不同，异步电动机气隙中磁场为旋转磁场，而变压器为脉振磁场（交变磁场）。

② 由于异步电动机存在气隙，主磁路磁阻大，同变压器相比，建立同样的磁通所需的励磁电流大，励磁电抗小。如大容量电动机的 I_0/I_N 为 20% ~ 30%，小容量电动机可达 50%；而变压器的 I_0/I_N 仅为 1% ~ 8%，巨型变压器则在 1% 以下。又如，三相异步电动机的 $r_m^* = 0.08 - 0.35$，$X_m^* = 2 \sim 5$；而一般电力变压器的 $r_m^* = 1 \sim 5$，X：$X_m^* = 10 \sim 50$。

③ 由于气隙的存在，加之绕组结构形式的不同，异步电动机的漏磁通较大，其所对应的漏抗也较变压器的大，如异步电动机的 $X_a^* = 0.07 \sim 0.15$，而变压器的 $X_a^* = 0.014 \sim 0.08$。

④ 异步电动机通常采用短距和分布绕组，故计算时需考虑绕组系数，而变压器则为整距和集中绕组。

（二）转子绕组短路（转子堵住）

1. 转子堵住时的转子基波磁动势

将图 7-1 中开关 K 闭合，如图 7-3 所示，转子绕组被短路，转轴被卡住，在定子方施加一低电压，相当于变压器做短路试验。现对转子磁动势的性质进行研究。

在图 7-3 中，当定子对称三相绕组外施频率为，相序为 A—B—C，相电压为的对称三相电压时，定子绕组中就有对称的三相电流流过，其正方向如图中所示，则定子绕组在气隙中建立的圆形基波旋转磁动势幅值为：

$$F_1 = \frac{m_2}{2} 0.9 \frac{N_2 k_{w2}}{p} I_2$$

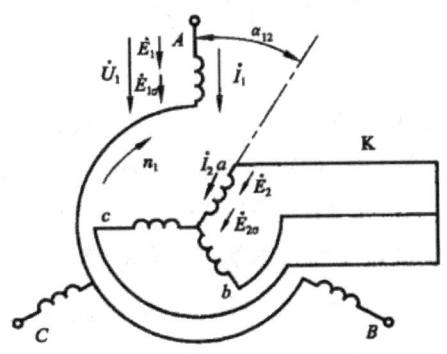

图7-3 转子静止时的等效电路（转子堵住）

它对定子的转速为 $n_1 = \frac{60 f_1}{p}$ 而对定子的转向为顺时针。由 F_1 在气隙中产生基波旋转磁场 B_m，在定转子绕组中分别感应出电动势 E_1 和 E_2，由于转子绕组对称且自行闭合，所以在 $\dot{E}_2$ 的作用下转子绕组中就有对称的三相电流 $\dot{I}_2$ 流过，其正方向如图 7-3 所示。转子对称三相电流也要建立一个圆形的基波旋转磁动势 F_2，其幅值为：

$$F_2 = \frac{m_2}{2} 0.9 \frac{N_2 k_{w2}}{p} I_2$$

F_2 的旋转速度叫 $n_1 = \frac{60 f_1}{p}$，其中 f_2 为转子电流的频率。由于转子被堵住，气隙基波磁场以同一个转速切割定转子绕组，所以在定转子绕组中感应电动势和电流的频率相同，即 $f_1 = f_2 = f$，则：

$$n_2 = \frac{60 f_2}{p} = \frac{60 f_1}{p} = n_1$$

所以转子静止时的转子基波磁动势与定子基波磁动势在空间上转速相等。

由于旋转磁场 B_m 对转子的切割方向为顺时针方向，可知转子三相感应电动势（亦即转子电流）的相序为 a——b——c，所以 F_2 对转子绕组的转向也为顺时针旋转，即 F_1 与 F_2 在空间上的转向一致。

F_1 与 F_2 转向一致、转速相等，所以它们在空间上相对静止，因而 F_1 与 F_2 可以矢量相加合成为一个基波磁动势 F_m，从而可得转子堵转时的异步电动机的磁动势平衡方程式为：

$$F_1 + F_2 = m$$

可见当转子电流 $I_2 \neq 0$ 时，气隙基波磁密 B_m 是由 F_1 与 F_2 的合成磁动势所建立的，我们称这个合成基波磁动势 F_m 为励磁磁动势，认为这个基波励磁磁动势是由定子对称三相电流中 $\dot{I}_1$ 的分量 $\dot{I}_m$ 流过定子三相绕组所建立的，称 $\dot{I}_m$ 为励磁电流，它的大小由 F_m 所决定，即：

$$F_m = \frac{m_2}{2} 0.9 \frac{N_2 k_{w2}}{p} I_m$$

$\dot{I}_m$ 的相位跟 F_m 同相。

我们进一步画出转子静止时的矢量图，如图7-4所示。首先画出互差120°的定子三相绕组轴线 A，B，C 与互差120°的转子三相绕组轴线 a，b，c；定转子对应相的轴互差 θ_{12} 电角度，且保持不变，表示此刻转子被堵住；当励磁磁动势 F_m 转到图7-4所示的位置时，如果铁耗如 $pF_e \neq 0$，由 F_m 所建立的基波磁密 B_m 落后于 F_m 一个铁耗角 a_{Fe}；定、转子的合成磁通相量 Φ_m，应与 B_m 重合；在落后 Φ_m 90°的方向画出定子电动势相量 $\dot{E}_1$ 和转子的电动势相量 $\dot{E}_2$。转子回路所产生的转子电流相量 $\dot{I}_2$ 落后于 $\dot{E}_2$ 一个转子回路漏阻抗角 φ_2：

$$\varphi_2 = \arctan \frac{X_{2\sigma}}{r_2}$$

由 $\dot{I}_2$ 所建立的转子基波磁动势 F_2 与 $\dot{I}_2$ 同相，然后由公式求出此刻定子基波磁动势矢

量 F_1 在分别与 F_1 及 F_m 相同的方向上就可以确定电流相量 $\dot{I}_1$ 及 $\dot{I}_m$。

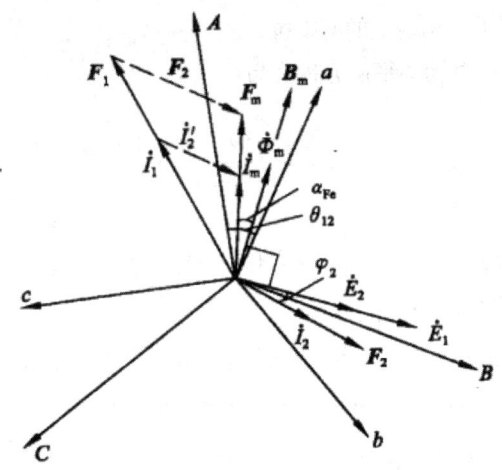

图7-4 异步电动机转子静止时的矢量图

可以发现，转子基波磁动势 F_2 在空间上落后于气隙磁密 B_m 为（90° + φ_2）电角度。F_2 的位置仅取决于转子回路的阻抗角 φ_2，而与转子堵转位置即 θ_{12} 的大小无关。这样可以避免 θ_{12} 角对系统分析的影响，在分析时不考虑转子位置的变化。

2. 转子被堵住时的三相异步电动机的基本方程式

（1）磁动势平衡方程式的电流形式

由于 F_1 与 $\dot{I}_1$，F_2 与 $\dot{I}_2$，F_m 与 $\dot{I}_m$ 同相位，所以根据公式可得：

$$0.9 \frac{m_1}{2} \frac{N_1 k_{w1}}{p} \dot{I}_1 + 0.9 \frac{m_2}{2} \frac{N_2 k_{w2}}{p} \dot{I}_2 = 0.9 \frac{m_1}{2} \frac{N_1 k_{w1}}{p} \dot{I}_m$$

将上式化简即得转子堵转时定转子相电流平衡方程式为：

$$\dot{I}_1 + \frac{\dot{I}_2}{k_i} = \dot{I}_m$$

式中，k_i 称为异步电机的电流变比，$k_i = \dfrac{m_1 N_1 k_{w1}}{m_1 N_2 k_{w2}}$

可见当 $\dot{I}_2 \neq 0$ 时，定子电流 $\dot{I}_1$ 包含两个分量：一个是励磁电流分量 $\dot{I}_m$，它用于建立 F_m 以便在气隙中建立磁场 B_m；另一个是负载电流分量 $\dot{I}_L$，它用来建立磁动势 $-F_2$ 以抵消转子磁动势 F_2 的反作用，使气隙磁场保持不变。当异步电动机空载时，$\dot{I}_2 \approx 0$，这时定子电流称为空载电流 $\dot{I}_0$，$\dot{I}_0 \approx \dot{I}_m$，即励磁电流可以近似等于异步电动机的空载电流。

（2）电动势平衡方程式

根据图 7-3 给出的定子各量的正方向可得定子电动势平衡方程式为：

$$\dot{U}_1 = -\dot{E}_1 - \dot{E}_{1\sigma} + \dot{I}_1 r_1 = -\dot{E}_1 + j\dot{I}_1 X_{1\sigma} + \dot{I}_1 r_1 = -\dot{E}_1 + \dot{I}_1 Z_1$$

式中，Z_1 为定子一相绕组的漏阻抗，$Z_1 = r_1 + jX_{1\sigma}$。

转子堵转时转子电动势平衡方程式为：

$$0 = \dot{E}_2 + \dot{E}_{2\sigma} - \dot{I}_2 r_2 = \dot{E}_2 - \dot{I}_2 (r_2 + jX_{2\sigma}) = \dot{E}_2 - \dot{I}_2 Z_2$$

或

$$\dot{E}_2 = \dot{I}_2 (r_2 + jX_{2\sigma}) = \dot{I}_2 Z_2$$

式中，Z_2 为转子静止时转子一相绕组的漏阻抗，$Z_2 = r_2 + jX_{2\sigma}$。

综上所述，异步电动机转子堵转时的电磁关系可用图7-5来表示。

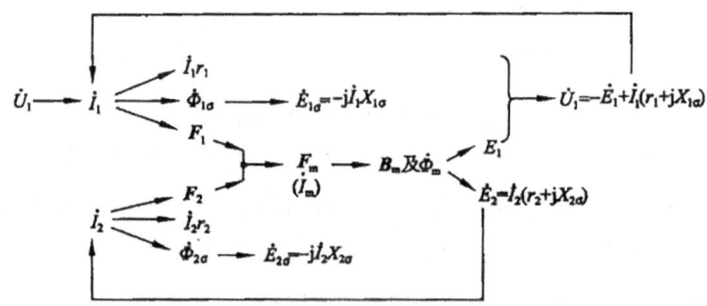

图7-5 异步电动机转子堵转时的电磁关系图

二、三相异步电动机转子转动时的运行分析

如果将堵转状态堵住的转子松开，转子就会在旋转磁场的作用下沿着磁场的旋转方向以低于 n_1 的转速 n 稳定运行。下面对这种运行进行详细分析。

（一）转子转动时的电磁关系

转子不转时，气隙旋转磁场以同步转速切割转子绕组，当转子以转速 n 旋转后，旋转磁场就以 $(n_1 - n)$ 的相对速度切割转子绕组，因此，当转子转速 n 变化时，转子绕组各电磁量相对于堵转时将随之变化。

1）转子转动时的转子电动势频率

由于转子转速 $n < n_1$ 且同向，所以气隙旋转磁场 B_m 以 $\Delta n = n_1 - n = sn_1$ 的相对速度沿 n_1 的方向叫切割转子，则 B_m 在转子绕组中感应的电动势频率为：

$$f_2 = \frac{p\Delta n}{60} = \frac{p(n_1 - n)}{60} = \frac{n_1 - n}{n_1} \cdot \frac{pn_1}{60} = sf_1$$

式中，f_1 为电网频率。转子绕组感应电动势的频率 f_2 与转差率 s 成正比。

当转子不转（如起动瞬间）时，$n = 0$，$s = 1$，则 $f_2 = f_1$，即转子不转时转子感应电动势频率与定子感应电动势频率相等；当转子接近同步转速时，$n \approx n_1$，$s \approx 0$，则$f_2 \approx 0$。一般异步电动机在额定情况运行时，转差率很小，通常在 0.02～0.05 之间，若电网频率为 50 Hz，则转子感应电动势频率仅在 0.5～3 Hz 之间，所以异步电动机在正常运行时，转子绕组感应电动势的频率很低。

2）转子绕组感应电动势的计算

转子旋转时的转子绕组感应电动势 E_{2s} 为：

$$E_{2s} = 4.44 f_2 N_2 k_{w2} \Phi_m$$

若转子不转，则其感应电动势频率 $f_2 = f_1$，此时感应电动势 E_2 为：

$$E_2 = 4.44 f_1 N_2 k_{w2} \Phi_m$$

当转子不转时，转差率 $s=1$，主磁通切割转子的相对速度最快，此时转子电动势最大。当转子转速增加时，转差率将随之减小，因正常运行时转差率很小，故转子绕组感应电动势也很小。

（二）频率折算

频率折算就是要寻求一个等效的转子电路来代替实际旋转的转子系统，而该等效的转子电路应与定子电路有相同的频率，也就是说把以转速稳定运行的异步电机的转子实际频率 f_2 用定子频率 f_1 来替代，而且要保持替代前后电机的电磁本质不变（即从电网输入的电流、有功功率和无功功率不变，通过电磁感应而传递给转子的功率不变，从轴上输出的功率也不变）的处理方法，称为异步电机的频率折算。由于只有当转子静止时才能做到 $f_2 = f_1$，所以所谓频率折算实际上就是设法用一个等效的静止转子来代替以转速 n 转动的转子。然而，转子对定子的作用是通过转子磁动势来实现的，为此要使电机的电磁本质保持不变，必须使等效静止转子由 I_2 所生的基波磁动势 F_2 与实际转动转子由 I_{2a} 所生的基波磁动势 F_2 完全相同，即要求两者的大小、转向、转速及其空间相位都相同。

由堵转状态分析已知，无论异步电机的转速为多少，其转子基波磁动势始终与定子基波磁动势同步，所以用静止转子等效代替转动转子后，F_2 与 F_{2s} 的转向一致且转速相同这两个条件可以自然满足，只要考虑 F_2 与 F_{2s} 的大小及其空间相位相同就可以了。要使 F_2 与 F_{2s}，必须使 $I_2 = I_{2s}$；要使 F_2 与 F_{2s} 的空间相位不变，必须使等效静止转子的转子漏阻抗角 φ_2 与实际转动转子的转子漏阻抗角 φ_{2s} 相等。

第二节　三相异步电动机的电力拖动

随着近年来电力电子技术和交流调速技术的发展，三相异步电动机成为目前应用最为广泛的电动机。本章将分析这种电动机的各种机械特性曲线，介绍三相异步电动机拖动生产机械运行时所遇到的起动、调速、制动等问题及解决方案。

一、三相异步电动机的机械特性

机械特性是指三相异步电动机在定子电压 U_1、电源频率 f_1、电机参数一定的条件下，电动机的转速与电磁转矩之间的函数关系 $n = f_1(T)$。由于转差率与转速之间存在线性关系 $s = 1 - \dfrac{n}{n_1}$，因此也可以用 $s = f(T)$ 表示三相异步电动机的机械特性。

（一）机械特性的三种表达式

1. 机械特性的物理表达式

由于电机的电磁功率 $P_M = m_1 E_2' I_2' \cos\varphi_2$，$\Omega_1 = \dfrac{\omega_1}{p} = 2\pi f_1 / p$，$E_2' = \sqrt{2}\pi f_1 N_1 k_{w1} \Phi_m$，所以可以推出电机的电磁转矩为：

$$T = P_M / \Omega_1 = C_{M1} \Phi_m I_2' \cos\varphi_2$$

式 $T = P_M / \Omega_1 = C_{M1} \Phi_m I_2' \cos\varphi_2$ 的推导是从物理概念出发的，与根据 $T = \sum f \dfrac{D}{2}$ 推导出来的电磁转矩公式完全相同，故称式 $T = P_M / \Omega_1 = C_{M1} \Phi_m I_2' \cos\varphi_2$ 为异步电动机机械特性的物理表达式。

物理表达式反映了异步电动机电磁转矩产生的物理本质，即异步电动机的电磁转矩是由主磁通 Φ_m 与转子电流的有功分量 $I_2' \cos\varphi_2$ 相互作用产生的，在形式上与直流电动机的转矩表达式相似，它是电磁力定律在异步电动机中的具体表现。

2. 机械特性的参数表达式

由电机的等效电路，我们得出电机电磁功率也可以表示为：

$$P_M = m_1 I_2'^2 \dfrac{r_2'}{s}$$

异步电动机在额定电压、额定频率及电机固有的参数条件下，可以得到其固有的起动转矩 T_Q，它与额定转矩的比值称为异步电动机的起动转矩倍数，用 K_M 表示，即 $K_M = T_Q / T_N$。一般要求 $K_M > 1$，这样电机才能带动额定负载顺利起动。

三相异步电动机机械特性的参数表达式常用来分析电动机的电压、频率以及结构参数对机械特性的影响。

3. 机械特性的实用表达

利用机械特性的参数表达式计算三相异步电动机的机械特性时，需要知道电动机的绕组参数，计算比较复杂，且有些参数用户在产品目录中也查不到，只有通过实验才能得到。如果能利用电动机的铭牌数据和相关手册提供的额定值进行计算，就比较实用和方便了。

固有机械特性曲线是指将电动机的三相定子绕组按规定的接线方式连接，不外接任何阻抗（电阻或电抗）而直接施以额定电压、额定频率的对称三相电压，转子回路也不串任何阻抗，而直接自行短路，测得的异步电动机 $n=f(T)$，其上有几个特殊运行点：

①起动点 A：该点的 $s=1$，$n=0$，对应的电磁转矩为固有的起动转矩 T_Q，即为直接起动时的起动转矩，对应的定子电流即为直接起动时的起动电流 I_Q。

②临界点 B：该点的 $S=S_m$，对应的电磁转矩 T_m 即为电动机所能提供的最大转矩，反映了电动机的过载能力。当负载转矩超过电动机的最大转矩时，它将迫使电动机堵转，并有可能造成事故。需要注意的是，尽管电动机有一定的过载能力，但不允许在过载情况下长期运行，否则电机各部分的温升将超出允许的数值，导致电机损坏。

③额定工作点 C：在固有机械特性曲线上，额定点 C 所对应的转速、转矩、电流及功率等都为额定值。与额定转速对应的转差率 S_N 称为额定转差率，其值在 0.01～0.05 之间。机械特性曲线上的额定转矩是指额定电磁转矩，以 T_n 表示。

④同步点 D：同步点又称理想空载点，该点的 $n=n_1$（即 $s=0$），$T=0$，$E_{2s}=0$，$I_2=0$，$I_1=I_m$ 在该点电动机处于理想空载状态，不进行机电能量转换。

（三）异步电动机的人为机械特性

人为机械特性就是改变电动机的任一个参数后所得到的机械特性，如改变定子电压 U_1、定子频率 f_1、磁极对数 p、定子回路电阻或电抗、转子回路电阻或电抗等。

1. 降低定子端电压的人为机械特性

电动机的其他条件、参数都与固有机械特性时一样，仅降低定子相电压所得到的人为机械特性，称为降低定子端电压人为机械特性。不同 LA 时的人为机械特性曲线如图 7-5 所示，其特点如下：

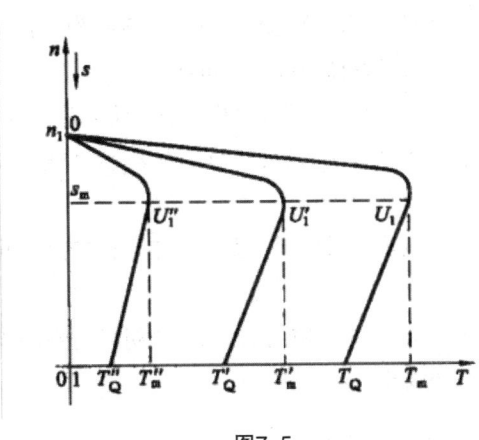

图7-5

①降压后同步转速 n_1 和临界转差率 s_m 不变，即不同 U_1 的人为机械特性都通过固有机械特性的理想空载点，都在同一速度获得最大转矩。

②降压后，最大转矩 T_m、起动转矩 T_Q' 随 U_1^2 成比例下降。

2. 转子回路串对称三相电阻的人为机械特性

对于绕线式异步电动机，如果其他条件都与固有机械特性时一样，仅在转子回路中串入对称的三相电阻，所得的人为机械特性称为转子回路串对称三相电阻的人为机械特性。

转子回路串对称三相电阻的人为机械特性的实用表达式为：

$$T = \frac{2T_m}{\dfrac{s}{s_m'} + \dfrac{s_m'}{s}}$$

3. 定子回路外串对称电阻或电抗时的人为机械特性

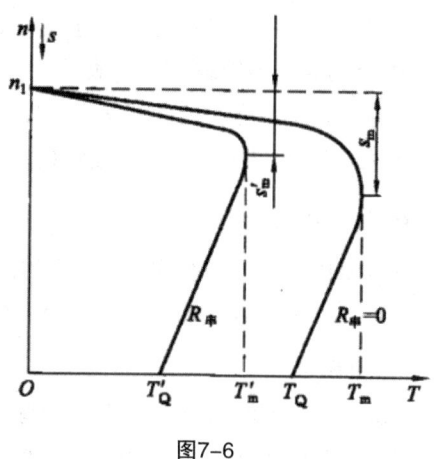

图7-6

对于笼型异步电动机，定子回路串入三相对称电阻或电抗，其他参数都与固有机械特性时相同，相当于增大了电动机定子回路的漏阻抗。图7-6为三相异步电动机定子回路串三相对称电阻或电抗时的人为机械特性曲线，分析如下：

第一，电动机同步转速的大小不变，其人为机械特性都要通过固有特性的同步转速点。

第二，临界转差率 s_m、最大转矩 T_m 以及起动转矩 T_Q 等都随外串电阻或电抗的增大而减少。

定子回路外串对称电阻或电抗一般用于笼型异步电动机的降压起动，以限制电动机的起动电流。

另外，在转子回路中串入对称的三相电抗，其人为机械特性曲线与定子回路外串对称电阻或电抗的人为机械特性曲线相似。

二、三相异步电动机的起动

（一）三相异步电动机对起动的要求

对异步电动机起动性能的要求主要有以下两点：

1. 起动电流要小，以减小对电网的冲击

从异步电动机原理可知，电动机的电流是随着转速而变化的。将感应电动机按其额定的接法，定转子回路不串任何阻抗，直接投入额定电压、额定频率的电网，使之从静止状态开始转动直至稳定运行，这种起动方法叫作直接起动，这时的起动性能称为固有起动特性。因此，需要供电变压器提供较大的起动电流，导致供电变压器输出电压下降，对供电电网产生影响。如果变压器额定容量相对不够大，电动机较大的起动电流会使变压器输出电压短时间下降幅度较大，一旦超过了正常规定值，就会影响到由同一台变压器供电的其他负载，显然这是不允许的。所以，当供电变压器额定容量相对电动机额定功率不是足够大时，三相异步电动机不允许在额定电压下直接起动，需要采取措施，减小起动电流。

2. 起动转矩要足够大，以加速起动过程，缩短起动时间

电动机采用直接起动时，由于起动时 $\cos\varphi_2$ 比额定运行时小得多，而且起动时过大的漏阻抗压降 $I_{1Q}Z_1$ 使主磁通 Φ_m 比额定值也小得多。为此，由式（7-1）可知，虽然起动时电流 I_2' 很大，但起动时的电磁转矩（即起动转矩）却不大，一般仅为额定转矩的 0.8～1.8 倍，对于轻载或空载情况下起动，一般没有什么影响；当负载较重时，电动机可能起动不了。

下面详细分析异步电动机的起动方法。

（二）笼型异步电动机的起动方法

1. 直接起动

一般说来，对于额定电压 380 V，额定容量在 7.5 kW 以下的小容量异步电动机都可以直接起动；对于 7.5 kW 以上的电动机，就要考虑过大的直接起动电流对供电系统的影响，一般按下列经验公式来核定：

$$\frac{I_Q}{I_N} \leqslant \frac{1}{4}\left(3 + \frac{S_H}{P_N}\right)$$

目前随着电网容量的不断增大，直接起动的适用范围也日益扩大。

2. 降压起动

如果起动电流不允许直接起动，则可以采用降低端电压来减小起动电流。降压起动的目的是限制起动电流。起动时，通过起动设备使加到电动机上的电压小于额定电压，待电动机转速上升到一定数值时，再使电动机承受额定电压，保证电动机在额定电压下稳定工作。然而，定子端电压下降之后，虽然起动相电流 I_{1Q} 随 U_1 正比减小，但是起动转矩 T_Q 也随 U_1 成平方关系下降。因此，降压起动只能用于轻载或空载起动的场合。

（三）绕线式异步电动机的起动方法

笼型异步电动机降压起动虽能减小起动电流，但同时也使起动转矩减小，所以其起动性能不够理想。有些生产机械要求电动机具有较大的起动转矩和较小的起动电流，这时普通笼型异步电动机就不能满足要求了。

绕线转子异步电动机通过转子回路串电阻，可以改变电动机的起动特性，不但可以减小起动电流，还可以增大起动转矩。对于需要在重载下起动的生产机械（如起重机、皮带运输机等）或者需要频繁起动、制动和反转的电力拖动系统，不仅要限制起动电流，而且还要有足够大的起动转矩，适宜采用绕线式异步电动机。

1. 绕线式异步电动机转子回路串对称电阻起动

异步电动机转子回路串入对称电阻时，其起动相电流为：

$$I_{2Q}' = \frac{U_1}{\sqrt{(r_k + R_\Omega')^2 + X_k^2}}$$

由公式可以得出，只要串入的电阻 R_Ω 足够大，就可以使起动电流 I_{1Q} 限制在规定的范围内。又由转子回路串电阻的人为机械特性曲线可知，转子回路串电阻 R_Ω 后，其起动转矩 T_Q' 可随 R_Ω 的大小自由调节。因此，绕线式转子串电阻可以得到比笼型异步电动机优越得多的起动性能。

绕线式异步电动机转子串三相对称电阻起动时，为保证起动过程中都有较大的起动转矩和较小的起动电流，一般采用分级切除起动电阻的方法。

2. 绕线式异步电动机转子串频敏变阻器起动

转子回路串电阻起动，如果起动级数少，则在切除电阻时也会产生较大的冲击电流和转矩，电机起动不平稳；如果起动级数多，则线路复杂，变阻器的体积较大，占地面积大，同时增加了设备的投资和维修工作量。如果转子回路所串电阻本身的阻值能够随电机的起动过程自动改变，则是非常理想的调速方法。电动机转子串频敏变阻器起动正是基于这一思路而设计的。频敏变阻器的外形像一台原边 Y 接法而没有副边绕组的三相心式变压器，其本身电阻和电抗随转子电流频率的变化而自动改变。

转子串频敏变阻器起动的优点是起动性能好，可以达到平滑起动，不会引起电流和转矩的冲击。频敏变阻器结构简单、运行可靠、无需经常维修、价格便宜，其缺点是功率因数低。这种起动方法适合于需要频繁起动的生产机械，但对于要求起动转矩很大的生产机械则不宜采用。

（四）改善起动性能的笼型异步电动机

绕线式电机结构复杂、成本高、维护工作量大，许多场合也不适宜采用。因此，为进一步改善起动性能，适应高起动转矩和低起动电流的要求，人们对笼型异步电动机的转子绕组和转子槽形结构进行了一些改进，生产出几种特殊的笼型异步电动机，即高转差率笼型异步电动机、起重冶金笼型异步电动机、深槽式笼型异步电动机及双笼异步电动机等。

1. 高转差率笼型异步电动机

这种电机的结构与普通的笼型异步电动机几乎完全一样，只是它的转子导条用电阻率较大的铝合金等材料做成，并具有较小的截面，因此转子电阻较大，机械特性较软，既限制了起动电流,又使起动转矩增加,可以缩短起动时间。

这种电机的缺点是:机械特性较软,正常运行时转差率大(因而也称为高滑差电机),转子铜耗大,使转子发热厉害且效率降低。然而,由于其结构简单且有较好的起动性能,所以在起重运输机械和冶金企业的辅助设备上,如锻压机械、剪床、冲床等,仍得到广泛的应用。

2. 深槽式笼型异步电动机

这种电机是利用电机转子槽漏磁通所引起的电流集肤效应来改善起动性能的,其结构特点是:转子槽深而窄,其槽深和槽宽之比可达 10~20,如图7-7a所示。如果把转子导条看成沿槽高方向由许多根单元导条并联组成,那么转子槽底部分单元导条交链较多的漏磁通,因此漏抗较大;而转子槽口附近的单元导条则交链较少的漏磁通,因此具有较小的漏抗。起动时,转子电流的频率最高,为定子电流的频率f_1,槽漏抗最大,在阻抗中占主要部分。因此,各单元导条中电流基本上按漏抗的大小成反比分配,导条中电流密度的分布自槽口向槽底逐渐减小,如图7-7b所示。由图可见,大部分电流集中在导条上部,这种现象称为电流的集肤效应。转子频率越高、槽越深,电流的集肤效应就越显著。由于导条中的电流都挤向导条上部,可以近似认为导条下部没有电流,电流集中在上部的效果相当于减少了导条的有效截面积,如图7-7c所示,因此转子电阻增大,起动电流减小,起动转矩增加。

随着电动机转速的升高,转子电流的频率降低,槽漏抗的作用减小,集肤效应减弱,转子电阻也随之减小。当达到额定转速时,转子电流频率仅有几赫兹,集肤效应基本消失,电流接近于均匀分布,转子电阻自动减小,转子铜损不大,电机工作在正常状态。

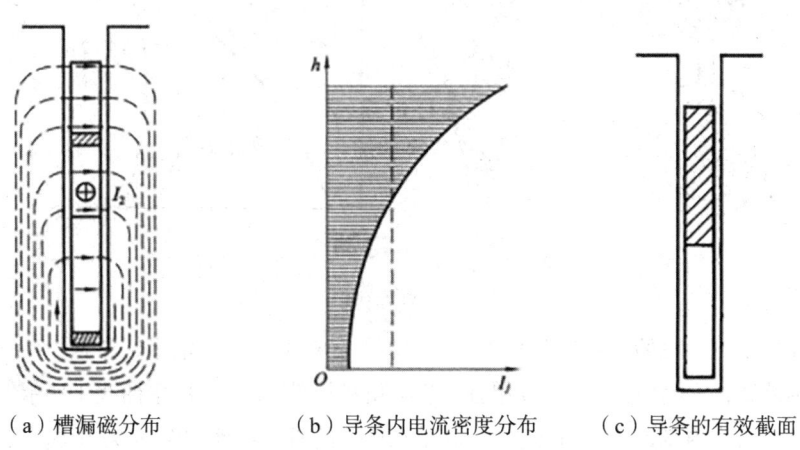

(a)槽漏磁分布　　　(b)导条内电流密度分布　　　(c)导条的有效截面

图7-7　深槽式转子导条中电流的集肤效应

深槽式转子漏磁通大,其漏电抗 $X_{2\sigma}$ 也大,因此,电机的功率因数及过载能力会降低些。

普通笼型电动机在起动时也有集肤效应,但由于其转子槽形不是深而窄的,集肤效应不明显，对起动性能没有多大的改善作用，所以我们在分析计算普通笼型异步电动机的起动性能与运行性能时，均忽略了集肤效应的影响。

3. 双笼异步电动机

这种电动机的转子上装有两套笼型绕组，如图7-8所示，其槽形如图7-9a和图7-9b所示。内、外笼导体使用不同的材料制成。一般外笼导体截面积较小，用电阻系数较高的黄铜或青铜制成，电阻较大，外笼交链的漏磁通较少，所以漏抗较小；内笼导体截面积较大，用电阻系数较小的紫铜制成，电阻较小，内笼交链的漏磁通多，所以漏抗大。内、外笼通过各自的端环短路，形成两只"鼠笼"，故称为双笼异步电动机。

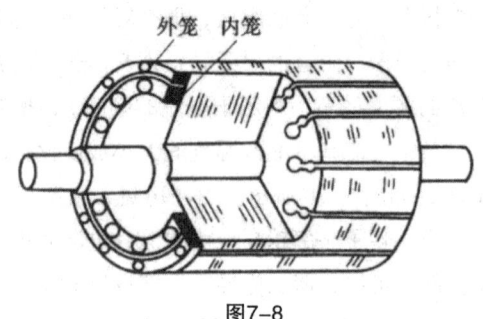

图7-8

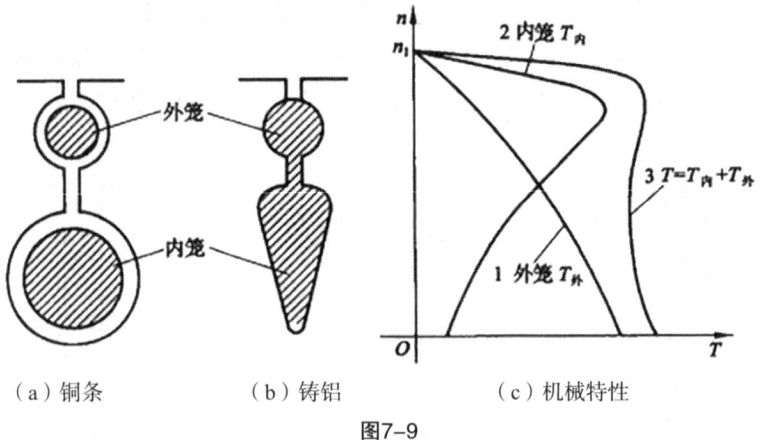

（a）铜条　　　　（b）铸铝　　　　（c）机械特性

图7-9

双笼异步电动机的工作原理相当于两台单笼异步电动机同轴运行。其中一台电机的转子绕组为外笼，r_2大而$X_{2\sigma}$小，其单独产生的机械特性如图7-9c中曲线1所示。另一台电机的转子绕组为内笼，r_2小而$X_{2\sigma}$大，其单独产生的机械特性如图7-9c中曲线2所示。两台电机共同工作时，将曲线1与曲线2叠加起来，就可得双笼异步电动机的机械特性，如图7-9c中曲线3所示。由特性曲线可知：双笼异步电动机在整个起动过程中其电磁转矩几乎不变，基本维持为最大。在刚起动及n较低时，转子电流的频率较大，转子漏抗起主要作用，电流集中在上笼，主要靠外笼起作用，所以T_Q大而I_Q小，因此外笼称为起动笼。

当起动结束工作于转速 n 较高时，转子电流频率很低，转子电阻起主要作用，转子电流大部分从电阻较小的下笼流过，主要靠内笼起作用，机械特性较硬，而且效率 η 高，因此内笼称为工作笼。

有的双笼异步电动机的内、外笼都由铸铝而成，只是外笼截面比内笼小，因而外笼电阻比内笼大得多，如图 7-9b 所示，它的工作原理与深槽式笼型异步电机相似。

只要改变内、外笼的参数，就可得到不同的合成机械特性曲线，从而满足不同系统的要求。

双笼异步电动机的优点是有很好的起动性能，起动转矩大、起动电流小，同时又具有较好的工作运行性能，机械特性硬、效率高；缺点是结构复杂，价格较高，而且其转子漏抗比普通笼型异步电动机的 $X_{2\sigma}$ 大，运行时功率因数 $\cos\varphi_N$ 偏低，最大转矩 T_m 也偏低。

三、三相异步电动机的制动

同直流电动机一样，三相异步电动机制动运行也是为了使电力拖动系统迅速停车和稳速下放重物。按实现制动运行的条件和能量传送情况的不同，异步电动机制动运行状态也分反接制动、回馈制动和能耗制动。

（一）异步电动机的反接制动

反接制动的特点是使电机旋转磁场的方向与转子旋转的方向相反，$s>1$。电动机的电磁转矩方向与转子转向相反，成为制动转矩。实现的方法有以下两种：

1. 改变定子电源相序的反接制动

这种反接制动相当于他励直流电动机的电压反向反接制动，适用于使反抗性负载快速停机。其实现方法是将电动机定子任意两相绕组对调后接入电源。这种通过改变电动机定子电源相序，同时在转子回路中串入三相对称电阻 R_Ω 的方法，称为改变定子电源相序的反接制动。

对于绕线转子异步电动机，在反接制动时可在转子回路中串入较大的电阻，既限制了制动电流，又减轻了电动机绕组的发热。而笼型异步电动机采用反接制动，因为转子无法串接电阻，这时全部转差功率都消耗在转子绕组上，使电动机绕组发热严重，所以笼型异步电动机采用反接制动时，要考虑反接制动的次数和制动间隔的时间。

2. 转向反向的反接制动

这种反接制动相当于他励直流电动机的电势反向反接制动，适用于将重物匀低速下放。

（二）异步电动机的回馈制动

回馈制动的特点是 T 与 n 的方向相反，且转子转速超过同步转速，电动机处于发电机状态，将系统的动能转换成电能送回电网。回馈制动一般出现在以下两种情况：

1. 重物下放的回馈制动

重物下放的回馈制动也称为转向反向的回馈制动,这种回馈制动相当于他励直流电动机的电压反向回馈制动,适用于将重物高速稳定下放。其方法是将定子任意两相对调,其机械特性曲线与定子两相反接的机械特性曲线相同。

2. 转向不变的回馈制动

转向不变的回馈制动发生在电车下坡加速过程、变极或者变频时的降速过程中。

四、电机与拖动基础

由前面的介绍可知,异步电动机具有结构简单、价格便宜、运行可靠、维护方便等优点,但过去在调速性能上比不上直流电动机。近年来,随着电力电子技术和控制技术的发展,异步电动机交流调速性能有了很大的进步,打破了过去直流拖动在调速领域中的统治地位。同时,由于交流调速系统克服了直流电动机结构复杂、应用环境受限、维护困难等缺点,异步电动机交流调速得到了广泛的应用,其性能指标已达到了直流调速系统的水平。目前,交流调速技术已经成为电气工程领域一个重要的研究方向。

(一)异步电动机的变极调速

在电源频率 f_1 不变的条件下,改变电动机的极对数 p,电动机的同步转速 n_1 就会变化,电机的机械特性曲线也会发生改变,电动机的转速亦会变化,从而实现转速的有级调节。

1. 变极原理

三相异步电动机定子绕组产生的极对数是由定子绕组的接线方式决定的,因此可通过改变绕组连接的方法来获得不同的极对数。

2. 对变极调速的评价

变极调速简单可靠、成本低、效率高、机械特性硬,而且既可适用于恒转矩调速也可适用于恒功率调速。但是,它是一种有级调速,而且只能是有限的几档速度,平滑性差,因而适用于对调速要求不高且不需平滑调速的场合。另外,多速电动机的体积比同容量的普通笼型电动机大,电动机的价格也较贵。

(二)异步电动机的调压调速

异步电机改变定子电压的机械特性曲线如图 7-10 所示。当定子电压降低时,电动机的同步转速 n_1 和临界转差率 s_m 均不变,电动机的最大电磁转矩和起动转矩均随着电压平方关系减小。

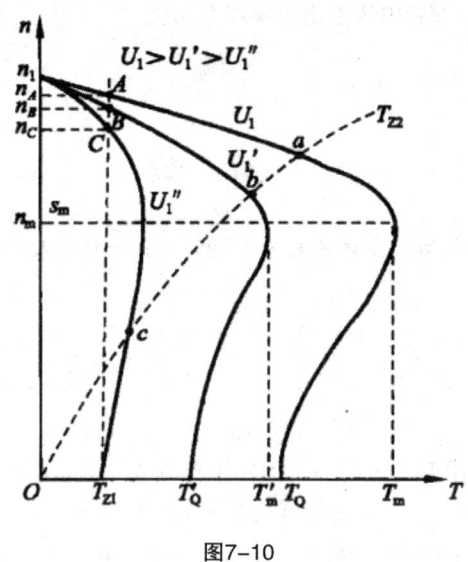

图7-10

1. 开环调压调速系统

对于图7-10中的恒转矩负载TZ1，电动机只能在机械特性的线性段（$0<s<s_m$）稳定运行，在不同电压时的稳定工作点分别为A，B，C。可以发现，当降低异步电动机端电压时，对于同一个负载，可以得到不同转速，从而达到调速的目的，只是转速的调速范围较窄。

2. 对调压调速的评价

调压调速系统控制方便，且调压装置可以兼作起动设备，同时利用转速反馈也可以得到较硬的特性。调压调速与变极调速的配合使用可以获得较好的调速性能。因此，调压调速在通风机等负载中得到广泛应用。但是，对于恒转矩负载，调压调速系统必须采用高滑差电动机或在绕线式转子回路中串电阻，低速时转子回路的转差功率sP_M很大，使损耗增加，效率降低，电机发热严重。另外，调压装置相对于变极调速，价格高，维护工作量也大。

（三）异步电动机的变频调速

由于三相异步电动机的同步转速与定子电源的频率f_1成正比，当异步电动机极对数一定时，改变f_1即可改变同步转速，达到平滑调速的目的，并可得到很大的调速范围。

电动机的额定频率为基准频率，简称基频，变频调速时以基频为分界线，可以从基频向上调，也可以从基频向下调。同时，根据控制方式的不同可分为恒转矩变频调速和恒功率变频调速。由于实际运行当中负载性质的不同，可选择恒转矩变频调速或恒功率变频调速以达到最优的效果。

实现变频调速的关键是获得一个向电动机供电的经济可靠的变频电源。目前在变频调速系统中广泛采用的是变频器，它是利用大功率电力电子器件，将 50 Hz 的工频电源转换成频率与电压均可调节的变频电压输出给异步电动机。

习 题

1. 普通笼型异步电动机在额定电压下起动时，为什么起动电流很大，但起动转矩并不大？

2. 漏抗大小对异步电动机的起动电流、起动转矩、最大转矩、功率因数有何影响？

3. 绕线式异步电动机的转子回路串电阻起动时，为什么既能降低起动电流，又能增大起动转矩？所串电阻是否越大越好？

4. 某绕线式异步电动机，如果，①转子电阻增加；②定子电压大小不变，而频率由 50 Hz 变为 60 Hz，将各对起动转矩和最大转矩有何影响？

5. 一台 50 Hz，380 V 的三相异步电动机，若运行于 60 Hz，380 V 的电源上，当输出转矩不变时，下列各量增大还是减小：①励磁电抗、励磁电流、定子功率因数；②同步转速、电动机转速；③临界转差率和最大转矩；④起动电流和起动转矩。

6. 一台三相四极 50 Hz 绕线式异步电动机，转子每相电阻 R2=0.015Ω。额定运行时，转子相电流为 200 A，n_N=1 475 r/min，计算额定电磁转矩 T_N。若保持额定时的总制动转矩不变，在转子回路串电阻，使转速降低到 1 200 r/min 稳态运行，求转子每相应串入的电阻值。与额定工况相比，新的稳态转速下的定子电流、电磁功率、输入功率是否有变化？

7. 一台三相绕线转子异步电动机，转子绕组为星形连接，转子每相电阻 r_2=0.16Ω 已知额定运行时转子电流为 50 A，转速为 1 440 r/min。现将转速降为 1 300 r/min，求转子每相应串接多大的电阻（假定电磁转矩不变）？降速运行时电动机的电磁功率是多少？

8. 分别写出机械特性的实用表达式与直线表达式，并区分二者的使用条件。

9. 分别描述降低定子端电压、转子回路串对称三相电阻和定子回路串对称三相电阻或电抗三种情况下的人为机械特性的特点。

10. 异步电动机起动的要求有哪些？

11. 三相笼型异步电动机定子回路串电阻起动与串电抗起动相比哪一种较好，为什么？

12. 三相绕线式异步电动机转子回路串三相对称电抗器起动时，是否能够改善起动性能，为什么？

13. 某三相异步电动机带通风机负载，当采用变频调速时，为了保持调速前后电机的过载能力不变，定子端电压应按什么规律变化？这时能同时保持气隙主磁通也不变吗，为什么？

14. 为什么要求异步电动机在额定运行时的转差率很小？

15. 异步电动机的不变损耗指什么？可变损耗指什么？

第八章　同步电机

导读

同步电机的特点是转子转速 n 与电枢电流的频率 f 之间有严格不变的关系，即 $n=\dfrac{60f}{p}$。我国电网的标准频率 $f=50\mathrm{Hz}$，因此极对数一定时，转速 n 就有确定值。例如，二极电机 $p=1$，$n=3000\mathrm{r/min}$。

同步电机主要用做发电机，全世界的发电量几乎全部是由同步发电机完成的。同步电机也可用做恒速的电动机，虽然其结构较感应电机复杂些，但它可以运行在超前的功率因数下以改善电网的功率因数。此外同步电机还可用做调相机，调节电网无功功率，以改善电网的电压质量。本章主要分析同步电机的原理、分类及运行特性。

学习目标

1. 掌握同步电机的工作原理和分类
2. 掌握同步发电机的运行
3. 掌握同步电机的可逆原理
4. 理解同步调相机的概念

第一节　同步电机的工作原理和结构

同步电机的主要运行方式有 3 种，即作为发电机、电动机和补偿机运行。作为发电机运行是同步电机最主要的运行方式，作为电动机运行是同步电机的另一种重要的运行方式。

一、同步电机的基本工作原理与分类

图 8-1 为同步电机的构造原理图，它由定子和转子两部分组成。同步电机的定子和异步电机的定子相同，即在定子铁芯内圆均匀分布的槽内嵌放三相对称绕组，图中只画出一相绕组，对于发电机又称为电枢。转子主要由磁极铁芯与励磁绕组组成。励磁绕组外接直流电源流过励磁电流建立磁场。

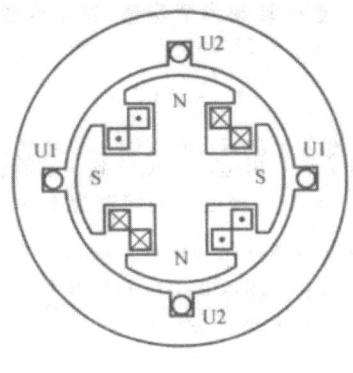

图8-1

1. 同步发电机的基本工作原理

（1）转子旋转磁场的形成

当励磁绕组通以直流电流后，转子即建立恒定磁场。当原动机拖动转子旋转时，就得到一个旋转磁场。

（2）三相交流电动势的产生

定子三相对称绕组切割转子旋转磁场，感应产生三相对称交流感应电动势，即三相电动势大小相等，相位互差120°。

该电动势的频率为

$$f = \frac{pn}{60}$$

式中

p——电机的极对数；

n——转子每分钟转速。

（3）机械能转换为电能

如果同步发电机接上负载，在电动势的作用下，将有三相电流流过。这说明同步发电机把机械能转换成了电能。

2. 同步电动机的基本工作原理

（1）定子旋转磁场的形成

在定子三相对称绕组上施以三相对称交流电压时，定子铁芯中产生一个定子旋转磁场，其旋转速度为同步转速。

（2）转子磁场的形成

转子励磁绕组通以直流电流后，转子即建立恒定转子磁场。

（3）电能转换为机械能

上述两个磁场相互作用，转子将在定子旋转磁场的带动下沿定子磁场的方向以相同的转速旋转，转子的转速为

$$n = n_1 = 60\frac{f}{p}$$

此时，若转子上带有机械负载就可拖动机械负载一起旋转。这说明同步电动机将电能转换为机械能。

同步电机无论作为发电机运行还是作为电动机运行，其转速与频率之间都将保持严格不变的关系。电网频率一定时，电机转速为恒定值，这是同步电机和异步电机的基本差别之一。

由于我国电力系统的标准频率为50HZ，所以同步电机的转速为 $n = \dfrac{3000}{p} r/\min$ 由计算可知，2极电机的转速为3 000 r/min，4极电机的转速为1 500r/min，依此类推。

3. 同步电机的分类

同步电机按运行方式，可分为发电机、电动机和调相机3类。按原动机类别，同步发电机又可分为汽轮发电机、水轮发电机和柴油发电机等。

按结构形式，同步电机可分为旋转电枢式和旋转磁极式两种：前者适用于小容量同步电机，近来应用很少；后者应用广泛，是同步电机的基本结构形式。

旋转磁极式同步电机按磁极的形状，又可分为隐极式和凸极式两种类型，如图8-2所示，隐极式气隙是均匀的，转子做成圆柱形。凸极式有明显的磁极，气隙是不均匀的，极弧底下气隙较小，极间部分气隙较大。

汽轮发电机由于转速高，转子各部分受到的离心力很大，机械强度要求高，故一般采用隐极式；水轮发电机转速低、极数多，故都采用结构和制造上比较简单的凸极式；同步电动机、柴油发电机和调相机，一般也做成凸极式。

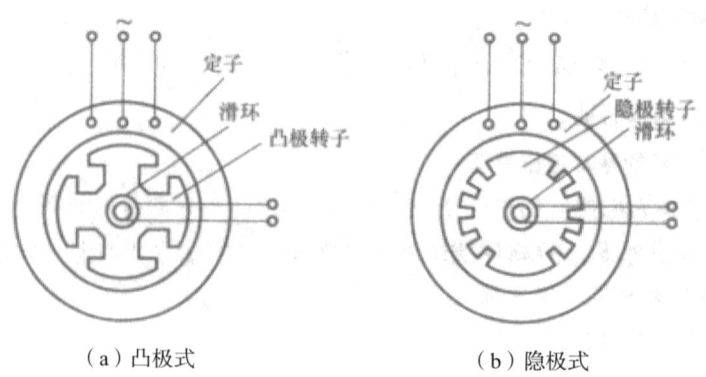

图8-2 旋转磁极式同步电机

二、同步电机的基本结构

1. 同步电机的基本结构

同步电机的基本结构由定子和转子两大部分组成。

（1）定子

同步电机的定子又称为电枢，由定子铁芯、定子绕组（电枢绕组）、机座和端盖等部件组成。

定子铁芯是构成磁路的部件，一般由 0.5mm 厚的两面涂有绝缘漆的硅钢片冲成带有开口槽的扇形片按圆周拼合叠装而成。定子铁芯沿轴向长度每隔 3～6cm，留有 0.6～1cm 的径向通风沟，以增加定子铁芯的散热面积。定子铁芯的两端齿压板压住齿部，用非磁性材料制成的压圈通过拉紧螺杆压紧，并固定在机座上。

电枢绕组属于三相对称绕组，多为双层叠绕组，由扁铜线绕制成形后，包以绝缘。直线部分嵌于槽内，是感应电动势的有效部分，端接部分有两个出线端头，用于绕组的连接。电枢绕组在槽内靠用绝缘材料制成的槽楔做径向固定，端部用绑扎或压板固定，以防止突然短路产生巨大电磁力而引起线圈端部变形。

机座是支撑部件，主要是固定定子铁芯和构成冷却风道，由钢板焊接而成。机座和铁芯之间留有空间，加上隔板形成风道。外壳、端盖和隔板构成的空间，加上风道冷却器及风扇等，构成密闭的通风冷却系统。

定子部分除上述主要部件外，还有轴承、轴承座、端盖及电刷等部件。

（2）转子

同步电机的转子与异步电机的转子不同，通常由转子铁芯、励磁绕组、护环、滑环和转轴等组成。根据形状的不同，同步电机的转子分为凸极式和隐极式两种类型。

凸极式转子的形状有明显凸出的磁极，周围的气隙和磁场不均匀，圆周上各处的磁阻不同。转子铁芯由磁极、励磁绕组及转轴组成。直流的励磁电流通过电刷和滑环送入励磁绕组，使转子中产生稳定的磁场。除励磁绕组外，凸极式电机还装有阻尼绕组，它是一个短路绕组，是由槽楔下的阻尼铜条和置于转子两端护环下的铜环焊接而成。类似异步电动机的笼形绕组，在发电机中起到抑制转子机械振荡的作用，在电动机中主要用于启动绕组。

隐极式转子的铁芯一般由高机械强度和导磁性能好的合金钢锻成，整个转子为圆柱形，无明显的磁极。转子表面铣有辐射形的开口槽，槽中嵌放分布式直流励磁绕组。

三、同步电机的额定值及励磁方式

1. 同步电机的额定值

额定值是制造厂对电机正常工作所作的使用规定，也是设计和实验电机的依据。同步电机铭牌上注明了该电机的额定值，主要有以下 5 项。

（1）额定容量 S_N 或额定功率 P_N。额定功率是指电机在额定状态下运行时，输出功率的保证值。对于同步发电机,是指输出的额定视在功率或有功功率,常以 kVA 或 kW 为单位。对于同步电动机,是指轴端输出的额定机械功率,一般以 kW 为单位。对于同步调相机,则用线端输出额定无功功率表示,单位为 kVA 或 kvar。

(2) 额定电压 U_N

额定电压是指电机在额定运行时的三相定子绕组的线电压,常以 kV 为单位。

(3) 额定电流 I_N

额定电流是指电机在额定运行时流过三相定子绕组的线电流,单位为 A 或 kA。

(4) 额定功率因数 $\cos\varphi_N$

额定功率因数是指电机在额定运行时的功率因数。

(5) 额定效率 η_N

额定效率是指电机额定运行时的效率。

2. 同步电机的励磁方式

同步电机运行时必须在转子绕组中通入直流电流,以建立主磁场。所谓励磁方式是指同步电机获得直流励磁电流的方式。而整个供给励磁电流的线路和装置称为励磁系统。励磁系统直接影响同步电机运行的可靠性、经济性。常用的励磁方式如下。

(1) 直流励磁机励磁

用直流发电机作为励磁电源向同步发电机提供励磁电流称为直流发电机励磁系统。

(2) 静止半导体励磁

利用同轴交流发电机或同步发电机本身加整流装置代替了直流励磁机的方式称为静止半导体励磁系统。

(3) 旋转半导体励磁

旋转半导体励磁不需要电刷和滑环装置,故此种励磁也称为无刷励磁。

(4) 三次谐波励磁

三次谐波励磁就是利用发电机气隙磁场中的 3 次及其倍数次谐波进行自励磁的。

四、同步电机的应用场合

早期同步电机由于不能自启动,转速控制困难,主要用来发电,个别大功率场所有的用来补偿功率因数。现在有了变频器,很多场所开始用同步电机来进行伺服控制、调速或者拖动,同步电机的转速稳定度很高,能在很低的电流频率下运行,体积小、过载能力强、可靠性高、效率高、单机容量大,这些优点使它在很多场合都受到青睐。例如,现在全球范围内都提倡节能环保,同步电机的效率很高,最高的能做到 96% 以上,这是其他电机无法比拟的,用在很多工业生产场所一年节省的电量非常可观。同步电机转速稳定度高,这也很符合一些要求高精度驱动的场所,如数控机床、导弹舵机等。再者其单机容量几乎不受什么限制,能做到非常高的功率,异步电机和直流电机则不行,同步电机应该说是现在所有电机里综合性能最好的电机。但是它有一个重要的缺点，就是价格昂贵，这使它在追求低价的一些应用场合的应用受到限制。

第二节 同步发电机

同步电机是根据电磁感应原理工作的一种旋转电机，转子转速与定子电流频率维持严格的关系。从运行原理上讲，同步电机既可以用做发电机，也可用做电动机或调相机，但主要用做发电机。

一、同步发电机的运行分析

1. 空载运行

同步发电机被原动机拖动到同步转速，励磁绕组中通以直流电流，定子绕组开路时的运行，称为空载运行。此时三相定子电流均为零，只有直流励磁电流产生的主磁场，又称为空载磁场。其中，一部分既交链转子，又经过气隙交链定子的磁通，称为主磁通，即空载时的气隙磁通，它的磁通密度波形是沿气隙圆周空间分布的近似正弦波，用 Φ_0 表示；而另一部分不穿过气隙，仅和励磁绕组本身交链的磁通称为主极漏磁通，用 Φ_0 表示，这部分磁通不参与电机的机—电能量转换。由于主磁通的路径（即主磁路）主要由定、转子铁芯和两段气隙构成，而漏磁通的路径主要由空气和非磁性材料组成，因此主磁路的磁阻比漏磁路的磁阻小很多，主磁通数值远大于漏磁通。

同步发电机空载运行时，空载磁场随转子一同旋转，其主磁通切割定子绕组，在定子绕组中感应出频率为 f 的三相基波电动势，其有效值为

$$E_0 = 4.44 f N_1 k_{w1} \Phi_0$$

2. 电枢反应

同步发电机空载运行时，气隙中仅存在一个以同步转速旋转的主极磁场，在定子绕组中感应空载电动势 E_0。当接上三相对称负载时，定子绕组中就有三相对称电流（也称为电枢电流）$\dot{I}$ 流过，产生一个旋转的电枢磁场，因此，负载时在同步发电机的气隙中同时存在着两个磁场，即主极磁场和电枢磁场，这两个磁场以相同的转速、相同的转向旋转着，两者之和构成了负载时的气隙合成磁场。电枢磁场在气隙中将使气隙磁场的大小及位置均发生变化，这种影响称为电枢反应。电枢反应的性质取决于励磁电动势 $\dot{E}_0$ 和电枢电流 $\dot{I}$ 之间的夹角 ψ。ψ 定义为内功率因数角，与负载的性质有关。

$\dot{I}$ 和 $\dot{E}_0$ 同相（$\psi=0$）时的电枢反应称为交轴电枢反应，称为交磁作用。交轴电枢反应对转子电流产生电磁转矩，它的方向和转子的旋转方向相反，企图阻止转子旋转，为阻力转矩。此时的负载电流 $\dot{I}$ 与空载电动势 $\dot{E}_0$ 同相，可认为是电枢电流 $\dot{I}$ 的有功分量。可见，

发电机要输出有功功率，原动机就必须克服出由于电枢有功电流所引起的阻力转矩。输出的有功功率越大，有功电流分量就越大，交轴电枢反应就越强，所产生的阻力转矩也就越大，这就要求原动机输入更大的驱动转矩，以维持发电机的转速不变。

$\dot{I}$滞后90°（ψ=90°）时的电枢反应称为直轴电枢反应，是纯粹起去磁作用的。$\dot{I}$超前90°（ψ=-90°）时的电枢反应也为直轴电枢反应，是纯粹起增磁作用的。直轴电枢反应对转子电流所产生的电磁力不形成制动转矩，不妨碍转子的旋转。此时的负载电流可认为是电枢电流I的无功分量。这表明发电机供给纯感性（ψ=90°）或纯容性（ψ=-90°）无功功率负载时，并不需要原动机增加能量。但直轴电枢反应对转子磁场起去磁作用或增磁作用，发电机端电压相应减小或增大，励磁电流也就需要相应地增大或减小，以维持发电机电压恒定。

在一般情况下（0°＜ψ＜90°）的电枢反应既非单纯交磁性质也非纯去磁性质，而是兼有两种性质。此时电枢电流既有有功分量，又有无功分量，也就是发电机既带有功负载、又带感性无功负载。有功电流的变化会影响发电机的转速，从而影响到发电机的频率；无功电流的变化会影响发电机的电压。为了保持发电机的电压和频率的稳定，必须随负载的变化及时调节发电机的输入功率和励磁电流。

综上所述，交轴电枢反应的存在是实现机电能量转换的关键。

二、同步发电机的并联运行

多台发电机在一起并联运行，一方面可根据负载的变化统一调整投入运行的机组数目，提高机组的运行效率；另一方面又可合理地安排定期轮流检修，提高供电的可靠性，减少电机检修和事故的备用容量。这样就可使总的电能成本降低，从而保证整个电力系统在最经济的条件下运行。当许多发电厂并联在一起时，形成了强大的电力网，因此负载的变化对电网电压和频率的影响就很小，从而提高了供电的质量和可靠性。

同步发电机与电网并联合闸时，为了避免产生冲击电流，防止发电机组的转轴受到突然的冲击扭矩遭损坏，以及电力系统受到严重的干扰，为此需要满足一定的并联条件。

下面介绍并联运行的条件与方法。

1. 准同期法并联条件

准同期法并联条件如下。

第一，发电机电压和电网电压大小相等且波形相同。

第二，发电机电压相位和电网电压相位相同。

第三，发电机的频率和电网频率相等。

第四，发电机和电网的相序要相同。

上述条件中发电机电压波形在制造电机时已得到保证。

第四项要求一般在安装发电机时根据发电机规定的旋转方向确定发电机的相序，因而得到满足。这样并联投入时只要调节待并发电机电压大小、相位和频率与电网相同，即满足了并联条件。事实上绝对地符合并联条件只是一种理想，通常允许在小的冲击电流下将发电机投入电网并联运行。

把发电机调整到完全符合上述4条并联条件后并入电网，这种方法称为准同期法。准同期法的优点是投入瞬间发电机与电网间无电流冲击；缺点是操作复杂，需要较长的时间进行调整。尤其是电网处于异常状态时，电压和频率都在不断地变化，此时要用准同期法并联就相当困难。故其主要用于系统正常运行时的并联。

2. 自同期法并联条件

在系统事故状态下，为迅速将机组投入电网，可采用自同期法。所谓自同期法是指同步发电机在不加励磁情况下，把励磁绕组经过电阻短接，然后启动发电机，待其转速接近同步转速时合上并联开关，将发电机投入电网，再立即加上直流励磁，此时依靠定子和转子磁场间形成的电磁转矩，可把转子迅速地引入同步。自同期法操作简单、迅速，缺点是合闸及投入励磁时有电流冲击。

三、同步发电机的无功功率及V形曲线

从能量守恒的观点来看，同步发电机与电网并列运行时，如果仅调节无功功率，是不需要改变原动机的输入功率的。只要调节励磁电流，就可改变同步发电机发出的无功功率。调节无功功率，对有功功率不会产生影响；但调节无功功率将改变功率极限值和功率角的大小，从而影响静态稳定度。另外需指出的是，当调节有功功率时，功率角大小发生变化，无功功率也随之改变。

第三节　同步电动机

由于同步电机可以通过调节励磁电流使它在超前功率因数下运行，有利于改善电网的功率因数，因此，大型设备常用同步电动机驱动，如大型鼓风机、水泵、球磨机、压缩机、轧钢机等。

一、同步电机的可逆原理

和其他旋转电机一样，同步电机也是可逆的，既可以作为发电机运行，又可以作为电动机运行，完全取决于它的输入功率是机械功率还是电功率。本阶段以一台已投入电网运行的隐极电机为例，说明其从同步发电机过渡到同步电动机运行状态的物理过程，以及其内部各电磁物理量之间的关系变化。

同步电机运行于发电机状态时，其转子主磁极轴线超前于气隙合成磁场的等效磁极

轴线一个功率角 δ,它可以想象为转子磁极拖着合成等效磁极以同步转速旋转。这时发电机产生的电磁制动转矩与输入的驱动转矩相平衡,把机械功率转变为电功率输送给电网。因此,此时电磁功率 P_M 和功率角 δ 均为正值,励磁电动势 $\dot{E}_0$ 超前于电网电压 $\dot{U}$ 一个 δ 角度。

如果逐步减小发电机的输入功率,转子将瞬时减速 δ 角减小,相应的电磁功率 P_M 也减小。当 δ 减到零时,相应的电磁功率也为零,发电机的输入功率只能抵偿空载损耗,这时发电机处于空载运行状态,并不向电网输送功率。

继续减少发电机的输入功率,则 δ 和 P_M 变为负值,电机开始自电网吸取功率和原动机一起共同提供驱动转矩来克服空载制动转矩,供给空载损耗。如果再卸掉原动机,就变成了空转的电动机,此时空载损耗全部由电网输入的电功率来供给。如在电机轴上再加上机械负载,则负值的 δ 角将增大,由电网输入的电功率和相应的电磁功率也将增大,以供给电动机的输出功率。此时,功率角 δ 为负值,即 $\dot{E}_0$ 滞后于 $\dot{U}$,主极磁场落后于气隙合成磁场,转子受到一个驱动性质的电磁转矩作用,此时可以想象为由气隙合成磁场拖着转子磁场同步转动。

综上所述,同步电机有以下几种运行状态。

第一,$90°>\delta>0°$ 时,同步电机处于发电状态,向电网输送有功功率,同时也可输送或吸收无功功率。

第二,$\delta=0°$ 时,同步电机处于发电机空载运行状态,只向电网送出或吸收无功功率。

第三,从 $\delta\approx0°$ 时,δ 为负值,同步电机处于电动机空载运行状态,从电网吸收少量有功功率。供给电机空转损耗,并可向电网送出或吸收无功功率。

第四,$-90°<\delta<0°$ 时,同步电机处于电动机运行状态,从电网吸收有功功率,同时可向电网送出或吸收无功功率。

二、同步电动机的基本方程式和相量图

按照发电机惯例,同步电动机为一台输出负的有功功率的发电机,其隐极电机的电动势方程式为

$$\dot{E}_0 = \dot{U} + U_a \dot{I} + jX_t \dot{I}$$

此时 $\dot{E}_0$ 滞后于 $\dot{U}$ 一个功率角 δ,$\varphi>90°$。其相量图和等效电路如图 8-3(a)、(c)所示。习惯上,人们总是把电动机看成电网的负载,它从电网吸取有功功率。因此,按照电动机惯例重新定义,把输出负值电流看成输入正值电流,则 I 应转过 $180°$,其电动势相量图和等效电路如图 8-16(b)、(c)所示。此时 $\varphi<90°$,表示电动机自电网吸取有功功率。其电动势方程式为

$$\dot{U} = \dot{E}_0 + R_a \dot{I}_M + jX_t \dot{I}_M$$

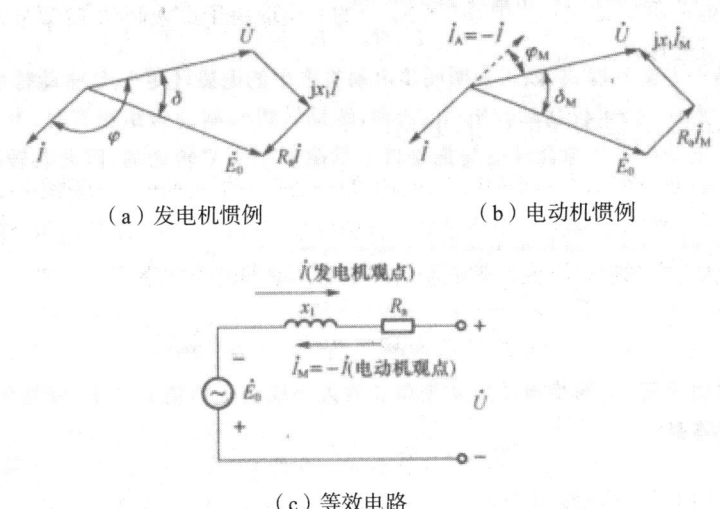

(a)发电机惯例　　　　　　(b)电动机惯例

(c)等效电路

图8-3　隐极同步电动机的相量图和等效电路

同步电动机的电磁功率 P_M 与功率角 δ 的关系和发电机的 P_M 与 δ 的关系一样,所不同的是在电动机中功率角 δ 变为负值。因此,只需在发电机的电磁功率公式中用 $\delta_M = -\delta$ 代替即可。于是,同步电动机电磁功率公式为

$$P_M = \frac{mE_0 U}{X_t}\sin\delta_M$$

式 $\dfrac{mE_0 U}{X_t}\sin\delta_M$ 除以同步角速度 Ω_1,便得到同步电动机的电磁转矩为

$$T = \frac{mE_0 U}{X_t \Omega_1}\sin\delta_M$$

同步电动机稳定运行时,一般 λ_m 为 2～3,δ_{MN} 为 20°～30°。

由于同步电动机运行状态从机——电能量转换角度来看,是同步发电机运行状态的逆过程,由此可得同步电动机的功率方程式为

$$P_1 = P_{Cu} + P_M$$
$$P_M = P_{Fe} + P_\Omega + P_{ad} + P_2 = P_2 + P_0$$

将式两边同除同步角速度 Ω_1,得

$$T = T_2 + T_0$$

此式为转矩平衡方程式,该式表明同步电动机产生的电磁转矩 T 是驱动转矩,其大小等于负载制动转矩 T_2 和空载制动转矩 T_0 之和,驱动转矩与制动转矩相等时,电动机稳定运行。由于同步电动机是气隙合成磁场拖着转子励磁磁场同步转动的,因此其转速总是同步转速不变。当负载制动转矩 T_2 变化时,转子转速瞬间改变,功率角 δ 随之改变,电磁

转矩 T 也相应变化以保持转矩平衡关系不变，维持稳定状态。

当励磁电流不变时，同步电动机功率角的大小取决于负载制动 T2 转矩的大小，而不取决于电动机本身。

三、同步电动机的 V 形曲线

与同步发电机相似，当同步电动机输出的有功功率恒定而改变其励磁电流时，也可以调节电动机的无功功率输出。为简单起见，仍以隐极电机为例，不计电枢电阻和磁路饱和的影响，且认为空载损耗不变，则电动机的电磁功率即输入功率不变，即

$$P_M = \frac{mE_0 U}{X_t} \sin\delta = mUI_M \cos\varphi = 常数$$

由此可得

$$E_0 \sin\delta = 常数，I_M \cos\varphi = 常数$$

如图 8-4 所示，当励磁电流变化时，$\dot{E}_0$ 的端点将在垂直线 CD 上移动，$\dot{I}_M$ 的端点将在水平线 AB 上移动。正常励磁时，电动机的功率因数等于 1，电枢电流全部为有功电流，故电流的数值最小。当励磁电流大于正常励磁电流，$I_f > I_{f0}$ 时，电动机处于过励状态，除有功电流外，电枢电流还将出现一个超前的无功电流分量，即电枢电流增大。当励磁电流小于正常励磁电流，即 $I_f < I_{f0}$ 时，电动机处于欠励状态，电枢电流将出现一个滞后的无功电流分量，即电枢电流也增大。所以电动机过励时，自电网吸取超前的无功电流和无功功率，功率因数是超前的；电动机欠励时，自电网吸取滞后的无功电流和无功功率，功率因数是滞后的。

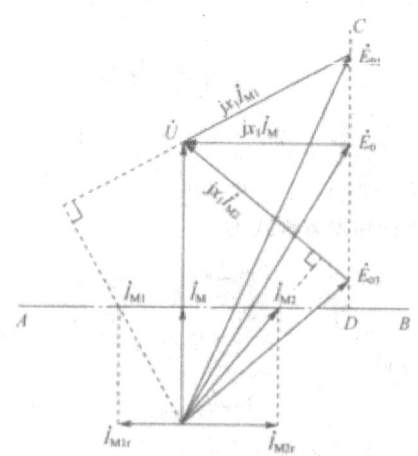

图8-4 同步电动机励磁电流变化时的相量图

由以上分析可知，同步电动机在输出有功功率恒定的情况下，励磁电流的改变将引起电枢电流的变化，曲线 $I_M = f(I_f)$ 仍旧形似 V 形，故称为同步电动机的 V 形曲线，如图 8-5 所示。图中列出了对应于不同的电磁功率时的 V 形曲线，其中 $P_M = 0$ 的一条曲线对应于同

步调相机的运行状态。

由于同步电动机的最大电磁功率 $P_{M\,max}$ 与 E_0 成正比，所以，当减小励磁电流时，其过载能力也要降低，而对应的功率角 δ 则增大。因此，当励磁电流减小到一定数值时，电动机就不能稳定运行而失去同步。图 8-5 中虚线表示出电动机不稳定区的界限。

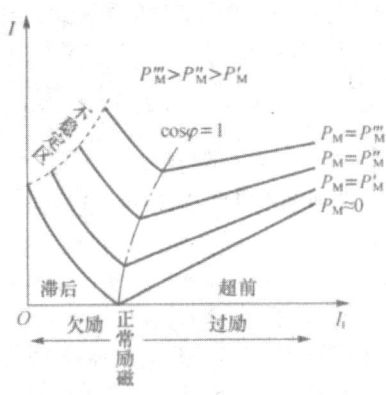

图8-5　同步电动机的V形曲线

调节励磁电流可以调节同步电动机的无功电流和功率因数，这是同步电动机最可贵的特点。电网上的主要负载是感应电动机和变压器，它们都要从电网中吸取感性的无功功率。如果将同步电动机工作在过励状态，从电网吸取容性无功功率，则可就地向其他感性负载提供感性无功功率，从而提高电网的功率因数。因此，为了改善电网的功率因数和提高电机的过载能力，现代同步电动机的额定功率因数一般均设计为 1～0.8（超前）。

四、同步电动机的启动

同步电动机的电磁转矩是由定子旋转磁场与转子励磁磁场间产生吸引力而形成的，只有两个磁场相对静止时才能得到恒定方向的电磁转矩。如给同步电动机加励磁并直接投入电网，由于转子在启动时是静止的，故转子磁场静止不动，定子旋转磁场以同步转速 n_1 对转子磁场作相对运动，则一瞬间定子旋转磁场将吸引转子磁场向前。由于转子具有转动惯量，还来不及转动，另一瞬间定子磁场又推斥转子磁场向后，转子上受到的便是一个方向交变的电磁转矩，如图 8-19 所示。转子所受的平均转矩为零，故同步电动机不能自行启动。要启动同步电动机，就必须借助于其他方法。

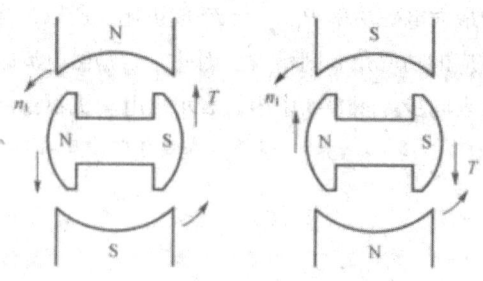

图8-6

常用的启动方法有3种,即辅助电动机启动法、变频启动法和异步启动法。这里主要介绍应用最广的异步启动法。

1. 异步启动法

异步启动法是通过在凸极式同步电动机的转子上装置阻尼绕组来获得启动转矩的。阻尼绕组和异步电动机的笼形绕组相似,只是它装在转子磁极的极靴上,有时就称同步电动机的阻尼绕组为启动绕组。

同步电动机的异步启动方法如下。

第一,将同步电动机的励磁绕组通过一个电阻短接,如图8-7所示。短路电阻的大小约为励磁绕组本身电阻的10倍。

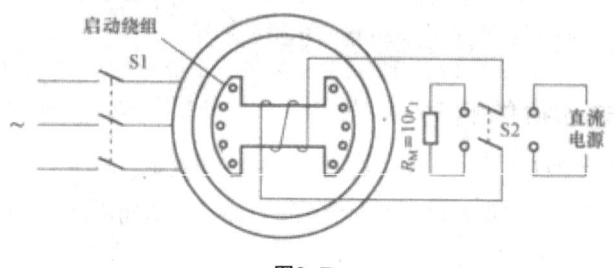

图8-7

第二,将同步电动机的定子绕组接通三相交流电源。这时定子旋转磁场将在阻尼绕组中感应电动势和电流,此电流与定子旋转磁场相互作用而产生异步电磁转矩,同步电动机便作为异步电动机而启动。

第三,当同步电动机的转速达到同步转速的95%时,将励磁绕组与直流电源接通,则转子磁极就有了确定的极性。这时在转子上增加了一个频率很低的交变转矩,即转子磁场与定子磁场之间的吸引力产生的整步转矩,将转子逐渐牵入同步。凸极同步电动机由于有磁阻转矩比隐极机更易牵入同步,当容量小、惯性小时,仅靠磁阻转矩也常可牵入同步。同步电动机牵入同步是一个复杂的过渡过程,如果条件不满足,则不一定能成功。一般地说,在牵入同步前转差越小,同步电动机的转动惯量越小,负载越轻,牵入同步越容易。

如果电动机在正常励磁电流下牵入同步运行失败,则可采用强迫励磁措施,将励磁电流增大,这时最大电磁转矩将大幅度增加,牵入同步就比较容易。

三相同步电动机的异步启动和三相异步电动机启动一样,为了限制过大的启动电流。可以采用降压方法启动。通常采用自耦变压器或电抗器来降压,在转速接近同步速时,先恢复全电压,然后再给予直流励磁使同步电动机牵入同步运行。

2. 辅助电动机启动法

如果同步电动机中没有设启动绕组,可以用辅助启动法启动,即用一台异步电动机或其他动力机械把转子加速到接近同步转速时脱开,再通入定子电流及励磁电流,使电动机进入同步运行。此法的缺点是不能带负载启动,否则辅助异步电动机的容量将很大,启动设备和操作也变得很复杂。

3. 变频启动法

变频启动法需要一个能够把电源频率从零逐步调节到额定频率的变频电源。这样就可把旋转磁场的转速从零调到额定同步转速。在启动的整个过程中,转子的转速始终与定子旋转磁场的转速同步。此法的主要不足之处是需要一个变频电源,并且励磁机不能和主机同轴,因为一开始就需要对励磁绕组通入所需要的励磁电流,如果同轴,励磁机在最初转速很低时,无法产生所需要的励磁电压。

同步电动机的优点:同步电动机与同步发电机的区别在于有功功率的传递方向不同。同步发电机向电网馈送有功功率,因而其功率角为正值。同步电动机从电网吸收有功功率,因而其功率角为负值。

同步电动机主要优点有以下几方面。

(1)转速恒定

只要负载在允许的范围内变化,电动机的转速就始终保持同步。

(2)功率因数可调节

不但其本身具有很好的功率因数,而且过励状态时还可以改善电网的功率因数。

(3)电网电压变化时,过载能力变化小

对隐极机而言,同步电动机的最大电磁转矩与电网电压及空载电势成正比,而异步电动机的最大电磁转矩与电网电压的平方成正比。

(4)同步电动机当调节励磁电流时可以改变最大电磁转矩。

第四节 同步电动机的调相运行及同步调相机

接到电网上的负载,绝大多数既消耗有功功率,又消耗无功功率。因此电力系统除了要供给负载有功功率外还供给无功功率。一个现代化的电力系统,异步电动机负载需要的无功功率占电网供给的总无功功率的70%,变压器占20%,其他设备占10%。这些无功功率完全由电网供给，就会导致功率因数降低。电网的传输能力是一定的，负载功率因数越低，电网能输送到用电点的有功功率就越小，致使整个电力系统的设备利用率降低，因此在负载需要大量无功功率的用电点，装上同步调相机补偿负载所需的无功功率，以提高电网的功率因数。另外，还可以让同步电动机做调相运行向电网提供无功功率。

一、同步电动机调相运行

同步电动机处于空载运行状态，从电力系统吸收少量有功功率，抵偿电机运转的各种损耗，并向电力系统送出无功功率，即同步电动机调相运行。其方式为增加转子励磁电流，使电机在过励状态下运行，向电网输送无功功率，此时，应当控制转子电流和定子电流不超过额定值，定子端电压不超过额定值的 10%。

二、同步调相机

通常所说的发电机和电动机，仅是对有功功率而言的，当电机向电网输出有功功率时便为发电机运行，当电机从电网吸收有功功率时便为电动机运行。同步电机也可以专门供给无功功率，特别是感性无功功率，这种专供无功功率的同步电机称为同步调相机或同步补偿机。

同步调相机实际上就是一台在空载运行情况下的同步电动机。它从电网吸收的有功功率仅供给电机本身的损耗，因此同步调相机总是在接近于零的电磁功率和零功率因数的情况下运行，忽略调相机的全部损耗，则电枢电流全是无功分量，其电动势方程式为

$$\dot{U} = \dot{E}_0 + j\dot{I}X_t$$

同步调相机的额定容量是指它在过励时的视在功率，通常按过励状态时所允许的容量而定，这时的励磁电流称为额定励磁电流。考虑到稳定等因素，欠励时的容量为过励时额定容量的 50%～65%。同步调相机一般采用凸极式结构，由于转轴上不带机械负载，故在机械结构上要求较低，转轴较细。静态过载倍数也可以小些，相应地可以减小气隙和励磁绕组的用铜量。为节省材料，调相机的转速较高。调相机的转子上装有鼠笼绕组，用于异步启动。启动时常采用电抗器降压法，以限制启动电流，减少启动对电网的影响。

三、同步电动机的应用

现代工、农业中的驱动电机常用的有交流异步电动机、有刷直流电动机和永磁同步电动机（包括无刷直流电动机）3 类。

按照不同的工农业生产机械的要求，电机驱动又分为定速驱动、调速驱动和精密控制驱动 3 类。

1. 定速驱动

工、农业生产中有大量的生产机械要求连续地以大致不变的速度单方向运行，如风

机、泵、压缩机、普通机床等。对这类机械以往大多采用三相或单相异步电动机来驱动。异步电动机成本较低、结构简单牢靠、维修方便,很适合该类机械的驱动。但是,异步电动机效率、功率因数低、损耗大,而该类电机使用面广、量大,故有大量的电能在使用中被浪费。

近年来的实践表明,在功率不大于10kW而连续运行的场合,为减小体积、节省材料、提高效率和降低能耗等因素,越来越多的异步电动机驱动正被永磁无刷直流电动机逐步替代。而在功率较大的场合,由于一次成本和投资较大,除了永磁材料外,还要求功率较大的驱动器。

2. 调速驱动

有相当多的工作机械,其运行速度需要任意设定和调节,但速度控制精度要求并不非常高。这类驱动系统在包装机械、食品机械、印刷机械、物料输送机械、纺织机械和交通车辆中有大量应用。

交流永磁同步电动机由于其体积小、重量轻、高效节能等一系列优点,越来越引起人们的重视,其控制技术日趋成熟,控制器已产品化。中小功率的异步电动机变频调速正逐步被永磁同步电动机调速系统所取代,电梯驱动就是一个典型的例子。

3. 精密控制驱动

(1) 高精度的伺服控制系统

伺服电动机在工业自动化领域的运行控制中扮演了十分重要的角色,应用场合的不同对伺服电动机的控制性能要求也不尽相同。实际应用中,伺服电动机有各种不同的控制方式,如转矩控制、电流控制、速度控制、位置控制等伺服电动机系统也经历了直流伺服系统、交流伺服系统、步进电机驱动系统,直至近年来最为引人注目的永磁电动机交流伺服系统。目前,各类自动化设备、自动加工装置和机器人等绝大多数都采用永磁同步电动机的交流伺服系统。

(2) 信息技术中的永磁同步电动机

当今信息技术高速发展,各种计算机外设和办公自动化设备也随之高速发展,与其配套的关键部件微电机需求量大,精度和性能要求也越来越高。对这类微电机的要求是小型化、薄形化、高速、长寿命、高可靠、低噪声和低振动,精度要求特别高。例如,硬盘驱动器用主轴驱动电机是永磁无刷直流电动机,它以近 $10\ 000 r/min$ 的高速带动盘片旋转,盘片上执行数据读写功能的磁头在离盘片表面只有 $0.1 \sim 0.3 \mu m$,做悬浮运动,其精度要求之高可想而知。信息技术中各种设备所使用的驱动电机绝大多数是永磁无刷直流电动机。

同步电机是根据电磁感应原理工作的,其最基本的特点是电枢电流的频率与转速有着严格的关系;当电网频率一定时,同步电机转速为恒定值;在结构上一般采用旋转磁极式。

汽轮发电机由于转速和容量大,一般采用卧式隐极结构;水轮发电机则多为立式凸极结构;一般用途的同步电动机和调相机多数为卧式凸极结构。

在对称负载中，电枢磁场对气隙磁场的影响称为电枢反应。电枢反应的性质取决于负载的性质和电机内部的参数，即取决于励磁电动势 E_0 和电枢电流 I 之间的夹角 ψ。带感性负载运行时，电枢磁动势可分解为交轴电枢反应磁动势和去磁的直轴电枢反应磁动势。交轴电枢反应是机—电能量转换的关键。

基本方程式和相量图对分析同步电动机各物理量之间的关系非常重要。在不考虑饱和时，可认为各个磁通势分别产生磁通及感应电动势，并由此作出电动势方程式及相量图。

并联运行是现代同步发电机的主要运行方式。采用并联运行可提高供电可靠性，改善电能质量，实现经济运行。并联方法有准同期法和自同期法。自同期法主要用于事故状态下的并网。

并联运行的主要特性是功率角特性，用它可以分析同步发电机并入电网后的有功功率和无功功率的调节方法。若要调节输出的有功功率，就必须改变原动机输出机械功率，此时无功功率随之改变。有功功率的调节表现为功率角的变化。当要调节无功功率输出时，只要改变励磁电流大小，此时有功功率输出不变。无功功率的调节表现为空载电动势和功率角同时变化。有功功率的调节受到静态稳定的限制，调节励磁电流以改变无功功率时，如果励磁电流调得过低，则也有可能使电机失去稳定而被迫停止运行。

同步电动机与同步发电机的区别在于有功功率的传递方向不同。同步发电机向电网输送有功功率，因而其功率角为正值。同步电动机从电网吸收有功功率，因而其功率角为负值。

同步电动机不能自行启动是其主要问题。现在广泛应用的是异步启动法。

同步调相机实质上就是空载运行的同步电动机。作为无功功率电源，同步调相机对改善电网的功率因数、保持电压稳定及电力系统的经济运行起着重要的作用。

习 题

1. 什么叫作同步电机？1 500r/min、50Hz 的同步电机是几极的？该电机应是隐极结构还是凸极结构？
2. 为什么大容量同步电机都采用旋转磁极式结构？
3. 一台汽轮发电机的额定功率为 100 000kW，额定电压为 10.5kV，额定功率因数为 0.85，求其额定电流。
4. 简述同步电机与异步电机在结构上的不同之处。
5. 什么叫作同步发电机的电枢反应？
6. 简述三相同步发电机准同期法投入并联的条件以及为什么通常不采用自同期法并联。
7. 从同步发电机过渡到同步电动机时，功率角、电枢电流、电磁转矩的大小和方向有何变化？

8. 改变励磁电流时，同步电动机的定子电流发生什么变化？对电网有什么影响？

9. 什么叫作同步电动机的 V 形曲线？

10. 同步电动机为什么不能自行启动？一般采用哪些启动方法？

11. 三相异步电动机采用异步启动法时，为什么其励磁绕组要先经过附加电阻短接？

第九章 电动机的选择

 导读

  电力拖动系统中,为使系统经济可靠地运行,必须根据生产机械的工艺要求及使用环境,综合考虑电动机的种类、结构类型、额定电压、额定转速、额定功率等几个方面的选择。

  生产机械对电动机的最基本要求是在可靠的、经济的基础上保证生产机械的生产效率。为了满足这一要求,首先电动机的功率应符合要求,由于机器的性能和工作状态是多种多样的,所以拖动电动机额定功率的计算越来越复杂。电动机额定功率不足时,不可避免地产生电动机过热,以致损坏电动机;或者在保持电动机不过热的情况下,降低了机器的生产效率。电动机额定功率取的过大也是不合理的,这时不仅电动机体积大,占地面积大,价格贵,而且由于欠载运行力能指标——效率、功率因数等也差,给供电电网运行亦造成附加困难。

  另外,电动机长时间运行所能承担的恒定负载(即额定功率)是受它本身发热的限制。电动机在工作的同时有铜损、铁损和机械损耗产生,这些损耗变成为热能,而最终要散失在周围空气中。但是,由电机损耗所产生的热量在起初阶段大部分是使电机温度升高,而少部分散失到周围空气中去;然后随着电机温度升高,热量分配发生变化,小部分使电机温度升高,大部分散失到周围空气中去;最后在恒定负载情况下,电动机的温度达到了稳定值。

  在一般情况下,拖动电动机的负载是变化的,而且有时具有较大的冲击。这种冲击负载对电机的发热可能影响不大,但是电动机瞬时过载能力是有限的,所以在确定电动机功率的同时,要考虑拖动电动机所能承受的瞬时过载能力。除了根据机器要求选择电动机容量外,还要根据工作环境选择电动机的冷却方法和防护形式。综合以上分析,对电动机的选择是受多种因素制约的,根据电力拖动系统的要求,按照一定原则选择电动机。

学习目标

1. 理解电机发热和冷却的原理
2. 理解电动机的工作机制
3. 理解电动机的额定功率

第一节　电动机的发热和冷却

电流流过电动机的定子绕组时会产生一定的铜损耗，磁通在铁芯内变化时会产生一定的铁损耗，轴承摩擦会产生一定的机械损耗及附加损耗等。这些在电动机工作过程中产生的损耗会转化成热量导致电动机的温度升高。但电动机的耐热性一般较差，过高的温度将导致电动机的绝缘材料容易老化、变脆，甚至失去绝缘性，从而缩短电动机的使用寿命。

通常把电动机温度与周围环境之间的温度之差，称为温升。为了限制电动机的温升，需要对其进行冷却，即电动机产生的热量首先通过传导传送到电动机的外表面，然后通过辐射和对流作用将热量从电动机的外表面散发到周围冷却介质中去，从而提高其传热和散热的能力。因此，电动机的发热和冷却是选择电动机容量时最基本的因素。

电动机容量的选择，实际上就是校验电动机运行时温度（或温升）是否超过绝缘材料允许值，如果小于国家标准规定的限值，则说明选择的容量是合理的。下面介绍的电动机的热过程动态方程式描述了电动机的发热和冷却过程。

1. 电动机热平衡方程

电动机运行时产生的各种损耗将转换成热能，这些热能使电动机的温度升高。当电动机的温度高于周围冷却介质时，电动机会通过辐射和对流向周围冷却介质散发热量。温度越高，散热越快。当单位时间内电动机产生的热量等于单位时间内电动机散发的热量时，电动机的温度不再升高而达到稳定值不变，即电动机处于热平衡状态。

由于电动机的组成材料有很多种，同时在电动机中存在绕组、铁芯等物理性质不同的热源，所以电动机的发热过程非常复杂。因此，为了简化问题有如下假设。

第一，把电动机看成是一个各部分温度相同的均匀整体；各部分的热容量相等；表面各部分的散热系数相等，且为常数。

第二，周围环境温度不变时，电动机的散热量与温升（电动机与周围介质温度之差）成正比；

第三，电动机长期运行，负载不变，总损耗不变。

电动机工作时产生的热量可以分成两部分，一部分散发到周围介质中去，另一部分存储在电动机内部，使电动机的温度升高。根据能量守恒原理，可写出电动机的热平衡方程为

$$Qdt = Cd\tau + A\tau dt$$

根据以对电动机发热过程的分析，得出如下结论。

第一，电动机发热过程中，温升随时间变化按指数规律变化。

第二，电动机最后的稳定温度与电动机单位产生的热量以及散热系统有关，而与电动

机的热容量无关。

第三,发热时间常数反映了热惯性对温度变化的影响。

第四,增大散热面积,可降低温升,所以很多电动机采用风扇冷却,机壳带散热筋的结构形式。

3. 电动机的冷却过程分析

电动机的冷却过程包括两种情况:一种是电动机停止运行时,电动机的损耗为零,内部不再产生热量,此时电动机的温度逐渐降低,最后冷却到与周围环境温度相同;另外一种情况是电动机在运行中,在温度升高后减小其负载,电动机产生的热量减小,本身的热平衡状态被破坏,发热少于散热,电动机的温升降低。

和发热过程微分方程一样,冷却过程微分方程为

$$\tau = \tau_s' + (\tau_0' - \tau_s')e^{-t/T'}$$

第二节 电动机的工作制

一、电动机选择的原则

为生产机械选择电动机的种类,首先应该满足生产机械对电动机启动、调速性能和制动的要求,在此前提下考虑经济性。交流电动机比直流电动机结构简单、运行可靠、维护方便、价格便宜。在这些方面,鼠笼式异步电动机就更为优越。所以,在满足工艺要求的前提下,应尽量选用交流电动机。但是,从我国目前情况看,在对调速性能要求高,且要求快速,平滑启、制动时,还要选用直流电动机。具体选择如下:

第一,尽量优先选用交流笼型异步电动机,因其结构简单、维护方便,如水泵、机床、通风机等。

第二,绕线式异步电动机能限制启动电流和提高启动转矩,主要用于起重机、矿井提升机等。

第三,滑差电动机和交流换向器电动机,主要用于平滑调速但调速范围不大的场合,如纺织、造纸等。

第四,当电动机功率较大且无调速要求时,可选用交流同步电动机,以提高功率因数;交流电动机功率可达几万 kW、额定电压高达 6000 V 甚至 150000 V,转速可高达几万~几十万 r/min。

第五,直流电动机调速性能优异,主要用于调速范围要求很大的场合。例如高精度数控机床、龙门刨床、可逆轧钢机、连轧机、造纸机等,一般是选用的他励直流电动机。

在电动机形式的选择方面,由于电动机与工作机械有不同的连接方式,同时生产机械

的工作环境差异很大,因此应当根据具体的生产机械类型、工作环境等来确定电动机的结构形式。

二、电动机的工作制

电动机有三种工作制,即连续工作制、短时工作制和周期性断续工作制。

1. 电动机的连续工作制

连续工作制是指电动机在拖动恒定负载下持续运行的工作方式,电动机工作时间 $t_w >$ (3~4)T 足以使电动机的温升达到稳态值而不超过允许值。连续工作制又称为长期工作制,当电动机铭牌没有说明其工作方式时,都是采用连续工作制。这种工作状态下一般负载类型是恒定的,如水泵、造纸机等。

2. 电动机的短时工作制

短时工作制是指电动机拖动恒定负载时电动机的工作时间 $t_w <$ (3~4)T,该运行时间不足以使电动机达到稳定温升,温升还没有达到稳定值电动机就断电停转,在停转时间内电动机冷却到周围介质温度。这种工作制常用于水闸启闭机、冶金用的电动机、起重机中的电动机等。

为了充分利用电动机,用于短时工作制的电动机在规定的运行时间内应达到允许温升,并按照这个原则规定电动机的额定功率,即按照电动机拖动恒定负载运行,取在规定的运行时间内实际达到的最高温升恰好等于容许最高温升时的输出功率,作为电动机的额定功率。

3. 电动机的周期性断续工作制

周期性断续工作制是指电动机在恒定负载下按相同的工作周期运行,每个周期中工作和停歇交替进行,但时间都比较短。在工作时间,电动机的温升达不到稳定温升,而在停歇时间,电动机的温升也不会降为零。

第三节 电动机类型、电压和转速的选择

电动机的选择包括电动机额定容量选择,电动机类型、形式、额定电压和额定转速的选择。

一、电动机的类型选择

在满足生产机械对拖动系统静态和动态特性要求的前提下,选择电动机种类时要力求结构简单、运行可靠、维护方便、价格低廉。

1. 电动机的主要类型

（1）异步电动机

结构简单、运行可靠、维护方便和价格低廉。鼠笼式异步电动机的启动和调速性能差，功率因数低，常用于不要求调速而且对启动性能要求不高的生产机械，如通风机、电扇、洗衣机等。绕线式异步电动机通过在转子回路串联电阻限制启动电流、增大启动转矩和改变转速，常用于启动制动频繁的生产机械，如电梯、起重机等。

（2）同步电动机

可以通过调节励磁电流来调节功率因数，对电网进行无功补偿。对于功率较大而且不需要调速的生产机械常采用同步电动机拖动。

（3）直流电动机

启动性能和调速性能优异，但其结构复杂、成本高、存在换向问题。

2. 电动机类型选择时需要考虑的主要特点与性能

1）电动机的机械特性

生产机械具有不同的转速和转矩特性，要求电动机的机械特性与之相适应。如要求负载变化时转速恒定不变，就要选择同步电动机。

2）电动机的调速性能

电动机的调速性能指标包括调速范围、平滑性、调速系统的经济性、调速静差率等，其应该满足生产机械的要求，如调速范围要求较大的要选用异步电动机。

3）电动机的启动性能

对于启动转矩要求不高的，如机床，可以选用鼠笼式异步电动机；对启动要求频繁的，要选用绕线式异步电动机。

4）经济性

在满足生产机械对于电动机启动、调速、制动等运行性能的要求前提下，优先考虑结构简单、价格便宜的电动机。

二、电动机的形式选择

按安装方式，电动机可分为立式和卧式两种，一般情况下采用卧式的，因为立式的价格较贵，只有在特殊场合才使用。

按电动机轴伸出端个数，电动机可分为单轴伸出端和双轴伸出端两种，大多数情况下用单轴伸出端的，特殊情况下用双轴伸出端的。

按防护方式，电动机可分为开启式、防护式、封闭式、密封式和防爆式等几种。

（1）开启式

这种电动机的定子两侧和端盖有很大的通风口，所以开启式电动机的散热好。但容易浸入灰尘、水汽、油污和铁屑等，只能在清洁、干燥的环境中使用。

（2）防护式

这种电动机的机座下有通风口，所以通风条件较好，同时可以防止外界物体从上面落入电动机内部，可以防滴、防溅水及防雨，但不能防止潮气和灰尘浸入电动机内部。适合在比较干燥、没有腐蚀性和爆炸性气体的环境使用。

（3）封闭式

这种电动机的机座和端盖都没有通风口，是完全封闭的。封闭式电动机又分为自扇冷式、他扇式和密封式等三种。前两种可用于在潮湿、多腐蚀性灰尘、易受风雨侵蚀的环境中；第三种因为密封，水和潮气不能侵入电动机，一般用于浸入水中的机械（如潜水泵电动机）。

（4）防爆式

这种电动机在封闭的基础上制成隔爆形式，机壳有足够的强度。这种电动机应用于存在有爆炸危险的环境，如油库、煤气站等。

三、电动机的额定电压选择

决定电动机的功率时，要考虑电动机的发热和允许过载能力。对于鼠笼式异步电动机，还要考虑启动能力，其中最重要的是发热问题。额定功率的选择是本小节的重点内容。在一般情况下，拖动电动机的负载是变化的，而且有时具有较大的冲击。这种冲击负载对电机的发热可能影响不大，但是电动机瞬时过载能力是有限的，所以在确定电动机功率的同时，要考虑拖动电动机所能承受的瞬时过载能力。

电动机的额定电压的等级、相数、频率选择应依据与电网电压一致的原则。

一般工厂企业的低压电网为 380 V，因此中小型电动机都是低压的，采用星形连接时额定电压为 380 V，采用三角形连接时额定电压为 220 V。

当电动机的功率较大，且供电电压为 6000 V 及 10000 V 时，可选用 6000 V 甚至 10000 V 的高压电动机。

当直流电动机由单独的直流电源供电时，电动机额定电压常用 110 V 或 220 V；大功率的电动机可提高到 600 V 或 800 V，甚至 1000 V。当直流电动机由晶闸管整流电源供电时，则应配合不同的整流电路。

四、电动机的额定转速选择

额定功率相同的电动机，额定转速高时，其体积小、价格低，由于生产机械对转速有一定的要求，电动机转速越高，传动机构的传动比就越大，导致传动机构复杂，增加了设备成本和维修费用。因此，应综合考虑电动机和生产机械两方面的各种因素后，再确定较为合理的电动机额定转速。

对于很少启动、制动或反转的连续运转的生产机械，可从设备初投资、占地面积和运行维护费用等方面考虑，确定几个不同的额定转速，进行比较，最后选定合适的传动比和电动机的额定转速。

电动机经常启动、制动和反转，但过渡过程持续时间对生产率影响不大的生产机械，主要根据过渡过程所需能量最小的条件来选择电动机的额定转速。

电动机经常启动、制动和反转，且过渡过程持续时间对生产率影响较大的生产机械，则主要根据过渡过程时间最短的条件来选择电动机的额定转速。

第四节　电动机额定功率的选择

电动机额定功率是电动机使用的限度，电动机的额定功率应根据生产机械所需要的功率来选择，尽量使电动机在额定负载下运行，同时还要考虑经济效益。选择时应注意以下两点。

第一，如果电动机功率选得过小，就会出现"小马拉大车"现象，造成电动机长期过载，其绝缘会因发热而损坏，甚至导致电动机被烧毁。

第二，如果电动机功率选得过大，就会出现"大马拉小车"现象。其输出机械功率不能得到充分利用，功率因数和效率都不高，不但对用户和电网不利，而且还会造成电能浪费。确定电动机额定功率的最基本的方法是，依据机械负载变化的规律，绘制电动机的负载图，然后根据电动机的负载图计算电动机的发热和温升曲线，从而确定电动机的额定功率。所谓负载图，是指功率或转矩与时间的关系图。

电动机额定功率选择的一般步骤如下所示。

第一，计算负载功率，若负载为周期性变动负载，还需要作出负载图 $P_L=f(t)$。

第二，根据负载功率，预选电动机的额定功率及其他。

第三，校核预选电动机，包括发热温升校核、过载能力的校核以及启动能力的校核，其中主要是发热温升校核。

电动机的负载，按其负载的大小是否变化可分为两类。一类为恒值负载，即在运行中，负载的大小基本是恒定的；另一类为变化的负载，即在运行中，负载的大小变化较大，但在大多数具有周期性变化的规律。

一、连续工作制电动机额定功率的选择

1. 带恒定负载时额定功率的选择

在选择连续恒定负载的电动机额定功率时，按设计手册计算出负载所需功率 P_L，选择额定功率 P_N 略大于或等于 P_L。因为连续工作制电动机的启动转矩和最大转矩都大于额定转矩，所以除电动机重载外，不用校验启动能力和过载能力。

2. 带周期性变化负载时额定功率的选择

当电动机拖动周期性变化负载时，其温升也必然做周期性的波动。在变化负载下，可

以根据负载预选一台电动机,然后给出电动机拖动该负载运行时的发热曲线,并校验温升最大值是否超过电动机温升允许值。

二、短时工作制电动机额定功率的选择

短时工作制的特点是工作时间很短,在工作时间内电动机的温升达不到稳定值,而停歇时间很长,电动机的温度降为零。

短时工作制的负载,应选用专用的短时工作制电动机。在没有专用电动机的情况下,也可以选用连续工作制电动机或断续周期工作制电动机。

1. 选用连续工作制电动机

短时工作的生产机械,也可选用连续工作制的电动机。这时,从发热的观点上看,电动机的输出功率可以提高。为了充分利用电动机,选择电动机额定功率的原则应是在短时工作时间 tR 内达到的温升恰好等于电动机连续运行并输出额定功率时的稳定温升,即电动机绝缘材料允许的最高温升。

2. 选用短时工作制电动机

短时工作制电动机的额定功率是与铭牌上给出的标准工作时间(10、30、60、90 min)相应的,如果短时工作制的负载功率恒定,并且工作时间与标准工作时间一致,这时只需选择具有相同标准工作时间的短时工作制电动机,并使电动机的额定功率稍大于负载功率即可。对于变化的负载,可用等效法算出工作时间内的等效功率来选择电动机,同时还应进行过载能力与启动能力的校验。

三、周期性断续工作制电动机额定功率的选择

周期性断续工作制工作周期短,启动、制动频繁,因此一般应选用电动机厂家专门设计的断续工作制电动机。断续周期工作制的电动机,其额定功率是与铭牌上标出的负载持续率相应的。

如果负载图中的实际负载持续率 FS% 与标准负载持续率 FSN%(15%,25%,40%,60%)接近,且负载恒定时,可直接按产品样本选择合适的电动机。

当 FS% 与 FSN% 相差较大时,则需将生产机械实际负载功率转换成标准的负载功率。预选电动机容量应满足

$$P_N \geq P_L \sqrt{\frac{FS\%}{FSN\%}}$$

若 FS% < 10% 时,选短时工作制电动机;FS% > 70% 时,选连续工作制电机。

习 题

1. 电机运行时温度按什么规律变化？两台同样的电动机，在下列条件下拖动负载运行时，它们的温度是否相同？发热时间常数是否相同？

2. 电动机的温度只受哪些因素影响？可以采取哪些措施来降低电动机的温升。

3. 电动机的额定功率为何主要受温度所限制？同一台电动机当分别在连续工作制、短时工作制和周期性断续工作制工作方式下，它的额定功率相同吗？哪一种工作方式下电动机的额定功率最小？

4. 一台连续工作方式的电动机额定功率为 P_N，如果在短时工作方式下运行时额定功率应该怎样变化？

5. 电动机运行时热量来源是什么？

6. 一台电动机周期性的工作 15 min，停机 85 min，它的负载持续率为 15%，对吗？它应属于哪一种工作方式？

第十章　微特电机与控制电机

 **导读**

在普通旋转电机的基础上产生的各种控制电机与普通电机本质上并没有差别，只是着重点不同：普通旋转电机主要是进行能量变换，要求有较高的力能指标；而控制电机主要是对控制信号进行传递和变换，要求有较高的控制性能，如要求反应快、准确度高、运行可靠等。控制电机因其各种特殊的控制性能而常在自动控制系统中作为执行元件、检测元件和解算元件。

控制电机体积小，功率小，通常在几百瓦以下。本章主要介绍伺服电动机、步进电动机、旋转变压器、自整角机、测速发电机、无刷直流电动机。

驱动微特电机结构简单、体积小、功率也小，主要用来驱动各种轻型负载。本章主要介绍单相异步电动机、微型同步电动机、直线电动机、开关磁阻电动机。

学习目标

1. 了解不同类型电动机的使用方式
2. 了解不同类型电动机工作原理
3. 了解不同类型电动机的应用

第一节　单相异步电动机

一、简介

单相异步电动机仅需单相电源即可工作，在快速发展的家用电器、医疗器械中得到非常广泛的应用。

单相异步电动机定子有两个绕组：一个叫主绕组，能够产生脉振磁场，但不能产生起动力矩；另一个叫辅助绕组，与主绕组一起使用时共同产生起动力矩。起动完毕之后，主绕组继续工作，而辅助绕组通过离心开关断开电源，故主绕组又叫工作绕组，辅助绕组又叫起动绕组。两个绕组均装在定子上，并且相差90°电角度。电动机的转子是笼型的。

二、工作原理

先来分析一下单相异步电动机只有一个绕组（工作绕组）时的磁动势和电磁转矩。工作绕组接入单相电源，产生的是脉振磁动势，据绕组磁动势理论知，一个正弦分布的脉振磁动势可以分解成两个幅值相等、转速相同（均为同步转速 n1）、转向相反的旋转磁动势。这两个旋转磁动势分别产生正转磁场 Φ + 和反转磁场 Φ −，作用于转子上，分别产生电磁转矩 T_+ 和 T_-。

设正转磁场的转向（逆时针方向）为正方向，那么转子对正向磁场的转差率 s+ 为：

$$s_+ = \frac{n_1 - n}{n_1} = s$$

对反转旋转磁场而言，电动机转差率 s− 为：

$$s_- = \frac{n_1 - (-n)}{n_1} = 2 - \frac{n_1 - n}{n_1} = 2 - s$$

正向电磁转矩 T_+、反向电磁转矩 T_- 及合成转矩 T 与转差率的关系如图 10-1 所示。

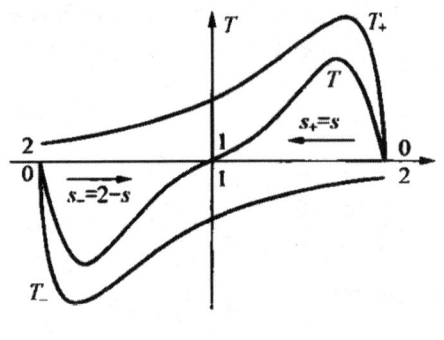

图10-1

由图 10-1 可知，当转子静止时，$s_+ = s_- = 1$，合成转矩为 0，故没有起动转矩。当转子受外力而正转时，$0 < s_+ < 1$，合成转矩为正，故外力消失后，电机仍能继续以正方向旋转，升速到合成电磁转矩与负载制动转矩平衡时，电机以稳定转速正方向旋转；同样，当受外力而反转时，$0 < s_- < 1$，合成转矩为负，故外力消失后，电机仍能继续以反方向旋转，升速到合成电磁转矩与负载制动转矩平衡时，电机以稳定速度反方向旋转。

总之，没有任何起动措施的单相异步电动机没有起动转矩，但一经起动，就会继续转动而不会停止，且能带一定的负载。

三、单相异步电动机的起动方法

要使单相异步电动机产生起动力矩，一个简单而有效的方法就是增加一个起动绕组，起动绕组接上单相电源后又建立一个脉振磁动势，且与原来的脉振磁动势位置不同，相位也不同，与工作绕组共同建立椭圆旋转磁场或圆形旋转磁场，从而产生起动力矩。

1. 电阻分相起动

单相异步电动机除工作绕组外，还装有起动绕组，起动绕组与工作绕组空间上相差电角度 90°，并在起动绕组中串入电阻 R，然后与工作绕组共同接到同一单相电源上，如图10-2 所示。辅助绕组串入电阻 R 后，起动绕组中电流 $\dot{I}_2$ 滞后电压 $\dot{U}_1$ 的相位角小于工作绕组中电流 $\dot{I}_1$ 滞后电压 $\dot{U}_1$ 的相位角，即起动绕组中的电流 $\dot{I}_2$ 超前于工作绕组中的电流 $\dot{I}_1$，如图 10-3 所示，两个电流有相位差，形成椭圆旋转磁场，从而产生起动转矩。

工作绕组与辅助绕组的阻抗都是电感性的，两个绕组的电流虽有相位差，但相位差并不大，所以在电动机气隙内产生的旋转磁场椭圆度较大，因而产生的起动转矩较小，起动电流较大。

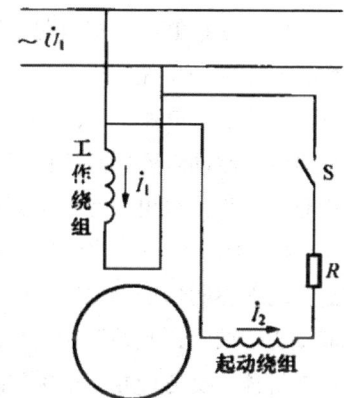

图10-2 单相异步电动机的电阻分相起动接线图

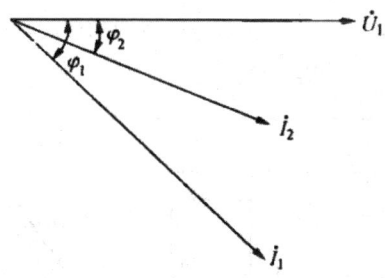

图10-3 电阻分相起动的相量图

单相异步电动机的辅助绕组也可不串接电阻 R，只需用较细的导线绕制辅助绕组，同时将匝数做得比工作绕组少一些，以增加其电阻、减少其电抗，也可达到串电阻的效果。

另外，在单相异步电动机起动后，为了保护起动绕组，同时减少损耗，常在起动绕组中串接离心开关 S，当电动机转子达到大约 75% 额定转速时，离心开关将自动断开，将起动绕组切除电源，让工作绕组单独运行。因此，起动绕组可以按短时工作设计。

如果需要改变电阻分相式电动机的转向，只要把并联接到单相电源的两绕组中任意一个首末端对调即可实现。

2. 电容分相

单相异步电动机电容分相起动，是在起动绕组中串接电容C，然后与主绕组（工作绕组）共同接到同一单相电源上，如图10-4所示，工作绕组的阻抗是电感性，其电流$\dot{I}_1$落后于电源电压$\dot{U}_1$，而串接了电容起动绕组的阻抗是容抗性的，其电流$\dot{I}_2$超前于电源电压$\dot{U}_1$，如图10-4所示。如果电容的参数选取的合适，可以使起动绕组的电流$\dot{I}_2$超前于工作绕组的电流$\dot{I}_1$ 90°电角度，那么在单相异步电动机气隙内建立起椭圆度较小（近似于圆形）的旋转磁场，从而可获得比较好的起动性能，起动电流较小，而起动力矩较大。

如果起动绕组是按短期工作设计，起动电容是按短期工作选取，那么可以在转子轴上安装离心开关S，当转速达到额定转速的75%左右时，离心开关在离心力的作用下自行断开，从而切断起动绕组的电源只让工作绕组单独运行，这种电机叫电容起动电机。

如果起动绕组是按长期工作设计，起动电容也是按长期工作选取，那么起动绕组不仅在单相异步电动机起动时用，而且还与工作绕组一起长期工作，这种电动机叫作电容电动机。实际上，电容电动机就是一台两相电动机，可以改善功率因数，提高电动机的过载能力。

如果所串的电容是按额定运行时获得圆形旋转磁场设计，则运行性能较好，但是起动性能较差些；如果加大电容，起动力矩较大，起动性能较好，但正常运行后，旋转磁场的椭圆度较大。既要得到较好的起动性能，又要使在正常工作时形成近似圆形的旋转磁场，那么可以把与起动绕组串联的电容采用两个电容并联的方式，如图10-5所示。起动时，两个电容C和C_s并联使用，起动力矩较大，当转速达额定转速的75%时，离心开关把正常时多余的电容二切除，使电机建立的磁场是近似的圆形旋转磁场。通过这些措施既可以获得较好的起动性能，同时也可获得较好的运行性能。

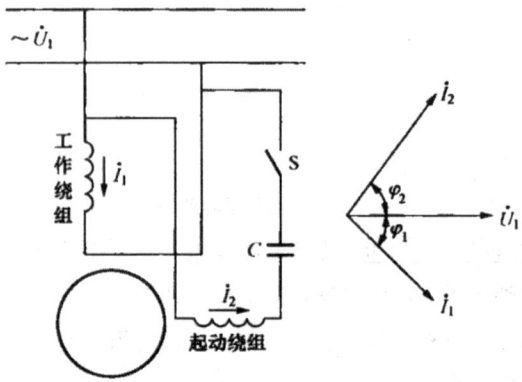

图10-4 电容分相起动接线图及相量图

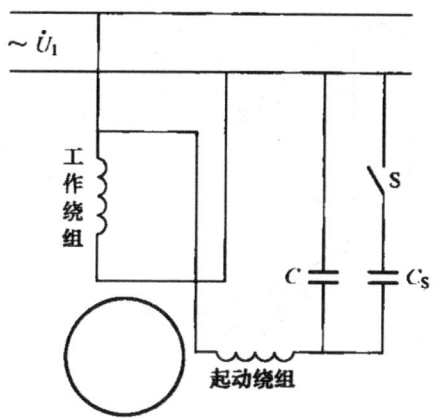

图10-5 电容电机的一种接线方式

与电阻分相一样,如果需要改变电容分相式电动机的转向,只要把并联接到单相电源的两绕组中任意一个首末端对调即可实现。

3. 罩极起动

罩极起动电动机的定子铁心通常做成凸极式,由硅钢片叠压而成。每个极上装有主绕组,即工作绕组,每个磁极极靴的一边开一个小槽,用短路铜环 K 把部分极靴罩起来,如图 10-6 所示。其实短路铜环 K 就相当于起动绕组。

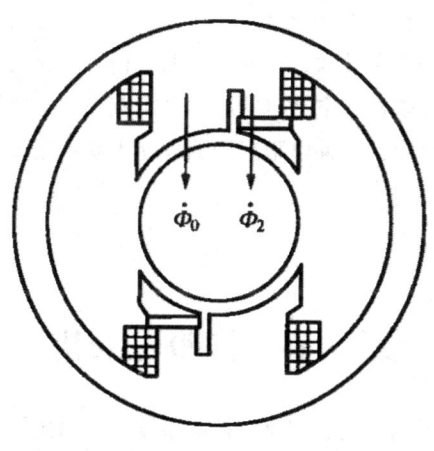

图10-6

当主绕组接入单相交流电源时,产生的磁通可分为两部分,一部分不穿过短路环 K,另一部分 $\dot{\Phi}_1$ 穿过短路环 K,则在短路环中感应电动势 $\dot{E}_K$,将产生电流 $\dot{I}_K$,$\dot{I}_K$ 也产生一个磁通 $\dot{\Phi}_K$。所以穿过短路铜环 K 的总磁通应是主绕组产生的通过短路环的磁通 $\dot{\Phi}_1$ 与 $\dot{I}_K$ 产生的磁通 $\dot{\Phi}_K$ 所合成,即穿过短路环 K 的总磁通 $\dot{\Phi}_2 = \dot{\Phi}_1 + \dot{\Phi}_K$,如图 10-7 所示。

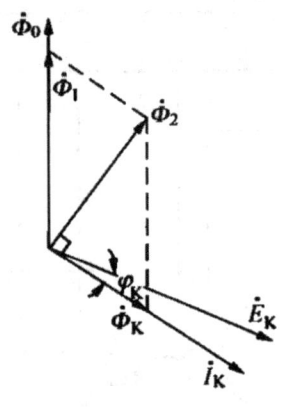

图10-7

由上面的分析可知，电动机气隙中未罩部分的磁通$\dot{\Phi}_0$与罩住部分的磁通$\dot{\Phi}_2$在空间上处于不同位置，在时间上又有一定的相位差，因此其合成的磁场是一个沿着一方向推移的磁场。由于$\dot{\Phi}_0$超前于$\dot{\Phi}_2$，故合成磁场从$\dot{\Phi}_0$推向$\dot{\Phi}_2$。这磁场实质是一种椭圆度很大的旋转磁场，电动机可产生一定的起动转矩，但起动转矩很小。

罩极电动机短路环的位置固定后，电动机的旋转方向不能改变。

四、单相异步电动机的应用

电容电动机的起动力矩相对较大，普遍用于电冰箱、洗衣机、空调机等家用电器中，容量从几十瓦到上千瓦；而罩极式电动机的起动力矩较小，主要用于小型电扇、电唱机和录音机中，容量在几十瓦以内；另外电阻起动的电动机常用于医疗器械之中，容量从几十瓦到几百瓦。

第二节 伺服电动机

伺服电动机又称为执行电动机，在自动控制系统中作为执行元件。它将输入的电压信号转变为转轴的角位移或角速度输出，改变输入信号的大小和极性可以改变伺服电动机的转速与转向，故输入的电压信号又称为控制信号或控制电压。

根据使用电源的不同，伺服电动机分为直流伺服电动机和交流伺服电动机两大类。直流伺服电动机输出功率较大，功率范围为 $1 \sim 600W$，有的甚至可达上千瓦；而交流伺服电动机输出功率较小，功率范围一般为 $0.1 \sim 100W$。

一、直流伺服电动机

直流伺服电动机实际上就是他励直流电动机,其结构和原理与普通的他励直流电动机相同,只不过直流伺服电动机输出功率较小而已。

当直流伺服电动机励磁绕组和电枢绕组都通过电流时,直流电动机转动起来,当其中的一个绕组断电时,电动机立即停转,故输入的控制信号,既可加到励磁绕组上,也可加到电枢绕组上:若把控制信号加到电枢绕组上,通过改变控制信号的大小和极性来控制转子转速的大小和方向,这种方式叫电枢控制;若把控制信号加到励磁绕组上进行控制,这种方式叫磁场控制。磁场控制有严重的缺点(调节特性在某一范围不是单值函数,每个转速对应两个控制信号),使用的场合很少。

直流伺服电动机进行电枢控制时,电枢绕组即为控制绕组,控制电压直接加到电枢绕组上进行控制。而励磁方式则有两种:一种用励磁绕组通过直流电流进行励磁,称为电磁式直流伺服电动机;另一种使用永久磁铁作磁极,省去励磁绕组,称为永磁式直流伺服电动机。

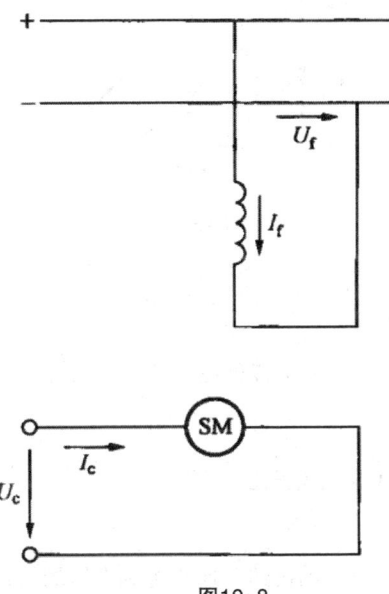

图10-8

直流伺服电动机进行电枢控制线路如图10-8所示,则直流伺服电动机电枢回路的电压平衡方程为:

$$U_C = E_a + I_c R_a$$

若不计电枢反应的影响,电动机的每极气隙磁通Φ将保持不变,则

$$E_a = C_e \Phi n$$

电动机的电磁转矩公式为:

$$T = C_T \Phi I_C$$

（1）机械特性

由上面三式可得到电枢控制的直流伺服电动机的机械特性方程式，即

$$n = \frac{U_C}{C_e \Phi} - \frac{R_2}{C_T \Phi^2} T = n_0 - \beta T$$

改变控制电压 U_c，机械特性的斜 β 不变，故其机械特性是一组平行的直线，如图10-9所示。

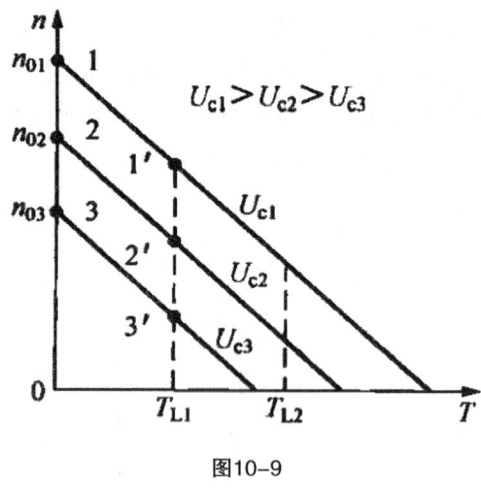

图10-9

理想空载转速：$n_0 = \dfrac{U_c}{C_e \Phi}$，只与控制电压 U_c 有关。

$n=0$ 时的转矩，称为伺服电动机的堵转转矩，其计算式为

$$T_k = C_T \Phi U_c / R_a$$

可见堵转转矩的大小与控制电压成正比。

（2）调节特性

调节特性是指在一定的转矩下电动机的转速与控制电压的关系，即 $n = f(U_c)$。调节特性也可由式 $n = \dfrac{U_C}{C_e \Phi} - \dfrac{R_2}{C_T \Phi^2} T = n_0 - \beta T$ 画出，如图10-10所示，调节特性也是一组平行线。

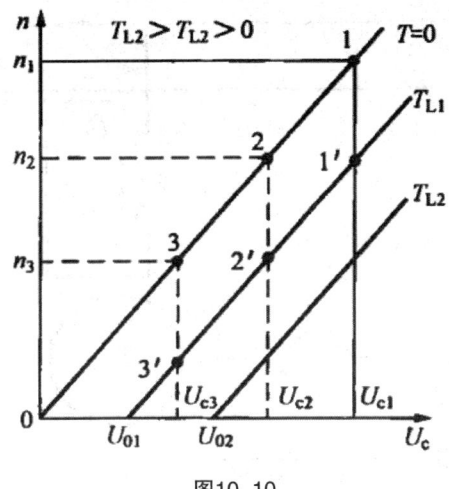

图10-10

由调节特性可以看出，当转矩不变时，如 $T=T_{L1}$，增强控制信号 U_c，直流伺服电动机的转速增加，且呈正比例关系；反之，减弱控制信号 U_c，电动机转速将减小。当减弱到某一数值 U_{01} 时，直流伺服电动机停止转动，即在电动机堵转。要使电动机能够转动，控制信号 U_c 必须大于 U_{01} 才行，故称 U_{01} 为对应于 $T=T_{L1}$ 时的始动电压。实际上始动电压就是调节特性与横轴的交点。所以，从原点到始动电压之间的区段，叫作某一转矩时直流伺服电动机的失灵区。由图10-10可知，T 越大，始动电压也越大，反之亦然；当为理想空载时，$T=0$，始动电压为零，即只要有信号，不管是大是小，电动机都能转动。

从上述分析可知，电枢控制时的直流伺服电动机的机械特性和调节特性都是线性的，而且不存在"自转"现象（控制信号消失后，电动机仍不停止转动的现象叫"自转"现象），在自动控制系统中是一种很好的执行元件。

二、交流伺服电动机

1. 工作原理

交流伺服电动机实际上就是两相异步电动机，所以有时也叫两相伺服电动机。如图10-11所示，电动机定子上有两相绕组，一相叫励磁绕组，接到交流励磁电源 $\dot{U}_f$ 上，另一相为控制绕组，接入控制电压 $\dot{U}_c$，两绕组在空间上互差 90°电角度，励磁电压 $\dot{U}_f$ 和控制电压 $\dot{U}_c$ 频率相同。

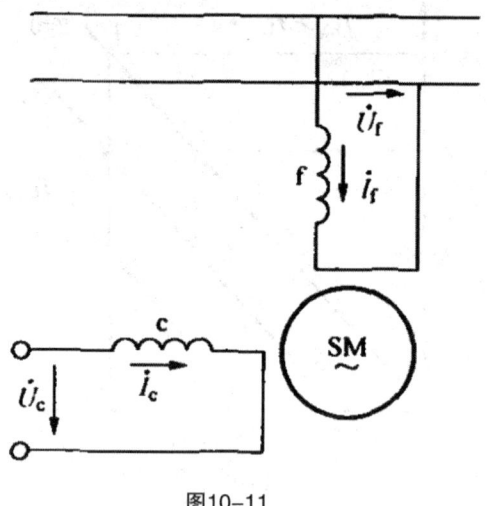

图10-11

　　交流伺服电动机的工作原理与单相异步电动机有相似之处。当交流伺服电动机的励磁绕组接到励磁电源 $\dot{U}_\mathrm{f}$ 上，若控制绕组加上的控制电压 $\dot{U}_\mathrm{c}$ 为零时（即无控制电压），所产生的是脉振磁动势，所建立的是脉振磁场，电动机无起动转矩；当控制绕组加上的控制电压 $\dot{U}_\mathrm{c}$ 不为零，且产生的控制电流与励磁电流的相位不同时，建立起椭圆形旋转磁场（若 $\dot{I}_\mathrm{c}$ 与 $\dot{I}_\mathrm{f}$ 相位差为 $90°$ 时，则为圆形旋转磁场），于是产生起动力矩，电动机转子转动起来。如果电动机参数与一般的单相异步电动机一样，那么当控制信号消失时，电动机转速虽会下降些，但仍会继续转动。伺服电动机在控制信号消失后仍继续旋转的失控现象称为"自转"。

　　那么，怎么样消除电动机"自转"这种失控现象呢？从单相异步电动机理论可知，单相绕组产生的脉振磁场可以分解为正向旋转磁场和反向旋转磁场，如图10-12中虚线所示，电动机的电磁转矩T应为正转矩 T_+ 和负转矩 T_- 的合成，在图中用实线表示。

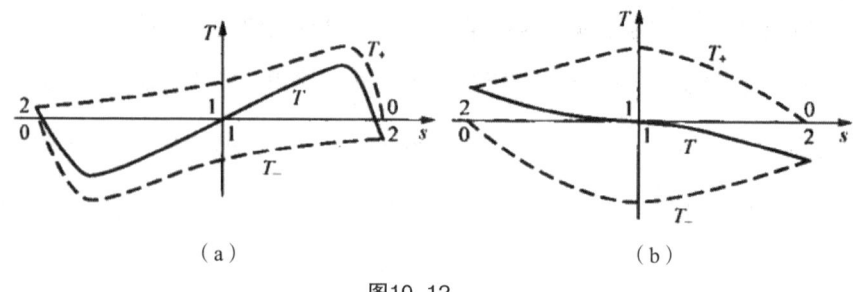

图10-12

　　如果交流伺服电动机的参数与一般的单相异步电动机一样，那么转子电阻较小，其机械特性如图10-12（a）所示，当电动机正向旋转时，合成转矩即电动机电磁转矩 $T=T_++T_-$

>0，所以，即使控制电压消失后，即 $\dot{U}_c=0$，电动机在只有励磁绕组通电的情况下运行，仍有正向电磁转矩，电机转子仍会继续旋转，只不过电动机转速稍有降低而已，于是产生"自转"现象而失控。

"自转"的原因是控制电压消失后，电动机仍有与原转速方向一致的电磁转矩。消除"自转"的方法是消除与原转速方向一致的电磁转矩，同时产生一个与原转速方向相反的制动转矩，使电动机在 $\dot{U}_c=0$ 时能很快停止转动。

可以通过增加转子电阻的办法来消除"自转"。增加转子电阻后，正向旋转磁场产生最大转矩时的临界转差率为：

$$s \approx \frac{R'_2}{x_{1a}+x'_{2a}}$$

其中，S_{m+} 随转子电阻 R'_2 的增加而增加，而反向旋转磁场所产生的最大转矩所对应的转差率 $S_{m-}=2-S_{m+}$ 相应减小。当 $S_{m+} \geq 1$，使正向旋转的电动机在控制电压消失后的合成电磁转矩为负值，即为制动转矩，使电动机制动到停止；若电动机反向旋转，则在控制电压消失后的合成电磁转矩为正值，也为制动转矩，也使电动机制动到停止，从而消除了"自转"现象，如图10-12（b）所示。所以，要消除交流伺服电动机的"自转"现象，在设计电动机时，必须满足：

$$s_{m+} \approx \frac{R'_2}{x_{1a}+x'_{2a}} \geq 1$$

$$R'_2 \geq x_{1a}+x'_{2a}$$

增大转子电阻，使 $R'_2 \geq x_{1a}+x'_{2a}$，不仅可以消除电动机"自转"现象，还可以扩大交流伺服电动机的稳定运行范围。但转子电阻过大，会降低起动转矩，从而影响快速响应性能。

2. 基本结构

交流伺服电动机的定子与异步电动机类似，在定子槽中装有励磁绕组和控制绕组，而转子主要有两种结构形式。

（1）笼型转子

这种笼型转子和三相异步电动机的笼型转子一样，但笼型转子的导条采用高电阻率的导电材料制造，如青铜、黄铜。另外，为了提高交流伺服电动机的快速响应性能，宜把笼型转子做的又细又长，以减小转子的转动惯量。

（2）非磁性空心杯转子

如图10-13所示，非磁性空心杯转子交流伺服电动机有两个定子：外定子和内定子。外定子铁心槽内安放有励磁绕组和控制绕组，而内定子一般不放绕组，仅作磁路的一部分；

空心杯转子位于内外定子之间，通常用非磁性材料（如铜、铝或铝合金）制成，在电动机旋转磁场作用下，杯形转子内感应产生涡流，涡流再与主磁场作用产生电磁转矩，使杯形转子转动起来。

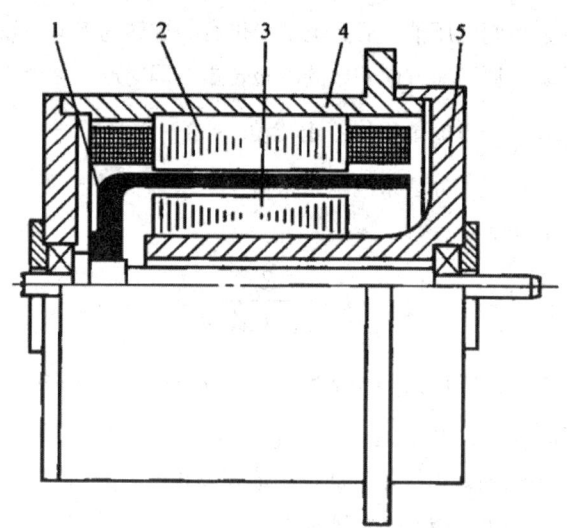

1—空心杯转子；2—外定子；3—内定子；4—机壳；5—端盖

图10-13

由于非磁性空心杯转子的壁厚约为 0.2～0.6mm，因而其转动惯量很小，故电动机快速响应性能好，而且运转平稳平滑，无抖动现象。但由于使用内外定子，气隙较大，故励磁电流较大，体积也较大。

3. 控制方式

如果在交流伺服电动机的励磁绕组和控制绕组上分别加以两个幅值相等、相位差 90° 电角度的电压，那么电动机的气隙磁场是一个圆形旋转磁场。如果改变控制电压 $\dot{U}_C$ 的大小或相位，那么气隙磁场是一个椭圆形旋转磁场，控制电压 $\dot{U}_C$ 的大小或相位不同，气隙的椭圆形旋转磁场的椭圆度不同，产生的电磁转矩也不同，从而调节电动机的转速；当 $\dot{U}_C$ 的幅值为零或者 $\dot{U}_C$ 与 $\dot{U}_f$ 相位差为零时，气隙磁场为脉振磁场，无起动转矩，因此，交流伺服电动机的控制方式有三种。

（1）幅值控制

如图 10-14 所示，幅值控制通过改变控制电压的大小来控制电动机转速，此时控制电压 $\dot{U}_C$ 与励磁电压 $\dot{U}_f$ 之间的相位差始终保持 90° 电角度。若控制绕组的额定电压 $\dot{U}_{cN} = \dot{U}_f$，那么控制信号的大小可表示为 $\dot{U}_C = aU_{cN}$，a 称为有效信号系数，那么以 U_{cN} 为基值，控制电压的标幺值为

$$U_C^* = \frac{U_c}{U_{cN}} = a = \frac{U_c}{U_f}$$

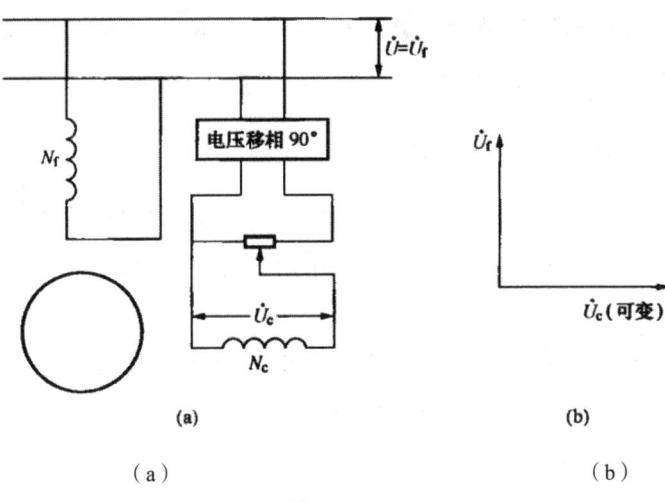

（a）　　　　　　　　　　　　（b）

图10-14

当有效信号系数 α=1 时，控制电压 $\dot{U}_C$ 与 $\dot{U}_f$ 的幅值相等，相位相差 90° 电角度，且两绕组空间相差 90° 电角度。此时所产生的气隙磁动势为圆形旋转磁动势，产生的电磁转矩最大；当 α<1 时，控制电压小于励磁电压的幅值，所建立的气隙磁场为椭圆形旋转磁场，产生的电磁转矩减小。α 越小，气隙磁场的椭圆度越大，产生的电磁转矩越小，电动机转速越慢。在 α=0 时，控制信号消失，气隙磁场为脉振磁场，电动机不转或停转。幅值控制的交流伺服电动机的机械特性和调节特性如图10-15所示。图中的转矩和转速都采用标幺值。

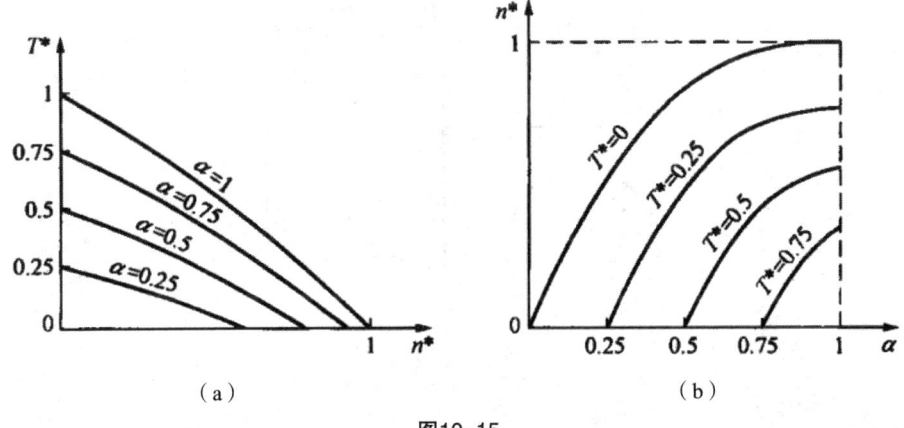

（a）　　　　　　　　　　　　（b）

图10-15

（2）相位控制

这种控制方式通过改变控制电压$\dot{U}_C$与励磁电压$\dot{U}_f$之间的相位差来实现对电动机转速的控制，而控制电压的幅值保持不变。如图10-16所示，励磁绕组直接接到交流电源上，而控制绕组经移相器后接到同一交流电压上，$\dot{U}_C$与$\dot{U}_f$的频率相同。$\dot{U}_C$的相位通过移相器可以改变，从而改变两者之间的相位差β，sinβ称为相位控制的信号系数。改变$\dot{U}_C$与$\dot{U}_f$之间相位差β的大小，就可以改变电机的转速。相位控制的机械特性和调节特性与幅值控制相似，也为非线性。由于相位控制在实际控制系统中很少应用，这里不做详细分析。

（3）幅值—相位控制

交流伺服电动机的幅值—相位控制接线图如图10-17所示。励磁绕组串接电容C后再接到交流电源上，控制电压$\dot{U}_C$与电源同相位，但幅值可以调节。当$\dot{U}_C$的幅值改变时，由于转子绕组的耦合作用，使流过励磁绕组的电流I'_f的大小和相位发生变化，从而使励磁绕组上的电压$\dot{U}_f$及电容C上的电压$\dot{U}_{cf}$也发生变化，使I$\dot{U}_C$与$\dot{U}_f$之间的相位差β也随之改变，因此称为幅值—相位控制。幅值—相位控制的机械特性和调节特性比前两种控制方式差。但它的控制线路简单，不需要复杂的移相装置，只需电容进行分相，具有线路简单、成本低廉、输出功率较大的优点，因而成为使用最多的控制方式。

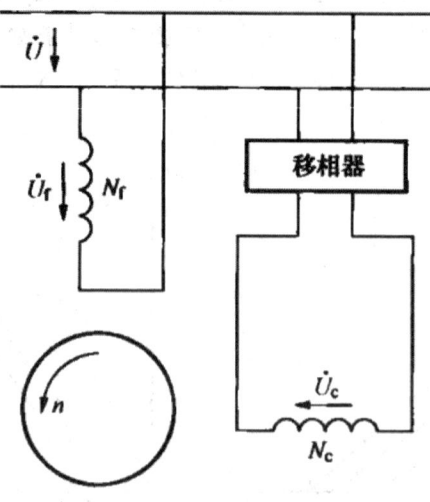

图10-16

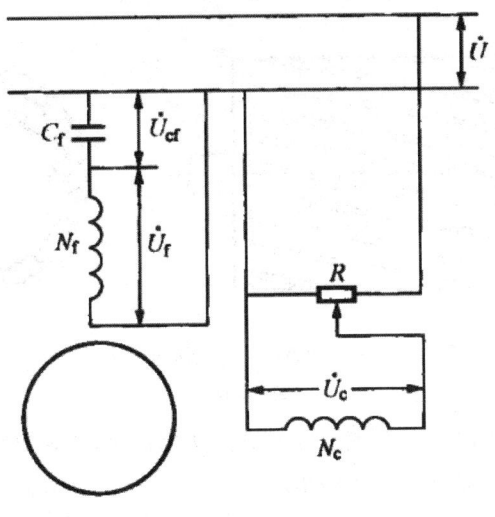

图10-17

第三节　微型同步电动机

微型同步电动机的定子结构与一般的同步电动机相同,可以是三相的也可以是单相的,但转子的结构形式和材料却有很大差别,运行原理也就不同。根据转子结构形式的不同,微型同步电动机主要分为永磁式、反应式、磁滞式等,另外为了提高力能指标,还将磁滞式与其他形式结合起来。下面主要介绍永磁式和磁滞式微型同步电动机。

一、永磁式微型同步电动机

永磁式微型同步电动机的转子由永久磁铁制成,N、S 极沿整个转子圆周交替排列,如图 10-18 所示。其工作原理与一般同步电动机相同:当电动机正常运行时,定子绕组产生的旋转磁场以同步转速 n_1 旋转,转子也以同步转速 n_1 旋转。

与普通同步电动机一样,永磁式微型同步电动机采用异步起动法:在起动过程中,转子上的笼型起动绕组在定子绕组产生的旋转磁场作用下产生异步转矩,使电动机起动。当电动机转子转速接近同步转速时,转子被"牵入同步"。

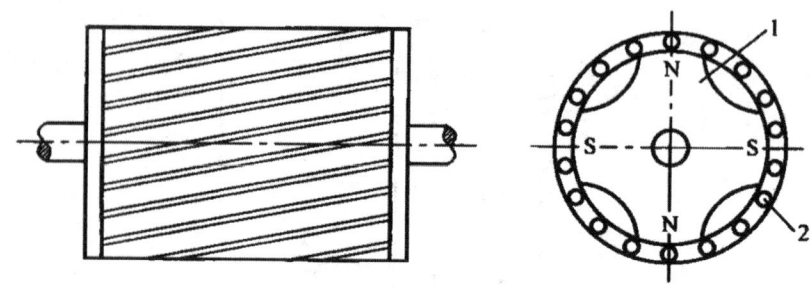

1—永久磁铁；2—起动绕组

图10-18

至于转子惯量不大的电机或者是低速电机，也可不装笼型起动绕组，依靠转子产生的涡流转矩也可自行起动，将转子牵入同步。

永磁同步电动机，特别是稀土永磁同步电动机具有结构简单、运行可靠、体积小、质量轻、损耗小、效率高，电动机的形状和尺寸可以灵活多样等显著优点，因而应用范围极为广泛，几乎遍布航天、国防、工农业生产和日常生活的各个领域。

二、磁滞式微型同步电动机

磁滞式微型同步电动机的定子与一般的同步电动机定子相同（在功率较小的磁滞电动机中，定子也采用罩极结构），一般由磁滞材料层、套筒和转轴三部分组成，如图10-19所示。

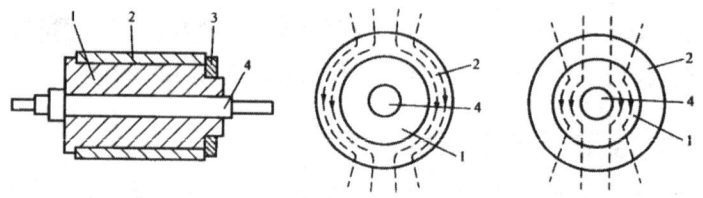

（a）转子结构　　（b）非磁性套筒转子　　（c）磁性套筒转子

1—套筒；2—磁滞材料层；3—挡环；4—转轴

图10-19　磁滞式微型同步电动机的转子

转子磁滞材料层用硬磁材料制成。硬磁材料的磁滞现象十分突出，具有较宽的磁滞回线，其剩磁和矫顽力都很大，说明磁分子之间有很大的摩擦力。当对这种材料进行交变磁化时，磁分子不能立即按外加磁场的方向进行排列，而在时间上有明显的滞后，即硬磁材料的磁动势滞后于外加磁动势一个空间角。

如图10-20（a）所示，由硬磁材料制成的转子若处在大小不变、方向不变的定子磁动势下，转子便处于恒定磁化状态，那么转子的硬磁材料的磁分子便按照定子磁动势的方向排列，即转子磁动势与定子磁动势的方向一致，电动机产生的电磁转矩为零。当定子磁极顺时针转动时，如果转子为软磁材料，无磁滞现象，那么转子因磁化而产生的磁动势仍与定子磁动势的方向一致，如图10-20（b）所示，仍然不会产生电磁转矩。如果转子由硬磁材料制成，十分显著的磁滞作用阻碍磁分子之间的相对运动，即力图保持原先被磁化的方向，从而使转子的磁动势的方向落后于定子磁动势一个角度θ_c，称为磁滞角，如图10-20（c）所示。定子与转子间的电磁切拉力使电动机转子受到一个旋转转矩，从而转动起来。这个使转子转动起来的转矩因硬磁材料的磁滞作用而产生，故称为磁滞转矩T_z。

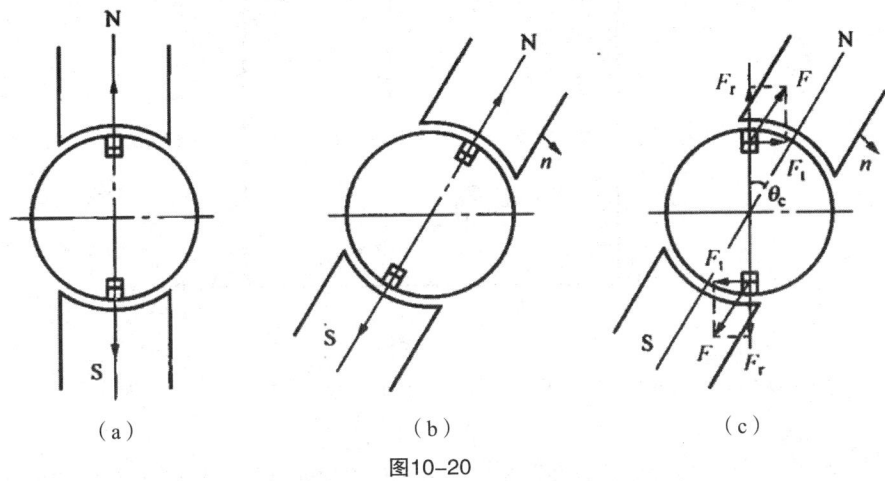

图10-20

磁滞同步电动机凭借磁滞转矩而能自行起动，在起动过程中，磁滞角的大小仅仅取决于硬磁材料的磁化特性，而与旋转磁动势和转子转速无关。转子的硬磁材料在旋转磁化下，磁滞角θ_c是恒定的。当转子转速达到同步转速n_1时，旋转磁动势和转子之间无相对运动，转子因原来的旋转磁化转变为恒定磁化，此时的磁滞电动机相当于一台永磁式同步电动机。带负载的大小可以从0到T_z，定子磁动势与转子磁动势夹角相应从0到θ_c变化。

除了磁滞转矩以外，当转子低于同步速运行时，转子和旋转磁场之间存在相对运动，这时，磁滞转子也要切割旋转磁场而产生涡流；转子涡流与旋转磁场互相作用就产生涡流转矩，用T_b表示。这种涡流转矩的性质与交流伺服电动机产生的转矩完全相同。涡流转矩随着转子转速的增加而减小；当转子以同步速旋转时，涡流转矩为0，其机械特性如图10-21所示。涡流转矩能增加起动转矩，但在磁滞电动机中，由于转子是硬磁材料，涡流转矩与磁滞转矩相比一般是非常小的。

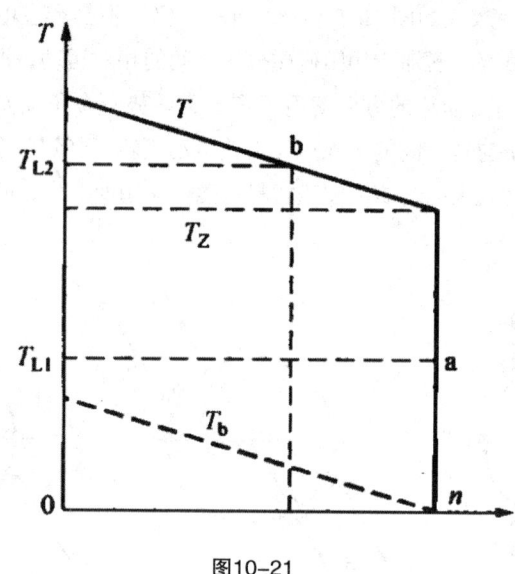

图10-21

考虑了磁滞转矩 T_z 和涡流转矩 T_b 以后,磁滞同步电动机的总转矩为

$$T=T_z+T_b$$

从图10-21中可以看出,磁滞同步电动机不但在同步状态运行时能产生转矩,而且在异步状态运行时,也能产生转矩,因而它既可在同步状态下运行,又可在异步状态下运行。当负载转矩小于 T_z 时(如图10-21中的负载转矩 T_{L1}),电动机在同步状态下运行(在特性上 a 点);当负载阻转矩大于 T_z 时(如图10-21中负载阻转矩 T_{L2}),电动机在异步状态下运行(在特性上 b 点)。

但磁滞同步电动机在异步状态运行的情况极少,这是因为在异步状态运行时,转子铁心被交变磁化,会产生很大的磁滞损耗(由硬磁材料磁分子之间的摩擦力引起的)和涡流损耗。这些损耗随转差率 s 增大而增大,只有当转子转速等于同步速时才等于零,而在起动时为最大。所以磁滞同步电动机在异步状态下运行,尤其在低速运行时是很不经济的。

磁滞式同步电动机具有很多优点:结构简单,运行可靠、稳定,能够自行起动而且起动转矩大、起动电流小等。因而在恒速装置、传动装置和测量仪器中应用广泛,例如录像机、录音机、电唱机、传真机、电影机、电钟、自动记录仪、时间机构、陀螺仪等设备中均有使用。

与其他类型的同步电动机相比,磁滞式同步电动机最大的优点是能够自行起动而且起动转矩大。但其效率和功率因数较低,由于磁滞材料的利用率不高,使电动机的质量和尺寸比其他类电动机大,价格也较高。为了充分利用磁滞式同步电动机良好的起动性能,又能较大地提高电动机同步运行时的力能指标,可以将磁滞式同步电动机与其他类型的同步电动机组合形成组合电动机。目前已有磁滞—反应式同步电动机、磁滞—永磁式同步电动机、磁滞—励磁式同步电动机等。

第四节　步进电动机

步进电动机,又称脉冲电动机,可以看作是一种特殊运行方式的小功率(微型)同步电动机,是数字控制系统中的一种执行元件,其功能是把脉冲信号转换成角位移或直线位移。用专用的驱动电源向步进电动机供给一系列的且有一定规律的电脉冲信号,每输入一个电脉冲,步进电动机就前进一步,故称为步进电动机。其角位移与脉冲数成正比,电动机转速与脉冲频率成正比,如图10-22所示。通过改变脉冲频率就可以在很大范围内调节电动机的转速,而且能够快速起动、停步和反转。在负载能力范围内这些关系不因电源电压、负载大小、环境条件的波动而变化,因此步进电动机可适用于开环系统中作执行元件,使控制系统大为简化。步进电动机每转一圈都有固定的步数,在不丢步的情况下运行,其步距角误差不会长期积累,如果停机后某些相绕组仍保持通电状态,还有自锁能力。由于具有以上这些特点,步进电动机在自动控制系统中得到广泛的应用。

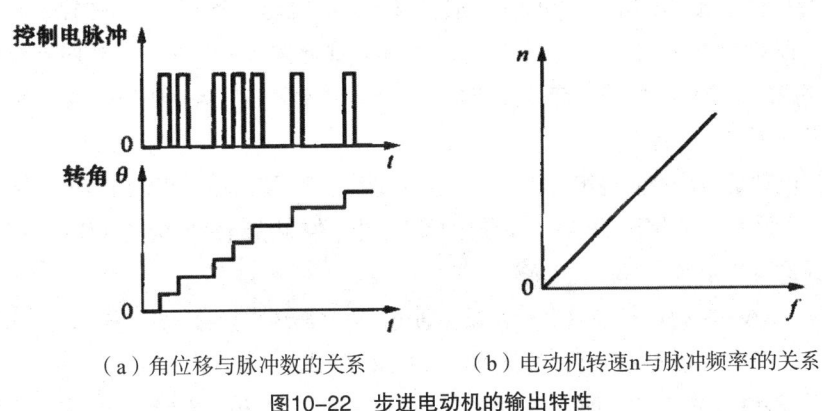

(a) 角位移与脉冲数的关系　　(b) 电动机转速n与脉冲频率f的关系

图10-22　步进电动机的输出特性

根据励磁方式的不同,步进电动机分为反应式、永磁式和感应子式(又叫混合式),而反应式步进电动机应用较多,下面以此为例来阐述步进电动机的原理。

一、工作原理

图10-23为一台三相六拍反应式步进电动机模型,定子上有三对磁极,每对磁极上绕有一相控制绕组,转子有四个分布均匀的齿,齿上没有绕组。

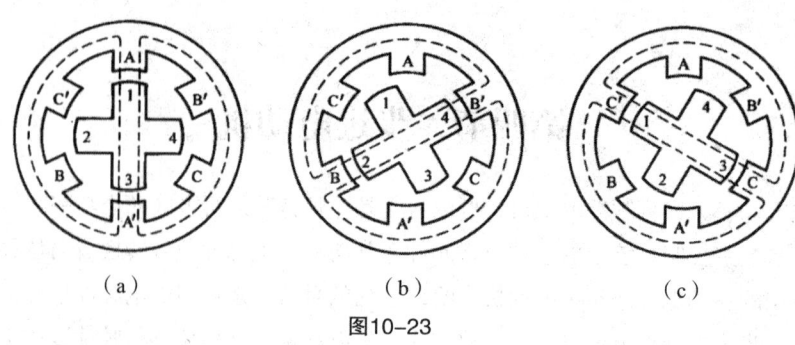

图10-23

当 A 相控制绕组通电,B 相和 C 相断电时,步进电动机的气隙磁场与 A 相绕组轴线重合,而磁力线总是力图从磁阻最小的路径通过,故电机转子受到一个反应转矩,在步进电动机中称为静转矩。在此转矩的作用下,使转子的齿 1 和齿 3 旋转到与 A 相绕组轴线相同的位置上,如图 10-23(a)所示。如果 B 相通电,A 相和 C 相断电,那转子受反应转矩而转动,使转子齿 2、齿 4 与定子极 B、B′ 对齐,如图 10-23(b)所示,此时,转子在空间上逆时针转过的空间角 θ 为 30°,即前进了一步,转过的这个角叫作步距角。同样的,如果 C 相通电,A 相、B 相断电,转子又逆时针转动一个步距角,使转子的齿 1 和齿 3 与定子极 C、C′ 对齐,如图 10-23(c)所示。如此按 A—B—C—A 顺序不断地接通和断开控制绕组,电动机便按一定的方向一步一步地转动,若按 A—C—B—A 顺序通电,则电动机反向一步一步转动。

在步进电动机中,控制绕组每改变一次通电方式,称为一拍,每一拍转子就转过一个步距角,上述的运行方式每次只有一个绕组单独通电,控制绕组每换接三次构成一个循环,故这种方式称为三相单三拍。

若按 A—AB—B—BC—C—CA—A 顺序通电,每次循环需换接 6 次,故称为三相六拍,因单相通电和两相通电轮流进行,故又称为三相单双六拍。

三相单双六拍运行时步距角与三相单三拍不一样。当 A 相通电时,转子齿 1、3 和定子磁极 A、A′ 对齐,与三相单三拍一样,如图 10-24(a)所示。当控制绕组 A 相、B 相同时通电时,转子齿 2、4 受到反应转矩使转子逆时针方向转动,转子逆时针转动后,转子齿 1、3 与定子磁极 A、A′ 轴线不再重合,从而转子齿 1、3 也受到一个顺时针的反应转矩,当这两个方向相反的转矩大小相等时,电动机转子停止转动,如图 10-24(b)所示。当 A 相控制绕组断电而只由 B 相控制绕组通电时,转子又转过一个角度使转子齿 2、4 和定子磁极 B、B′ 对齐,如图 10-24(c)所示,即三相六拍运行方式的步距角是三相单三拍的一半,为 15°。如果改变通电顺序,按 A—AC—C—CB—B—BA—A 顺序通电,则步进电动机顺时针一步一步转动,步距角 θ_b 也是 15°。

另外还有一种运行方式,按 AB—BC—CA—AB 顺序通电,每次均有两个控制绕组通电,故称为三相双三拍,实际是三相六拍运行方式去掉单相绕组单独通电的状态,转子齿与定子磁极的相对位置与图 10-24（b）所示一样或类似。不难分析，按三相双三拍方式运行时，其步距角与三相单三拍一样，都是 30°。

由上面的分析可知，同一台步进电动机，其通电方式不同，步距角可能不一样，采用单双拍通电方式，其步距角 θ_b 是单拍或双拍的一半；采用双极通电方式，其稳定性比单极要好。

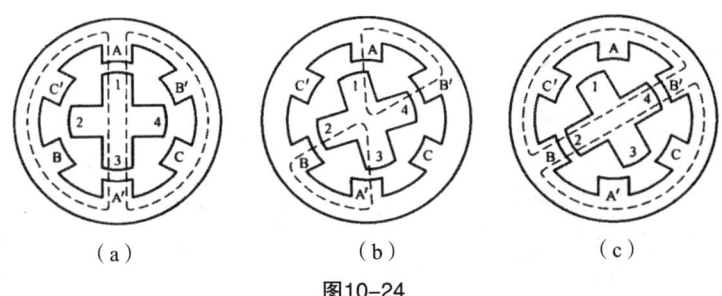

（a）　　　　　（b）　　　　　（c）

图 10-24

上述结构的步进电动机无论采用哪种通电方式，步距角要么为 30°，要么为 15°，都太大，无法满足生产中对准确度的要求。由于一个通电循环转子转过一个转子齿距角，在实践中一般采用转子齿数很多，定子磁极上带有小齿的反应式结构，转子齿距与定子齿距相同，因而可以使步距角很小。转子齿数根据步距角的要求初步决定，但准确的转子齿数还要满足自动错位的条件。即每个定子磁极下的转子齿数不能为正整数，而应相差 1/m 个转子齿距，那么每个定子磁极下的转子齿数应为

$$Z_r / 2mp (K \pm 1/m)$$

式中，m 为相数；$2p$ 为一相绕组通电时在气隙圆周上形成的磁极数；K 为正整数。那么转子总的齿数为

$$Z_r / 2mp (K \pm 1/m)$$

当转子齿数满足式 $Z_r / 2mp (K \pm 1/m)$ 时，电动机的每个通电循环（N 拍）转子转过一个转子齿距，用机械角度表示则为

$$\theta_t = 360° / Z_r$$

那么一拍转子转过的机械角即步距角为

$$\theta_t = 360° / Z_r N$$

从而步进电动机转速为

$$n = \frac{60 f \theta_b}{360°} = \frac{60 f}{Z_r N} (r/\min)$$

要想提高步进电动机在生产中的准确度，可以增加转子的齿数，在增加的同时还要满

足式 $Z_r/2mp(K±1/m)$ 才行。图 10-25 是一种步距角较小的反应式步进电动机的典型结构。其转子上均匀分布着 40 个齿，定子上有三对磁极，每对磁极上绕有一组绕组，A、B、C 三相绕组接成星形。定子的每个磁极上都有 5 个齿，而且定子齿距与转子齿距相同，若作三相单三拍运行，则 N=m=3，那么每个转子齿距所占的空间角为

$$\theta_t = 360°/Z_r = 360°/40 = 9°$$

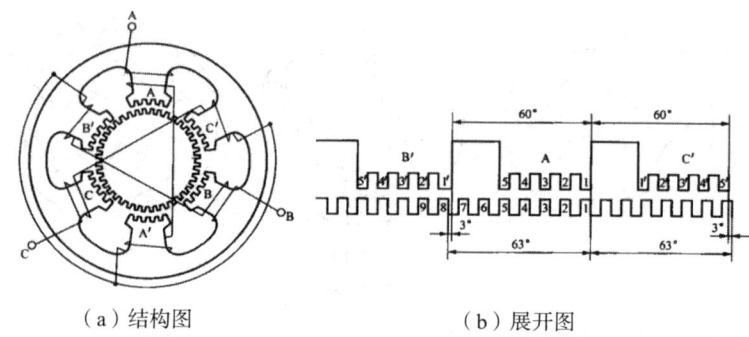

图 10-25 三相反应式步进电动机

每一定子极距所占的齿数为

$$\frac{Z_r}{2mp} = \frac{40}{2\times3\times1} = 6\frac{2}{3} = 7-\frac{1}{3}$$

其步距角为

$$\theta_b = 360°/Z_rN = 360°/(40\times3) = 3°$$

若步进电动机作三相六拍方式运行，则步距角为

$$\theta_b = 360°/(40\times6) = 1.5°$$

二、运行特性

反应式步进电动机的运行特性根据各种运行状态分别阐述。

1. 静态运行状态

步进电动机不改变通电情况的运行状态称为静态运行。电动机定子齿与转子齿中心线之间的夹角 θ 叫作失调角，用电角度表示。步进电动机静态运行时转子受到的反应转矩 T 叫作静转矩，通常使 θ 增加的方向为正。步进电动机的静转矩 T 与失调角之间的关系 $T=f(\theta)$ 称为矩角特性。

当步进电动机的控制绕组通电状态变化一个循环，转子正好转过一个齿，故转子一个齿对应的电角度为 2π，在步进电动机某一相控制绕组通电时，如果该相磁极下的定子齿与转子齿对齐，那么失调角 =0，静转矩 $T=0$，如图 10-26（a）所示；如果定子齿与转子齿未对齐，即 $0<\theta<\pi$，出现切向磁拉力，其作用是使转子齿与定子齿尽量对齐，即

使失调角 0 减小，故为负值，如图 10-26（b）所示。如果为空载，那么反应转矩作用的结果是使转子齿与定子齿完全对齐；如果某相控制绕组通电时转子齿与定子齿刚好错开，即 $\theta=\pi$ 转子齿左右两个方向所受的磁拉力相等，步进电动机所产生的转矩为零，如图 10-26（c）所示。步进电动机的静转矩 T 随失调角 θ 呈周期性变化，变化的周期为转子的齿距，也就是 2π 电角度。反应式步进电动机的矩角特性的表达式为

$$T = -T_{sm}\sin\theta$$

式中：T_{sm} 为步进电动机产生的最大静转矩，与控制绕组、控制电流、磁阻大小等有关。步进电动机某相绕组通电时矩角特性如图 10-27 所示。

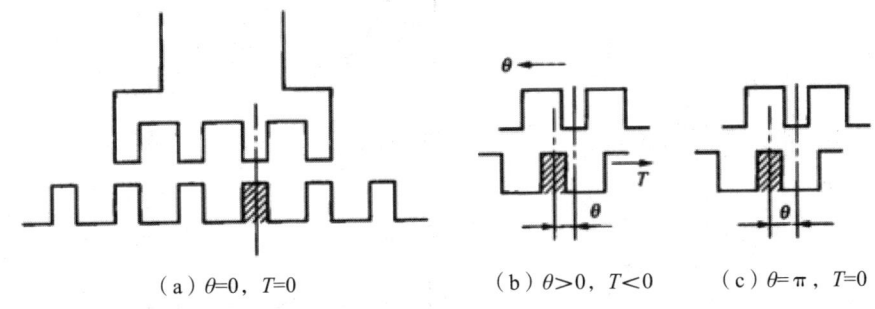

（a）$\theta=0$，$T=0$　　　（b）$\theta>0$，$T<0$　　　（c）$\theta=\pi$，$T=0$

图10-26　步进电动机的转矩和转角

步进电动机在静转矩的作用下，转子必然有一个稳定平衡位置，如果步进电动机为空载即 $T_L=0$，那么转子在失调角 $\theta=0$ 处稳定，即在通电相定子齿与转子齿对齐的位置稳定。在静态运行情况下，如有外力使转子齿偏离定子齿，$0<\theta<\pi$，则在外力消除后，转子在静转矩的作用下仍能回到原来的稳定平衡位置。当时，转子齿左右两边所受的磁拉力相等而相互抵消，静转矩 $T=0$，但只要转子向左或向右稍有一点偏离，转子所受的左右两个方向的磁拉力不再相等而失去平衡，故 $\theta=\pm\pi$ 是不稳定平衡点。在两个不稳定平衡点之间的区域构成静稳定区，即 $-\pi<\theta<\pi$，如图 10-27 所示。

2. 步进运行状态

当接入控制绕组的脉冲频率较低，电动机转子完成一步之后，下一个脉冲才到来，电动机呈现出一转一停的状态，故称为步进运行状态，如图 10-28 所示。图中为用电角度表示的步距角 θ_{be}。

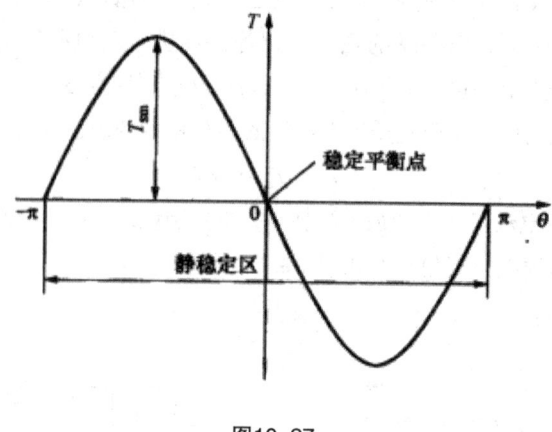

图10-27

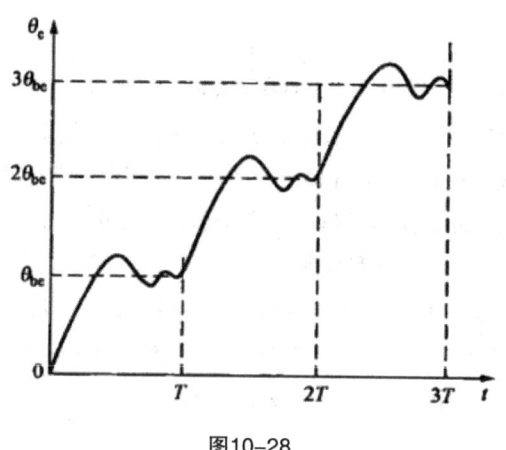

图10-28

当负载 $T_L=0$（即空载）时步进电动机的运行状态如图10-29所示，通电顺序为 A→B→C→A。当A相通电时，在静转矩的作用下转子稳定在A相的稳定平衡点a，显然失调角 $\theta=0$，静转矩 $T=0$。当A相断电，B相通电时，矩角特性转为曲线B，曲线B落后曲线A一个步距角 $\theta_{be}=2\pi/3$，转子处在B相的静稳定区内，为矩角特性曲线B上的b1点，此处 $T>0$，转子继续转动，停在稳定平衡点b处，此处又有 $T=0$。同理，当C相通电时，又会到达曲线C的稳定平衡点c处。接下来A相通电，又由c转到a′处。一个循环的过程为 a→b1→b→c1→c→a1′→a′。A相通电时，$-\pi<\theta<\pi$ 为静稳定区。当A相断电转到B相通电时，新的稳定平衡点为b，对应于它的静稳定区为 $-\pi+\theta_{be}<\theta<\pi+\theta_{be}$。在换接的瞬间，转子的位置只要停留在此区域内，就能趋向新的稳定平衡点b，所以区域（$-\pi+\theta_{be}$，$\pi+\theta_{be}$）称为动稳定区。显而易见，相数增加或极

数增加，步距角越小，动稳定区越接近静稳定区，即静、动稳定区重叠越多，步进电动机的稳定性越好。

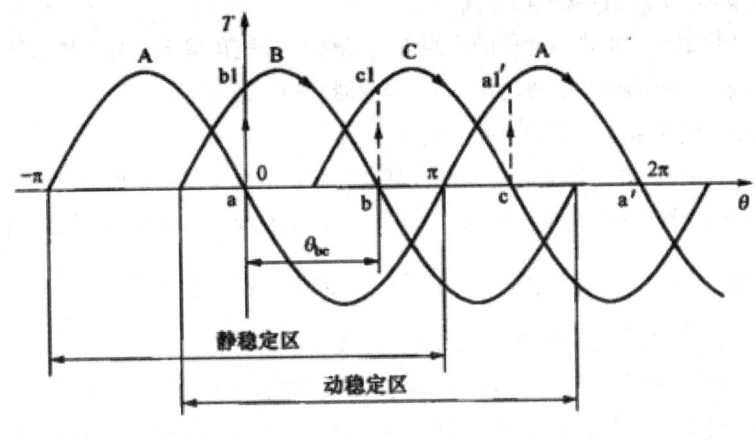

图10-29

3. 连续运转状态

当脉冲频率较高时，电动机转子未停下而下一个脉冲已经到来，步进电动机已经不是一步一步地转动，而是呈连续运转状态。脉冲频率升高，电动机转速增加，步进电动机所能带动的负载转矩将减小。主要是因为频率升高时，脉冲间隔时间小，由于定子绕组电感有延缓电流变化的作用，控制绕组的电流来不及上升到稳态值。频率越高，电流上升到达的数值也就越小，因而电动机的电磁转矩也越小。另外，随着频率的提高，步进电动机铁心中的涡流增加很快，也使电动机的输出转矩下降。总之步进电动机的输出转矩随着脉冲频率的升高而减小，步进电动机运行时的平均转矩与驱动电源脉冲频率的关系叫作运行矩频特性，如图10-30所示。

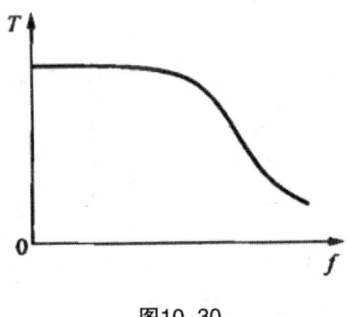

图10-30

4. 步进电动机的起动和起动频率（突跳频率）

若步进电动机静止于某一相的平衡位置上，当一定频率的控制脉冲送入时电动机就开始转动，但是电动机的转速不是立刻就能达到稳定数值的，有一暂态过程，这就是起动过程。在一定负载转矩下，电动机正常起动时（不丢步、不失步）所能加的最高控制频率称为起动频率或突跳频率，它也是衡量步进电动机快速性能的重要技术指标。

影响最高起动频率的因素有以下几个。

（1）起动频率f_s与步进电动机的步距角θ_b有关。步距角越小，起动频率越高。

（2）步进电动机的最大静态转矩越大，起动频率越高。

（3）电路时间常数大，起动频率降低。

对于使用者而言，要想增大起动频率，可增大起动电流或减小电路的时间常数。

起动频率要比连续运行频率低得多。这是因为电动机刚起动时转速为零，在起动过程中，电磁转矩除了克服负载阻转矩外，还要克服转动部分的惯性转矩$J\dfrac{d^2\theta}{dt^2}$（J是电动机和负载的总惯量），所以起动时电动机的负担比连续运转时为重。如果起动时脉冲频率过高，则转子的速度就跟不上定子磁场旋转的速度，以致第一步完了的位置落后于平衡位置较远，以后各步中转子速度增加不多，而定子磁场仍然以正比于脉冲频率的速度向前转动。因此，转子位置与平衡位置之间的距离越来越大，最后因转子位置落到动稳定区以外而出现丢步或振荡现象，从而使电动机不能起动。为了能正常起动，起动频率不能过高，但当电动机一旦起动以后，如果再逐渐升高脉冲频率，由于这时转子角加速度$\dfrac{d^2\theta}{dt^2}$较小，惯性矩不大，因此电动机仍能升速。显然连续运行频率要比起动频率高。

当电动机带着一定的负载转矩起动时，作用在电动机转子上的加速转矩为电磁转矩与负载转矩之差。负载转矩越大，加速转矩就越小，电动机就不易转起来。只有当每步有较长的加速时间（即较低的脉冲频率）时，电动机才可以起动。因此，随着负载的增加，其起动频率是下降的。起动频率f_s负载转矩T_L下降的关系称为起动矩频特性，如图10-31（a）所示。

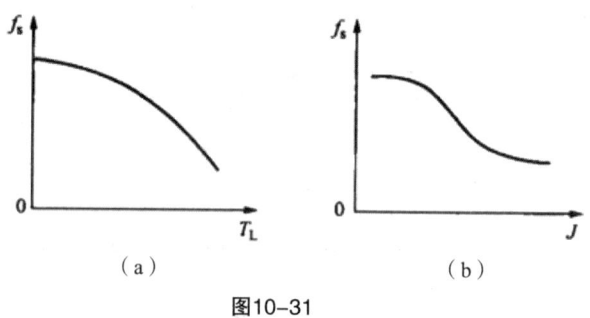

图10-31

在一定的脉冲周期内，转子速度增加不大，难于趋向平衡位置。若要电动机起动，也需要较长的脉冲周期使电动机加速，即要求降低脉冲频率。因此，随着电动机轴上转动惯量的增加，起动频率也是下降的。起动频率随转动惯量下降的关系称为起动惯频特性，如图10-31（b）所示。

从以上分析不难看出，若要提高起动频率，主要可以从以下三方面考虑：①提高电动机的转矩；②减小电动机和负载的惯量；③增加电动机运行的拍数，使矩角特性移动速度减慢。

三、驱动电源

步进电动机的控制绕组中需要一系列的有一定规律的电脉冲信号，从而使电动机按照生产要求运行。这个产生一系列有一定规律的电脉冲信号的电源称为驱动电源。步进电动机的驱动电源主要包括变频信号源、脉冲分配器和脉冲放大器三个部分。

第五节　旋转变压器

旋转变压器是自动装置中较常用的精密控制电机。当旋转变压器的定子绕组施加单相交流电时，其转子绕组输出的电压与转子转角呈正弦、余弦或线性等函数关系。

旋转变压器结构与绕线式异步电动机类似，其定子、转子铁心通常采用高磁导率的铁镍硅钢片冲叠而成，在定子铁心和转子铁心上分别冲有均匀分布的槽，里边分别安装有两个在空间上互相垂直的绕组，通常设计为两极，转子绕组经电刷和集电环引出。

旋转变压器的种类很多，其中正余弦旋转变压器、线性旋转变压器较为常用。在控制系统中，旋转变压器可作为解算元件，主要用于坐标变换、三角函数运算等；在随动系统中，可用于传输与转角相应的电信号；此外，还可用作移相器和角度—数字转换装置。

一、正余弦旋转变压器

1. 正余弦旋转变压器的工作原理

转子绕组输出的电压是转子转角的正余弦函数关系的旋转变压器叫正余弦旋转变压器，其结构图如图10-32所示。旋转变压器的定子铁心槽中装有两套完全相同的绕组D1D2和D3D4，但在空间上相差90°。每套绕组的有效匝数为ND，其中D1D2为直轴绕组，D3D4为交轴绕组。转子铁心槽中也装有两套完全相同的绕组Z1Z2和Z3Z4，在空间上也相差90°，每套绕组的有效匝数为N_z。转子上的输出绕组Z1Z2的轴线与定子的直轴之间的角度叫作转子的转角。

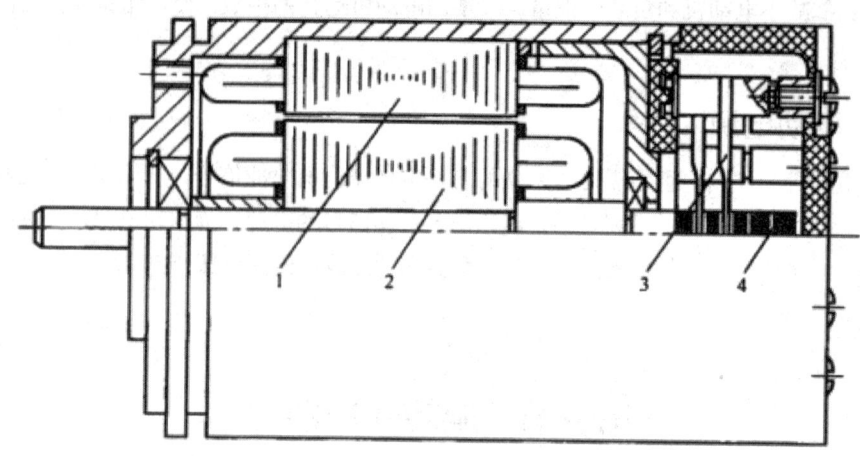

1—定子；2—转子；3—电刷；4—集电环

图10-32

通常把交流电源 $\dot{U}_D$ 接入定子直轴绕组中，那么直轴绕组 D1D2 就成为励磁绕组，如果转子上的输出绕组开路，那么此时就是正余弦旋转变压器的空载运行。

励磁绕组 D1D2 通过交流电流 I_{D12} 在气隙中建立一个正弦分布的脉振磁场 Φ_D，其轴线就是励磁绕组（即直轴绕组）D1D2 的轴线。而输出绕组 Z1Z2 与磁场的轴线（直轴）的夹角为 θ，故气隙磁场 Φ_D 与输出绕组 Z1Z2 相交链的磁通 $\Phi_{Z12}=\Phi_D\cos\theta$。而另一输出绕组 Z3Z4 的轴线与磁场轴线（直轴）的夹角为 $90°-\theta$，那么气隙磁场 Φ_D 与 Z3Z4 相交链的磁通 $\Phi_{Z34}=(90°-\theta)=\Phi_D\sin\theta$，如图 10-33（b）所示。

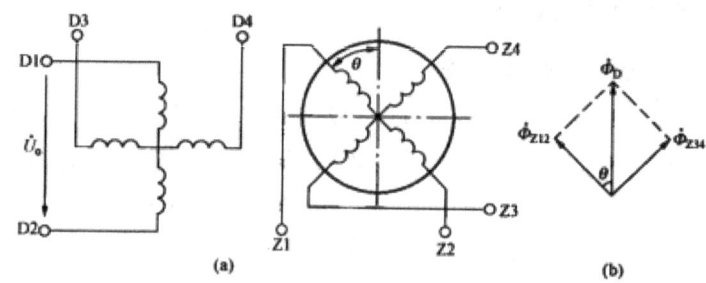

图10-33 正余弦旋转变压器的空载运行

根据上述分析，气隙磁场 $\dot{\Phi}_D$ 在励磁绕组中所感生的电动势为

$$E_{D12}=4.44fN_D\Phi_D$$

气隙磁通 $\dot{\Phi}_D$ 的两个分量分别在输出绕组中所感生的电动势为

$$E_{Z12}=4.44fN_Z\Phi_D\cos\theta$$

$$E_{Z34}=4.44fN_Z\Phi_D\sin\theta$$

考虑输出绕组与励磁绕组的有效匝数比为 $k=N_Z/N_D$，并忽略励磁绕组和输出绕组的

漏阻抗，则输出绕组 Z1Z2 和 Z3Z4 的端电压分别为

$$U_{Z12} = k\, U_D \cos\theta$$
$$U_{Z34} = k\, U_D \sin\theta$$

可知，空载运行时，通过调节转子转角 θ 的大小，输出绕组 Z1Z2 输出的电压按余弦规律变化，故又叫余弦输出绕组；绕组 Z3Z4 输出的电压按正弦规律变化，故叫作正弦输出绕组。

2. 正余弦旋转变压器的负载运行

（1）负载电流的影响

在实际应用中，输出绕组都接有负载，如控制元件、放大器等，输出绕组有电流流过，并产生磁动势，使气隙磁场产生畸变，从而使输出电压产生畸变，不再是转角的正、余弦函数关系。

直轴分量磁动势与励磁绕组的轴线一致，其影响像普通变压器的二次侧负载电流的影响一样，输出绕组 Z1Z2 接上负载后产生负载电流，同时也使励磁绕组 D1D2 的电流增大，从而保持直轴方向的磁动势平衡，以维持气隙磁通各不变。而交轴分量磁动势存在的结果是使输出电压产生畸变，不再按余弦规律变化。

（2）负载运行的正余弦旋转变压器的补偿

补偿的方法是从消除或减弱造成电压畸变的交轴分量磁动势入手。

二、线性旋转变压器

线性旋转变压器输出电压与转子转角成正比关系。事实上正余弦旋转变压器在转子转角很小的时候有 $\sin\theta \approx \theta$，此时就可看作一台线性旋转变压器。在转角不超过 $\pm 4.5°$ 时，线性度在 $\pm 0.1\%$ 以内。若要扩大转子转角范围，可将正余弦旋转变压器的线路进行改接，如图 10-34 所示，定子绕组 D1D2 与转子绕组 Z1Z2 串联后接到交流电源 $\dot{U}_D$ 上，定子交轴绕组 D3D4 作为补偿绕组直接短接或接阻抗短接，Z3Z4 接负载输出电压信号。

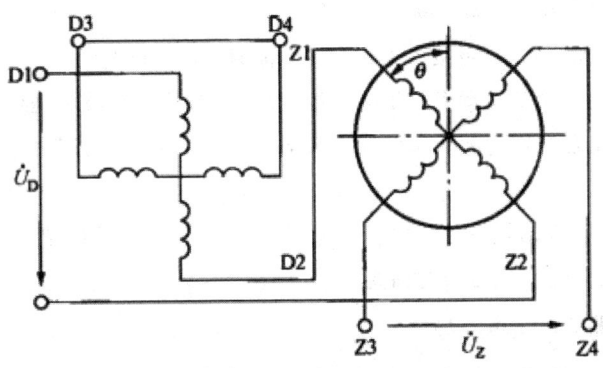

图10-34 线性旋转变压器接线图

第六节 自整角机

自整角机广泛应用于随动系统中,能对角位移或角速度的偏差进行自动地整步。自整角机通常是两台或两台以上组合使用,产生信号的自整角机称为发送机,它将轴上的转角变换为电信号,接收信号的自整角机称为接收机,它对发送机发送的电信号进行接收、传输和变换。

在随动系统中主令轴只有一根,而从动轴可以是一根,也可以是多根,主令轴安装发送机,从动轴安装接收机,故而一台发送机带一台或多台接收机。主令轴与从动轴之间的角位差,称为失调角。

自整角机按自整角输出量可分为力矩式自整角机和控制式自整角机两种。自整角机控制系统中,当失调角产生时,力矩自整角接收机输出与失调角成正弦关系的转矩,直接带动接收机轴上的机械负载,直至消除失调角。但力矩式自整角机力矩不大,如果机械负载较大,则采用控制式自整角控制系统。控制式自整角机把失调角转换为正弦关系的电压输出,经过电压放大器放大后送到交流伺服电动机的控制绕组中,使伺服电动机转动,再经齿轮减速后带动机械负载转动,直到消除失调角。

一、控制式自整角机

控制式自整角机的工作原理如图 10-43 所示,左边的是自整角发送机,右边的是自整角接收机,自整角发送机的励磁绕组接单相交流电源,其三相整步绕组与自整角接收机的整步绕组一一对应相接,自整角接收机工作在变压器状态,故又称为自整角变压器,其输出绕组接交流伺服电动机的控制绕组。自整角发送机的转子转角 θ_1 等于自整角变压器的转子转角 θ_2 时,失调角 $\theta = \theta_1 - \theta_2 = 0$,自整角机此时的位置叫协调位置。

1. 三相整步绕组的电动势和电流

当发送机转子上的励磁绕组接入单相交流电流时,产生的是正弦分布的脉振磁场,与发送机三相整步绕组相交链而感应产生电动势。如果发送机三相整步绕组的某相(如 A 相)与励磁绕组的轴线重合并作为起始位置,那么此时该相的感应电动势的有效值为

$$E = 4.44 f N k_N \Phi_m$$

式中:f 为励磁电源的频率;N 为整步绕组每一相的线圈匝数;k_N 为整步绕组的基波绕组系数;Φ_m 为自整角机主磁通的幅值。

2. 自整角变压器的输出电动势

如果自整角变压器的转子转角等于自整角发送机的转子转角,则自整角变压器三相绕组合成磁动势所产生的磁场与转子输出绕组同轴线,那么在转子输出绕组中感应电动势最

大，设为 E_m。如果 $\theta_1 - \theta_2$，自整角变压器定子合成磁动势与转子输出绕组轴线夹角为 $\theta = \theta_1 - \theta_2$，如图 10-44 所示，此时转子输出绕组感生的电动势为

$$E_2 = E_m \cos \theta$$

由式 $E_2 = E_m \cos \theta$ 可知，自整角变压器输出电压（电动势）为失调角 θ 的余弦函数，在实际控制系统中会带来一些问题。

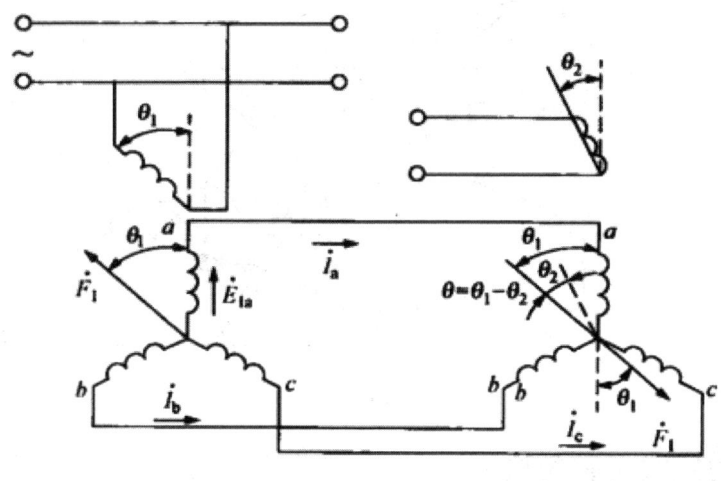

图10-35

第一，当随动系统处于协调位置（即失调角 $\theta = 0°$）时，希望自整角变压器的输出电压为零，当 $\theta \neq 0°$ 时，才有电压信号输出，送到交流伺服电动机中，使伺服电动机旋转以消除 θ。但如按图 10-35 工作，那么，在失调角为 $0°$ 时，自整角变压器输出电压反而最大，θ 增大，输出电压反而减小，与实际需要相反。

第二，失调角 θ 是有方向的，是顺时针还是逆时针是必须明确的，即 θ 的正负值是表明方向的，但上述系统中不管 θ 为正还是为负，其输出的电压都是正的。

为了解决上述问题，在实际使用的系统中，自整角发送机的 a 相定子绕组轴线作为转子绕组的起始位置，而把自整角变压器转子输出绕组的起始位置放在交轴上，如图 10-45 所示。规定输出绕组感应电动势为零时自整角变压器转子绕组的轴线位置（即落后于发送机转子绕组轴线 $90°$ 的位置）为控制式自整角机的协调位置，则输出绕组感应电动势为

$$E_2 = E_m \cos(\theta - 90°) = E_m \sin \theta$$

空载时，输出电压 $U_2 = E_2$，负载时，输出电压下降。若选择输入阻抗大的放大器作为负载，则自整角变压器输出电压下降不大。

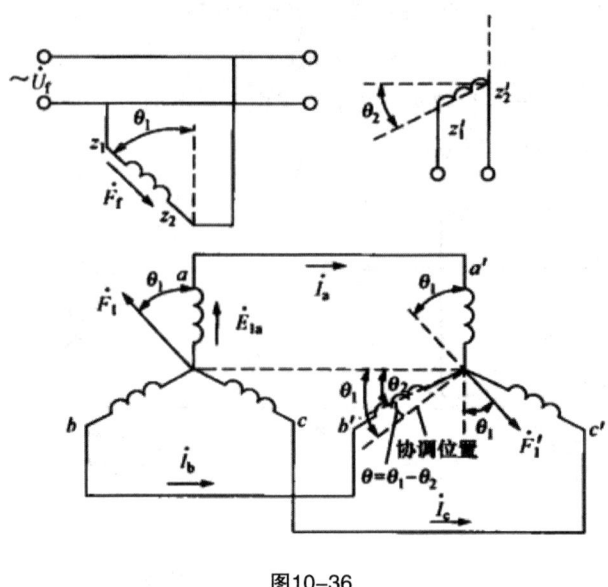

图10-36

二、力矩式自整角机

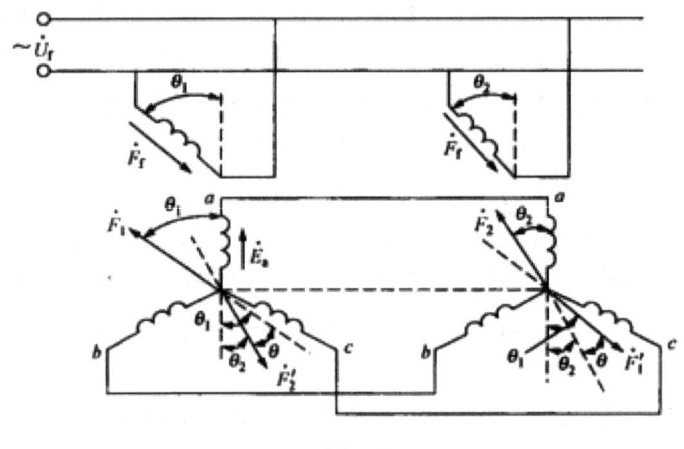

图10-37

在随动系统中，不需放大器和伺服电动机的配合，两台力矩式自整角机就可进行角度传递，因而常以转角指示。其工作原理如图10-37所示，两台自整角机是相同的，左边的一台作发送机，右边的一台作接收机，两台电机的励磁绕组接到同一单相交流电源上，三相整步绕组对应相接。假设三相整步绕组产生的磁动势在空间按正弦规律分布，磁路不饱和，并忽略电枢反应，在分析时便可用叠加原理。

三、自整角机的应用

自整角机的应用越来越广泛，常用于位置和角度的远距离指示，如在飞机、舰船之中常用于角度位置、高度的指示，雷达系统中用于无线定位等；另一方面常用于远距离控制系统中，如轧钢机轧辊控制和指示系统、核反应堆的控制棒指示等。图 10-38 所示是测量水塔内水位高低的测量器示意图。浮子随着水位的升降而上下移动，并通过滑轮带动自整角发送机转子转动。由力矩式自整角机的工作原理可知，自整角接收机转子将跟随发送机转子转动，因此接收机转子上固定的指针能准确地指向刻度盘所对应的角度，也就是发送机转动的角度。若将角位移换算成线位移，就可以方便地测出水位的高度。

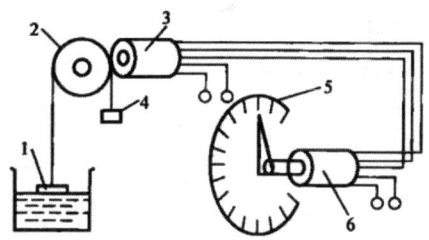

1—浮子；2—滑轮；3—自整角发送机；4—平衡块；5—水位指示；6—自整角接收机
图 10-38

第七节　测速发电机

测速发电机是一种测量转速的微型发电机，它把输入的机械转速变换为电压信号输出，并要求输出的电压信号与转速成正比，即 $U_2 = C_n$。

测速发电机分直流和交流两大类。

一、直流测速发电机

1. 工作原理

直流测速发电机实际就是一种微型直流发电机，按定子磁极的励磁方式分为电磁式和永磁式。

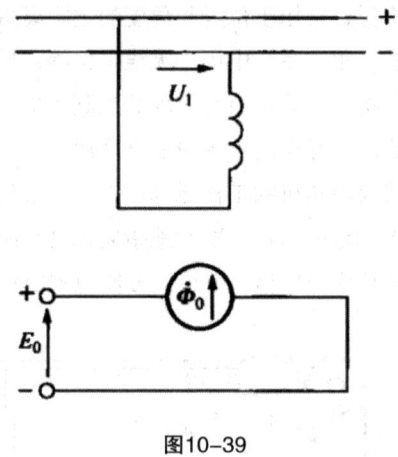

图10-39

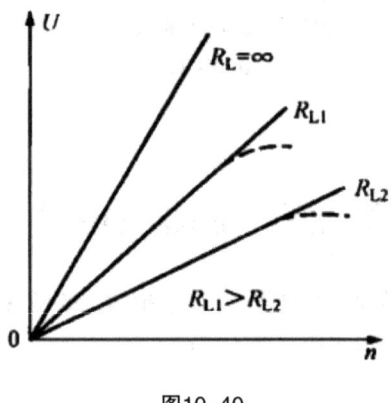

图10-40

直流测速发电机的工作原理与一般直流发电机相同,如图10-39所示。在恒定的磁场 Φ_0 中,外部的机械转轴带动电枢以转速 n 旋转,电枢绕组切割磁场从而在电刷间产生感应电动势为

$$E_0 = C_e \Phi_0 n$$

在空载时,直流测速发电机的输出电压就是电枢感应电动势,即 $U_0 = E_0 = C_e \Phi_0 n \propto n$。

有负载时,若电枢电阻为 R_a,负载电阻为 R_L,不计电刷与换向器间的接触电阻,则直流测速发电机的输出电压为

$$U = E_0 - IR_a = E - \frac{U}{R_L} R_a$$

整理后得

$$U = \frac{C_e \Phi_0}{1 + R_a / R_L} n = Cn$$

式中：C 为直流测速发电机输出特性的斜率，当 Φ_0、R_a 及 R_L 都不变时，输出电压 U 与转速呈线性关系。对于不同的负载电阻 R_L，输出特性的斜率 C 不同，负载电阻越小，斜率 C 也越小，测速发电机灵敏度降低。

2. 误差分析

直流测速发电机的输出电压与转速要严格保持正比关系在实际中是难以做到的，其实际的输出特性在转速较高时如图 10-40 中虚线所示。造成这种非线性误差的原因主要在于以下几个方面。

（1）电枢反应

直流测速发电机负载时电枢电流会产生电枢反应，电枢反应的去磁作用使气隙磁通 Φ_0 减小，根据式 $U = \frac{C_e \Phi_0}{1 + R_a / R_L} n = Cn$ 可知，当 Φ_0 减小，输出电压减小，从输出特性看，斜率 C 减小，而且负载电阻越小，电枢电流越大，电枢反应的去磁作用越显著，输出特性斜率 C 减小越明显，输出特性由直线变为曲线。所以，直流测速发电机在使用时负载电阻不能小于规定值。

（2）延迟换向去磁

根据直流电机的换向分析，换向元件中的电抗电动势 e_r 和切割电枢磁场而产生的切割电动势 e_a 都是阻碍换向的，即对气隙磁通 Φ_0 中产生去磁作用。如果不考虑磁通变化，则直流测速发电机电动势与转速成正比，当负载电阻一定时，电枢电流及绕组元件电流也与转速成正比；另外，换向周期与转速成反比，电机转速越高，元件的换向周期越短；e_r 正比于单位时间内换向元件电流的变化量。故 e_r 正比转速的平方，即 $e_r \propto n^2$。同样可以证明 $e_r \propto n^2$。因此，换向元件的附加电流及延迟换向去磁磁通也正比于 n^2，使输出特性呈现图 10-40 虚线所示的形状。所以，直流测速发电机的转速上限要受到延迟换向去磁效应的限制。

（3）温度的影响

如果直流测速发电机长期使用，其励磁绕组会发热，其绕组阻值随温度的升高而增大，励磁电流因此而减小，从而引起气隙磁通 Φ_0 减小，输出电压减小，特性斜率 C 减小。温度升得越高，斜率 C 减小越明显，使特性向下弯曲。

为了减小温度变化带来的非线性误差，通常把直流测速发电机的磁路设计为较为饱和状态。当温度变化时，在磁路饱和时 I_f 变化引起的磁通变化要比磁路不饱和时小得多，如图 8-41 所示，从而减小非线性误差。

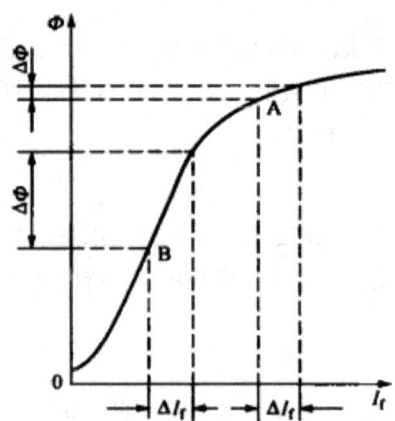

另外,可在励磁回路中串接一个阻值较大而温度系数较小的锰铜或康铜电阻,以减小由于温度的变化而引起的电阻变化,从而减小因温度而产生的线性误差。

(4)接触电阻

如果电枢电路总电阻包括电刷与换向器的接触电阻 R_1,那么输出电压为

$$U = \frac{C_e \Phi_0}{1+(R_a+R_1)/R_L} n$$

而接触电阻 R_1 总是随负载电流变化而变化,当输入的转速较低时,接触电阻较大,使此时本来就不大的输出电压变得更小,造成的线性误差很大;当电流较大时,接触电阻较小而且基本上趋于稳定的数值,线性误差相对而言小得多。

另外,直流测速发电机输出的电压存在着纹波,其交变分量对速度反馈控制系统、高准确度的解算装置有较明显的影响。

二、交流测速发电机

交流测速发电机分为同步测速发电机和异步测速发电机。

同步测速发电机的输出频率和电压幅值均随转速的变化而变化,因此一般只用着指示式转速计,很少用于控制系统的转速测量的输出频率和电压。

异步测速发电机输出电压的频率和励磁电源的频率相同,而与转速无关,其输出电压的有效值与转速成正比,即下面只分析异步测速发电机。

1. 异步测速发电机的工作原理

交流异步测速发电机与交流伺服电动机的结构相似,其转子结构有笼型的,也有杯型的,在自动控制系统中多用空心杯转子异步测速发电机。

空心杯转子异步测速发电机定子上有两个在空间上互差90°电角度的绕组,一个为励磁绕组,另一个为输出绕组。

2. 误差分析

交流异步测速发电机的误差主要有三种，即非线性误差、剩余电压和相位误差。

（1）非线性误差。只有严格保持直轴磁通 $\dot{\Phi}_d$ 不变的前提下，交流异步测速发电机的输出电压才与转子转速成正比。

为了减小转子漏抗造成的线性误差，异步测速发电机都采用非磁性空心杯转子，常用电阻率大的磷青铜制成，以增大转子电阻，从而可以忽略转子漏抗。同时使杯型转子转动时切割交轴磁通 $\dot{\Phi}_q$ 而产生的直轴磁动势明显减弱。

另外，提高励磁电源频率，也就是提高电机的同步转速，也可提高线性度，减小线性误差。

（2）剩余电压

当转子静止时，交流测速发电机的输出电压应当为零，但实际上还会有一个很小的电压输出，此电压称为剩余电压。剩余电压虽然不大，但却使控制系统的准确度大为降低，影响系统的正常运行，甚至会产生错误动作。

产生剩余电压的原因很多，最主要的原因是制造工艺不佳所致。如定子两相绕组并不完全垂直，从而使两输出绕组与励磁绕组之间存在耦合作用。此外，气隙不均，磁路不对称，空心杯转子的壁厚不均以及制造杯型转子的材料不均等都会造成剩余电压误差。

要减小剩余电压误差，根本方法无疑是提高制造和加工的准确度；也可采用一些措施进行补偿，阻容电桥补偿法是常用的补偿方法，如图 10-55 所示，调节电阻 R_1 的大小以改变附加电压的大小，调节电阻 R 的大小以改变附加电压的相位，从而使附加电压与剩余电压相位相反，大小近似相等，补偿效果良好。

（3）相位误差

在自动控制系统中不仅要求异步测速发电机输出电压与转速成正比，而且还要求输出电压与励磁电压同相位。输出电压与励磁电压的相位误差是由励磁绕组的漏抗、杯型转子的漏抗产生的，可在励磁回路中串电容进行补偿。

3. 交流测速发电机的应用

交流测速发电机的作用是将机械速度转换为电气信号，常用作测速元件、校正元件、解算元件，与伺服电机配合，广泛使用于许多速度控制或位置控制系统中。如在稳速控制系统中，测速发电机将速度转换为电压信号作为速度反馈信号，可达到较高的稳定性和较高的准确度，在计算解答装置中，常作为微分、积分元件。

第八节 无刷直流电动机

有刷直流电动机的主要优点是调速和起动性能好、堵转转矩大,因而被广泛应用于各种驱动装置和伺服系统中。但是,有刷直流电动机由于结构中的电刷和换向器,其间形成的电动机械接触严重地影响了电机的准确度、性能和可靠性,所产生的火花会引起无线电干扰,缩短电机寿命,换向器电刷装置又使直流电机结构复杂、噪声大、维护困难,因此长期以来人们都在寻求可以不用电刷和换向器装置的直流电动机。

随着电力电子技术的迅速发展,各种大功率电子器件的广泛采用,这种愿望已被逐步实现。本节要介绍的无刷直流电动机(Brushless DC Motor,BLDCM)利用电子开关线路和位置传感器来代替电刷和换向器,使这种电机既具有直流电动机的特性,又具有交流电动机结构简单、运行可靠、维护方便等优点。它的转速不再受机械换向的限制,若采用高速轴承,还可以在高达每分钟几十万转的转速中运行。

因此,无刷直流电动机用途非常广泛,可作为一般直流电动机、伺服电动机和力矩电动机等使用,尤其适用于高级电子设备、机器人、航空航天技术、数控装置、医疗化工等高新技术领域。无刷直流电动机将电子线路与电机融为一体,把先进的电子技术应用于电机领域,这将促使电机技术更新、更快地发展。

一、无刷直流电动机的结构

无刷直流电动机实质上是一种特定类型的同步电动机,它由电动机、转子位置传感器和电子开关线路三部分组成,它的原理框图如图10-42所示。图中直流电源通过逆变器UI向电动机定子绕组供电,电动机转子位置由位置传感器BQ检测并提供信号去触发开关线路中的功率开关元件使之导通或截止,从而控制电动机的转动。

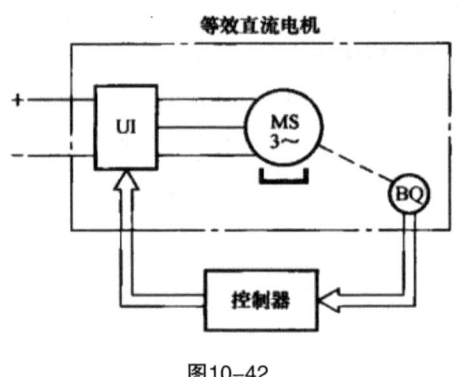

图10-42

从电动机本身看,它是一台同步电动机,但是如果把它和逆变器UI、转子位置传感器 BQ 合起来看，就像是一台直流电动机。直流电动机电枢里面的电流本来就是交变的，只是经过换向器和电刷才在外部电路表现为直流，这时，换向器相当于机械式的逆变器，电刷相当于磁极位置检测器，这里，则采用电力电子逆变器和转子位置传感器替代初;化式换向器和电刷。

无刷直流电动机的基本结构如图 10-43 所示。图中电动机结构与永磁式同步电动机相似，转子是由永磁材料制成一定极对数的永磁体，但不带笼型绕组或其他起动装置，主要有表面式磁极和嵌入式磁极两种结构形式，如图 10-44（a）、（b）所示。第一种结构是在转子铁心外表面粘贴径向瓦片形永磁体；第二种结构是在转子铁心中嵌入矩形永磁体。为加强机械牢固性，常在这两种结构的外表面套上非磁性套筒，或包以无纬玻璃丝带，以起保护作用。

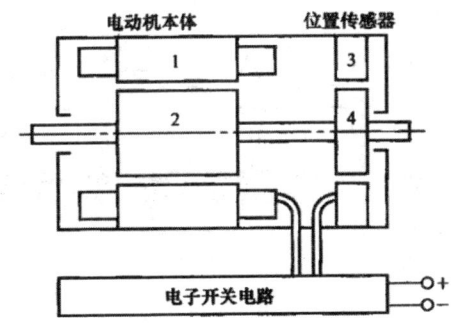

1—电动机定子；2—电动机转子；3—传感器定子；4—传感器转子

图10-43

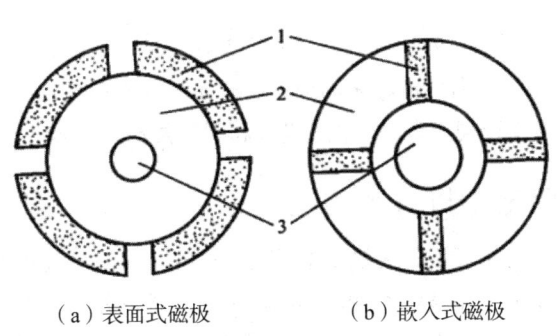

（a）表面式磁极　　（b）嵌入式磁极

1—稀土永磁体；2—铁心；3—转轴

图10-44

二、无刷直流电动机的工作原理

图 10-45 所示为无刷直流电动机的原理模型，永磁无刷直流电动机的转子磁极经专门

的磁路设计，可获得梯形波的气隙磁场。定子采用集中整距绕组，因而感应电动势也是梯形波。A、B、C三相各占60°（电角度）相带。当电机处于图10-45（a）所示的位置时，给 B、C 两相绕组通如图示方向的恒定电流（A相绕组不通电），这些载流导体在气隙磁场中受电磁力作用（方向为从右向左），则转子形成从左向右的电磁转矩，使转子转动。当转子在 60° 空间电角度内转动时，由于磁场大小和电枢电流基本不变，故电磁转矩不变。但当转子转过 60° 空间电角度，处于图 10-45（b）所示的位置时，如果仍按图 10-45（a）的通电方式运行，则同一极下的电枢导体中将有部分导体的电流方向发生改变，如图 10-45（b）所示，造成电磁转矩减小。因此，在这一位置时需要进行换流，即从 B 相换到 A 相，C 相电流不变，如图 10-45（c）所示，此时电流分布向前移动 60°。这样，每相通入 120° 的方波交变电流，依次换相，使同一极下电枢导体中的电流始终保持方向一致，所产生的电磁转矩方向不变。

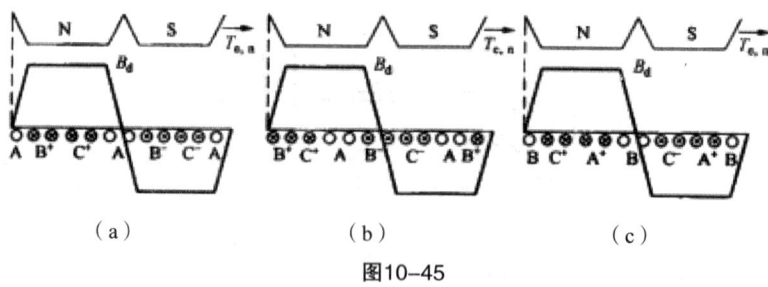

图10-45

第九节　开关磁阻电动机

开关磁阻电动机调速系统兼具直流、交流两类调速系统的优点，是继变频调速系统、无刷直流电动机调速系统之后发展起来的最新一代无级调速系统，是集现代微电子技术、数字技术、电力电子技术及现代电磁理论、设计和制作技术为一体的机电一体化高新技术。

一、开关磁阻电动机系统的组成

开关磁阻电动机系统主要由开关磁阻电动机（SRM）、功率变换器、控制电路、转子位置检测器四大部分组成，系统框图如图 10-46 所示。控制器内包含控制电路与功率变换器，而转子位置检测器则安装在电机的一端，电动机与国产 Y 系列感应电动机同功率、同机座号、同外形。

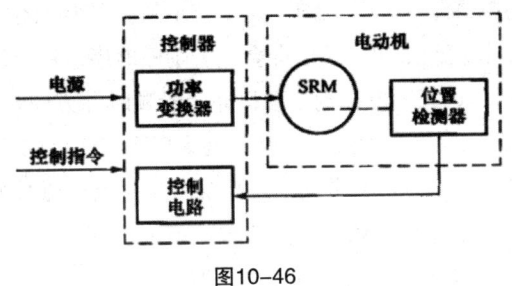

图10-46

开关磁阻电动机系统中的开关磁阻电动机（SRM）是实现机电能量转换的部件，也是有别于其他电动机驱动系统的主要标志。SRM系双凸极可变磁阻电动机，其定、转子的凸极均由普通硅钢片叠压而成。转子既无绕组也无永磁体，定子极上绕有集中绕组，径向相对的两个绕组连接起来，称为"一相"，开关磁阻电动机可以设计成多种不同相数结构，且定、转子的极数有多种不同的搭配。相数多、步距角小，有利于减少转矩脉动，但结构复杂，且主开关器件多，成本高，目前应用较多的是四相（8/6）结构和三相（6/4）结构。

二、开关磁阻电动机的工作原理

图10-47示出四相（8/6）结构开关磁阻电动机原理图。为简单计，图中只画出A相绕组及其供电电路。电动机的运行原理遵循"磁阻最小原理"，即磁通总要沿着磁阻最小的路径闭合，而具有一定形状的铁心在移动到最小磁阻位置时，必使自己的主轴线与磁场的轴线重合。

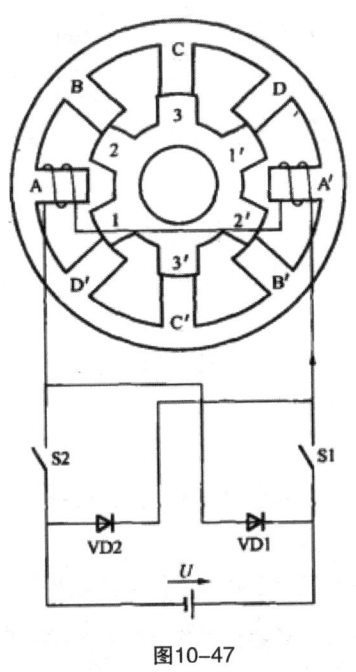

图10-47

在图10-47中,当定子D-D′极励磁时,1-1′向定子轴线D-D′重合的位置转动,并使D相励磁绕组的电感最大。若以图中定、转子所处的相对位置作为起始位置,则依次给D→A→B→C相绕组通电,转子即会逆着励磁顺序以逆时针方向连续旋转;反之,若依次给B→A→D→C相通电,则电动机即会沿顺时针方向转动。可见,开关磁阻电动机的转向与相绕组的电流方向无关,而仅取决于相绕组通电的顺序。另外,从图10-47可以看出,当主开关器件S1、S2导通时,A相绕组从直流电源U吸收电能,而当S1、S2关断时,绕组电流经续流二极管VD1、VD2继续流通,并回馈给电源U。因此,开关磁阻电动机传动的特点是具有再生作用,系统效率高。

由此可见,通过控制加到开关磁阻电动机绕组中电流脉冲的幅值、宽度及其与转子的相对位置(即导通角、关断角),即可控制开关磁阻电动机转矩的大小与方向,这正是开关磁阻电动机调速控制的基本原理。

三、气隙磁场的推进速度和转子转速

开关磁阻电动机的气隙磁场也是一种跃进式磁场。从上面的分析可知,开关磁阻电动机定子绕组完成一个通电循环,气隙磁场向前跃进 m(m 为相数)次,共180°,即 $1/2r$。故功率变换器开关频率(切换频率)为 f_1 时,气隙磁场平均推进速度为 n_1 为

$$n_1 = \frac{1}{2m} f_1 (r/s) = \frac{60 f_1}{m} = \frac{60 f_1}{2m} \ (r/\min)$$

对转子而言,定子绕组完成一个通电循环,即气隙磁场转过 $1/2r$,转子转过 $(1/Z_r)$ 转(与反应式步进电动机相似),故转子转速 n 为

$$n = \frac{2}{Zr} n_1 = \frac{60 f_1}{m Z_r} \ (r/\min)$$

四、开关磁阻电动机的特点

开关磁阻电动机的特点有:

(1)电动机结构简单、成本低、效率高,可用于高速运转

开关磁组电动机的结构比笼型感应电动机还要简单。其突出的优点是转子上没有任何形式的绕组,因此不会有笼型感应电机制造过程中铸造不良和使用过程中的断条等问题。其转子机械强度极高,可以用于超高速运转(如每分钟上万转)。在定子方面,它只有几个集中绕组,因此制造简便、绝缘结构简单。

(2)起动转矩大,起动电流低

特别适合那些需要重载起动、频繁起停及正反向转换运行的机械。

(3)可控参数多,调速性能好

控制开关磁阻电动机的主要运行参数和常用方法至少有四种:相导通角、相关断角、相电流幅值、相绕组电压。可控参数多,意味着控制灵活方便。可以根据对电动机的运行

要求和电动机的情况，采取不同控制方法和参数值 T 既可使之运行于最佳状态（如出力最大、效率最高等），还可使之实现各种不同的功能的特定曲线。

开关磁阻调速电动机的缺点是：

第一，有一定的转矩脉动，转矩和转速的稳定性稍差；

第二，噪声较大，容量较大时噪声问题可能变得十分严重。

开关磁阻调速电动机作为最新一代无级调速系统尚处于深化研究开发、不断完善提高的阶段，其应用领域也在不断拓展之中。

单相异步电动机有两个绕组，主绕组产生的是脉振磁场，不会产生起动转矩，因而起动时需要与副绕组共同使用才能产生旋转磁场，产生起动转矩。单相电动机起动后，即使副绕组断电，电机仍有转矩，使转子继续旋转。

单相异步电动机主要有三种起动方法：电阻分相法，起动转矩较小而起动电流较大；电容分相法，起动转矩较大而起动电流较小。若副绕组起动后继续与主绕组共同运行，则称为电容电动机，功率因数较高，过载能力较强。罩极式电动机起动转矩很小。

伺服电动机分为直流和交流两类。直流伺服电动机就是一台小型他励直流电动机。分电枢控制和励磁控制，常用前者。其机械特性和调节特性都是线性的，其转速与控制电压成正比，但存在死区。

交流伺服电机转子电阻必须较大，以消除自转现象，常用三种控制方法：幅值控制、相位控制和幅相控制。

微型同步电动机分三种：永磁式同步电动机，其转子用永久磁铁制成；反应式同步电动机，其转子由软铁磁材料制成。这两种电动机与一般同步电动机相同，无起动转矩，须在转子上安装起动绕组。磁滞式同步电动机，转子用硬磁材料制成，利用其磁滞作用产生磁滞转矩，可自行起动而不需起动绕组。

步进电动机本质上是一种同步电动机，它能将脉冲信号转换为角位移，每输入一个电脉冲，步进电机就前进一步，其角位移与脉冲数成正比。能实现快速的起动、制动、反转，且有自锁的能力。只要不失步，角位移不存在误差积累的情况。

旋转变压器是一种控制电机，也可看成是可旋转的变压器。旋转变压器按输出电压的不同分为正余弦旋转变压器和线性旋转变压器。正余弦旋转变压器空载时，输出电压是转子转角的正余弦函数，带上负载后，输出电压发生畸变，可用定子补偿和转子补偿纠正畸变。对正余弦旋转变压器线路稍作改接，便可在一定的转角范围内得到输出电压与转角成正比的关系，此时便是一台线性旋转变压器。

自整角机主要有控制式和力矩式两种。控制式自整角机转轴不直接带动负载，而是将失调角转变为与失调角成正弦函数的电压输出，经放大后去控制伺服电动机，以带动从动轴旋转；力矩式自整角机可直接带动不大的轴上负载，可以远距离传递角度。

测速发电机分为直流和交流两种。在恒定的磁场中，直流测速发电机输出的电压与转速成正比，产生误差的因素主要是电枢反应、温度的变化和接触电阻。转速越高、负载电流越大，产生的非线性误差也越大。

交流测速发电机常用空心杯转子。为了减小非线性误差，常用电阻较大的非磁性材料作转子；而制造和加工工艺不佳和材料不均引起的剩余电压误差，可用补偿电路进行有效的补偿。

直线电动机能够产生直线运动，也有交流、直流之分。为了扩大运动范围，通常把初级（或电枢）、次级（或磁极）做成一长一短，为了消除单边磁拉力，通常把直线电机做成双边型。

无刷直流电动机从电动机本身看，它是一台同步电动机，但是如果把它和逆变器、转子位置传感器合起来看，就像是一台直流电动机。无刷直流电动机的转矩、转速表达式也和一般的直流电动机相当。因此，这种电机既具有直流电动机的特性，又具有交流电动机结构简单、运行可靠、维护方便等优点。

开关磁阻电动机是一种定子单边励磁，定、转子均为凸极结构的磁阻电动机。由于定子电流由变频电源供电，电动机必须在特定的连续开关模式下工作，所以通常称为"开关磁阻电动机"。该电动机结构简单、成本低、效率高，可用于高速运转，且起动转矩大，起动电流低。但开关磁阻调速电动机有一定的转矩脉动，噪声较大。目前尚处于深化研究开发、不断完善提高的阶段。

第十节　交流伺服电动机实验

1. 实验目的

第一，熟悉交流伺服电动机的控制原理及控制方法。

第二，求取幅值控制、幅—相控制时，交流伺服电动机的机械特性和调节特性。

2. 实验内容

第一，熟悉由三相电源改变成相位差为 90° 电角度的两相电源的方法。

第二，观察交流伺服电动机无自转现象及改变旋转方向的方法。

第三，熟悉交流伺服电动机的两种控制方法，求取幅值控制，幅—相控制时的调节特性。

3. 实验所用仪器及设备

实验仪器及设备有交流伺服电动机、测功器、单相调压器、转速表或测速仪、交流电压表。

4. 实验线路及实验步骤

第一，幅值控制的交流伺服电动机。

①实验所用两相电源的取得。实验所需的两相交流电压需互差 90° 相位，可通过下

述两种方法得到。

a. 三相四线制交流电源，若一相的相电压 U_A 供交流伺服电动机的一个绕组，则另外两相的线电压 U_{BC} 必滞后 U_A 90° 相位，如图 10-48 所示。U_{BC} 可供交流伺服电动机的另一个绕组，如图 10-49 所示。

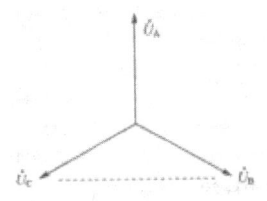

图10-48　实验原理图

b. 可通过移相器移相 90° 后使用，如图 10-50 所示。

②实验线路如图 10-49 或图 10-50 所示。在图 10-49 中，交流伺服电动机的控制绕组与励磁绕组分别通过调压器接电源。在图 10-50 中，交流伺服电动机的励磁绕组，通过调压器和移相器接电源。

③观察交流伺服电动机无自转现象和转向改变现象。

a. 调压器手柄置于零位，合刀闸开关 K_1，旋转调压器 T_1 的手柄，使励磁电压 $U_L=U_{Le}$ 并保持不变。

b. 使交流伺服电动机处于空载状态，靠调节测功器（放松传动绳）可做到。缓慢旋转单相调压器 T_2 手柄使控制电压逐渐增大，电动机转子在任意位置开始连续转动所需的最小控制电压为始动电压，继续加大控制电压，使伺服电动机旋转。

c. 转动单相调压器 T_2 的手柄，使控制电压 U_K 迅速下降到零，或迅速使控制绕组两端开路。此时控制信号消失，观察伺服电动机是否有自转现象。

d. 分别将控制电压 U_K 和励磁电压 U_L 反相，观察电动机的转向。

④测定交流伺服电动机机械特性。

a. 测取 $U_K=U_{Ke}$ 的机械特性。

按图 10-49 或图 10-50 接线。合刀闸 K_1，调节调压器 T_1，使励磁电压 U_L 为额定值保持不变，调节调压器 T_2 增大控制电压 U_K，使 U_K 也为额定值，并保持不变，即 $U_L=U_{Le}$，$U_K=U_{Ke}$ 调节测功器螺栓，放松传动绳，使电动机空载运转，记录空载转速 n_0。调节测功器逐渐增加电动机轴上负载，测取转矩和相应的转速，最后将电动机堵转，测出堵转转矩，共测 5～7 组数据并填入表 10-1 中。

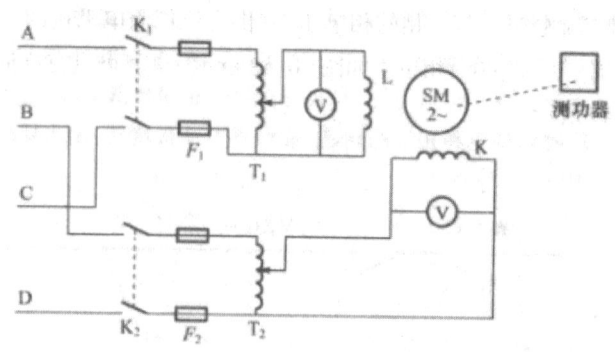

图10-49 试验线路图一

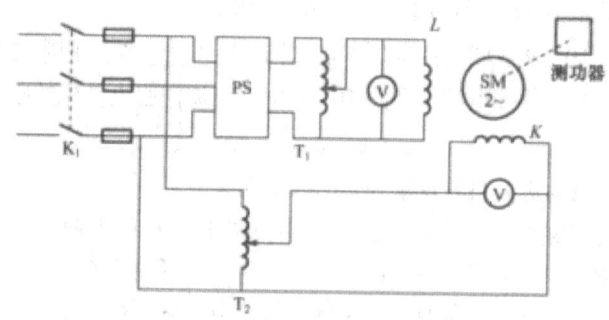

图10-50 实验线路图二

表 10-1 $U_L=$____V, U_K____V

数量 序号	1	2	3	4	5	6	7
$n/$（r/min）							
$M/$（N·min）							

b. 测取 $U_K=0.5U_{Ke}$ 的机械特性。调节单相调压器 T_2，改变控制电压 U_K，使 $U_K=0.5U_{Ke}$，重复上述实验过程，将实验所得的数据填入表10-2中。

表 10-2 $U_L=$____V, U_K____V

数量 序号	1	2	3	4	5	6	7
$n/$（r/min）							
$M/$（N·min）							

⑤测定交流伺服电动机调节特性。

a. 测取空载时的调节特性。接线按图10-49或图10-50进行。励磁电压保持额定值 $U_L=U_{Le}$ 不变，电动机轴上不加负载。在空载情况下，转动 T_2 手柄，调节控制电压。从

$U_K = U_{S0}$（始动电压）开始逐渐增大。在始动电压与额定控制电压之间测取 5～7 组数据。将转速 n 和相应的控制电压 U_K 记录于表 10-3 中。

表 10-3 $M \approx 0$

数量 序号	1	2	3	4	5	6	7
U_K/V							
$n/$（r/min）							

b. 测取负载时的调节特性。调节测功器，使电动机轴上加上一定的负载转矩，并保持不变。重复上述实验过程，即调节 T_2 手柄。此次可使控制电压 U_K 从 $U_K = U_{Ke}$ 逐渐减小，直到不转为止。测取不同 U_K 时对应的转速 n 记录下来，共测取 5～7 组数据。

第二，幅—相控制交流伺服电动机。

①实验线路如图 10-51 所示。

在图中，励磁绕组外串电容器、调压器后接交流电源，控制绕组通过调压器接同一单相交流电源。

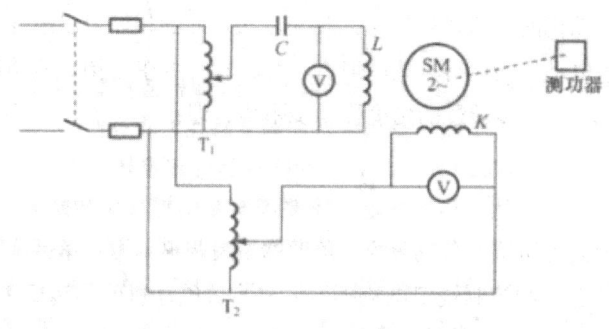

图 10-51 实验线路图三

②实验步骤。

a. 幅值——相位控制时交流伺服电动机，无自转现象和转向改变现象与幅值控制时一样，可按以上所述步骤进行。

b. 测取机械特性和调节特性与以上幅值控制时一样，均可按以上步骤进行。

5. 实验注意事项

第一，单相调压器输出、输入不要接错。

第二，伺服电动机启动以后，可加负载转矩。

6. 实验报告要求

根据实验数据，分别画出两种控制方式下，对应空载和负载两种情况时，交流伺服电动机的调节特性 $n = f(U_k)$。

控制电机通常不作为动力使用，主要用于在控制系统中传递信号和转换信号，把机械信号转换成电信号，或者把电信号转换成机械信号。因此，对它的要求是准确、快速、可靠、重量轻和体积小。

直流伺服电机是小型直流电动机，将直流电压转换成转速，多采用电枢控制法。具有线性的特性，转速与控制电压成正比，控制信号小时有"死区"，"死区"的大小与摩擦有关。运行时电刷下可能产生火花，干扰系统工作。

交流伺服电机是小型异步电机，有3种控制方法，即幅值控制、相位控制、幅—相控制。为了消除自转，转子有较大的电阻。机械特性和调节特性为非线性的。

测速电机分为直流和交流两种。直流测速电机是将转速转换成直流电信号，在磁通恒定时，输出电压与转速成正比。影响精度的主要因素是电枢反应和换向元件电流的去磁作用，温度变化的影响也较显著。负载电流过大和转速过高都会影响输出特性的线性度。

交流测速电机是将转速转换成交流电信号，小型的多做成杯形转子，转子静止时产生变压器电动势，无交轴磁场，输出电压为零；旋转时，转子产生旋转电动势，产生交轴磁场与输出绕组相链，输出电压与转速成正比。由于加工的误差和转子缺陷会产生零位电压，可用补偿电路补偿。

步进电动机是将电脉冲信号转换为角位移或线位移的电动机，通过控制输入脉冲的个数和频率控制步进电动机的位移量和转速，改变输入脉冲的相序可以改变$进电动机的转向。三相反应式步进电动机的运行方式一般有3种，即三相单三拍、三相双三拍和三相六拍。步进电动机的转子每一步转过的角度称为步距角，即：

$$\theta_b = \frac{360°}{z_r N}$$

步进电动机转子偏离初始平衡位置的电角度称为失调角，用 θ_e 表示。

在不改变通电状态，即控制绕组电流不变时，步进电动机的静转矩 T_{em} 与转子失调角 θ_e 的关系 $T_{em}=f(T_{em})$ 称为转角特性。步进电动机的动态转矩和脉冲频率的关系称为矩频特性。

电源对步进电机的性能影响很大，改进电源可提高步进电机的性能指标。

旋转变压器有正、余弦旋转变压器和线性旋转变压器两种。正、余弦旋转变压器有负载后，由于出现交轴磁场，使输出电压畸变，可采用定子补偿和转子补偿法消除交轴磁势。改变正余弦旋转变压器的接线，可在一定转角的范围内使输出电压与转角成正比，得到线性旋转变压器。

习 题

1. 如何改变电容分相式单相异步电动机的转向？
2. 一台直流伺服电动机带动一恒转矩负载（负载阻转矩不变），测得始动电压为 4V，当电枢电压 U_a=50V 时，其转速为 1500 r/min。若要求转速达到 3000 r/min，试问要加多大的电枢电压？

3. 什么叫自转现象？如何消除交流伺服电动机的自转现象？

4. 当微型同步电动机的负载变化时，转速变化吗？

5. 为什么磁滞转矩在异步状态时是不变的，而在同步状态时却是可变的？

6. 磁滞同步电动机最突出的优点是什么？

7. 反应式步进电动机的步距角与齿数有何关系？

8. 步进电机技术数据中标的步距角有时为两个数，如步距 1.5°/3°，试问这是什么意思？

9. 接上负载后，正、余弦旋转变压器输出电压有何变化？怎样消除？

10. 力矩式自整角机与控制式自整角机控制方式有何不同？转子的协调位置有何不同？

11. 什么叫比整步转矩？什么叫比电压？

12. 为什么直流测速机的转速不得超过规定的最高转速？负载电阻不能小于规定值？

13. 直流测速发电机的误差主要有哪些？如何消除或减弱？

14. 转子不动时，交流异步测速发电机为何没有电压输出？转动时，为何输出电压值与转速成正比，但频率却与转速无关？

15. 交流异步测速发电机剩余电压是如何产生的？怎样消除或减小？

16. 直线电动机为何总是采用"双边型"而不用单边型？

17. 有一台用作地面运输用的直线感应电动机，定子为铺设在地上展成平面的笼型轨道，动子为装有 20 极、极距为 20cm 的展开式三相绕组的小车。设动子由 50Hz 的电源通过滑动接触供电，试求：

第一，该机的同步线速度 v_1（km/h）；

第二，若转差率为 4%，试求定子内感应电流的频率 f_2 和动子的运行速度 v；

第三，如果要使动子的运行速度超过 75km/h，有何方法？

第四，如果改变动子的运行方向，有何方法？

18. 将无刷直流电动机与永磁式同步电动机及直流电动机作比较，分析它们之间有哪些相同和不同点。

19. 试述开关磁阻电动机的工作原理。

参考文献

[1] 陈媛主编. 电机与拖动基础 [M]. 武汉：华中科技大学出版社. 2015.

[2] 甘世红，林叶春主编. 船舶电机与拖动基础 [M]. 上海：上海浦江教育出版社. 2015.

[3] 刘永华，张卫华主编. 电机与拖动技术基础 [M]. 北京：北京航空航天大学出版社. 2015.

[4] 张明霞，顾亭亭主编. 电机学实验指导 [M]. 北京：海洋出版社. 2015.

[5] 宋合志主编. 高职高专精品课系列电力拖动与变频器应用 [M]. 上海：复旦大学出版社. 2015.

[6] 郑申白著. 板带连轧图形模块系统仿真 [M]. 北京：冶金工业出版社. 2015.

[7] 金秀慧，孙如军主编. 自动化专业课程实验指导书 [M]. 北京：冶金工业出版社. 2015.

[8] 林叶春主编. 船舶电气及控制系统 [M]. 上海：上海交通大学出版社. 2015.

[9] 高钦和编著. 机电检测与控制 [M]. 北京：北京航空航天大学出版社. 2015.

[10] 张金中，高雷雷主编. 高等学校教材机械设计学 [M]. 东营：中国石油大学出版社. 2015.

[11] 方大千，方成，方立编著. 电子电路图集精华本 [M]. 北京：化学工业出版社 .2015.

[12] 高红，宋静，曹春华. 电气实验第 2 版 [M]. 东营：中国石油大学出版社. 2015.

[13] 安智勇主编. 电机与拖动技术基础 [M]. 北京：中国铁道出版社. 2015.

[14] 刘锦波，张承慧编著. 电机与拖动第 2 版 [M]. 北京：清华大学出版社. 2015.

[15] 方大千编著. 电工控制电路图集精华本 [M]. 北京：化学工业出版社. 2015.

[16]（加）威尔迪著. 电机、拖动及电力系统原书第 6 版 [M]. 北京：机械工业出版社. 2015.

[17] 许娅，王志勇主编. 电机与拖动 [M]. 北京：中国水利水电出版社. 2015.

[18] 孙余凯编著. 无师自通系列书变频器选型、安装与维修 [M]. 北京：中国电力出版社. 2015.

[19] 许春香，员莹主编. 电机与推动技术 [M]. 郑州：河南科学技术出版社. 2015.

[20] 黄宁，刘正英主编. 电工基础及应用、电机拖动与继电器控制技术实验指导 [M]. 北京：冶金工业出版社. 2015.

[21] 张晶，郑立平主编. 电机与拖动技术实训篇 [M]. 大连：大连理工大学出版社 .2015.

[22] 徐建俊. 电机拖动与控制 [M]. 北京：高等教育出版社. 2015.

[23] 金续曾主编. 电机电气控制系统与线路图集上 [M]. 北京：中国水利水电出版社. 2015.

[24] 孙克军主编. 维修电工技术问答 [M]. 北京：中国电力出版社. 2015.

[25] 刘丽杰主编. 电机与电气控制技术 [M]. 北京：煤炭工业出版社. 2015.

[26] 崔皆凡主编. 电机拖动应用技术 [M]. 北京：中央广播电视大学出版社. 2015.

[27] 张伯龙主编. 轻松掌握维修电工技能 [M]. 北京：化学工业出版社. 2015.

[28] 徐建俊，居海清主编. 电机与电气控制项目教程 [M]. 北京：机械工业出版社 .2015.

[29] 金续曾主编. 电机电气控制系统与线路图集下 [M]. 北京：中国水利水电出版社. 2015.

[30] 郑申白，冯磊，张荣华编著. 轧制检测与自动化控制技术 [M]. 北京：化学工业出版社. 2015.

[31] 赵利主编. 电机与拖动基础 [M]. 北京：化学工业出版社. 2015.

[32] 魏金莲主编. 电机及拖动基础 [M]. 北京：煤炭工业出版社. 2015.

[33] 徐胜军主编. 电机与拖动基础 [M]. 北京：机械工业出版社. 2015.

[34] 岑盈盈，朱建华主编. 电工电子实训教程 [M]. 北京：电子工业出版社. 2015.

[35] 洪乃刚编著. 电机运动控制系统 [M]. 北京：机械工业出版社. 2015.

[36] 修春波，陈亚光主编；李红利，成怡编写；张宇河主审. "十三五"普通高等教育本科规划教材电机及拖动基础 [M]. 北京：中国电力出版社. 2015.

[37] 孙旭清，刘学义. 电机与拖动基础 [M]. 成都：电子科技大学出版社. 2016.

[38] 王步来，张海刚，陈岚萍主编. 电机与拖动基础 [M]. 西安：西安电子科技大学出版社. 2016.

[39] 王新掌，朱军主编；魏平俊主审. 电机与拖动 [M]. 成都：电子科技大学出版社.

2016.

[40] 刘翠玲,孙晓荣,于家斌编著.面向"十三五"高等教育规划教材电机与拖动[M].北京:北京理工大学出版社. 2016.

[41] 刘韦，朱绍伟主编．机电一体化综合实验实践教程 [M]．北京：海洋出版社. 2016.

[42] 金余义，刘鹏厚主编．电工电子技术综合实验教程 [M]．北京：北京理工大学出版社．2016.

[43] 王爱玲，王俊元，马维金，彭彬彬．现代数控机床伺服及检测技术第 4 版 [M]．北京：国防工业出版社．2016.

[44] 黄灿英，陈艳，许仙明主编．电气控制与 PLC 控制应用 [M]．重庆：重庆大学出版社．2016.

[45] 曹弋主编．MATLAB 在电类专业课程中的应用教程及实训 [M]．北京：机械工业出版社．2016.

[46] 刘学军，孙玉梅主编．电机与拖动基础学习指导 [M]．北京：中国电力出版社．2016.

[47] 陈勇，罗萍，向敏著．工业和信息化普通高等教育"十二五"规划教材立项项目电力拖动与控制 [M]．北京：人民邮电出版社．2016.

[48] 孙克军主编．电工手册 [M]．北京：化学工业出版社．2016.

[49] 汤天浩主编．电机及拖动基础 [M]．北京：机械工业出版社．2016.

[50] 谷中平，王泰华主编；刘宁，田志东副主编．电机及拖动基础 [M]．长春：吉林大学出版社．2016.

[51] 孙建忠，刘凤春主编．电机与拖动 [M]．北京：机械工业出版社．2016.

[52] 刘学军编著. 电机与拖动基础 [M]. 北京：中国电力出版社. 2016.

[53] 刘景峰主编. 中等职业教育国家规划教材电机与拖动基础第 3 版 [M]. 北京：中国电力出版社. 2016.

[54] 顾春雷，陈中，陈冲著. 电力拖动自动控制系统与 MATLAB 仿真 [M]. 北京：清华大学出版社. 2016.

[55] 孙克军主编. 电工计算入门 [M]. 北京：中国电力出版社. 2016.

[56] 贾晓兰主编；孙德军，刘堃副主编. 维修电工 500 问 [M]. 北京：化学工业出版社. 2016.

[57] 岳耀虎，黄秀勇，周海城主编. 电机学 [M]. 天津：天津科学技术出版社. 2016.

[58] 宋强，李中琴主编. 电机与拖动基础 [M]. 西安：西安交通大学出版社. 2016.

[59] 张振文主编. 电动机控制电路识图 200 例 [M]. 北京：化学工业出版社. 2016.

[60] 张晓江，顾绳谷主编. 电机及拖动基础上 [M]. 北京：机械工业出版社. 2016.

[61] 邹建华主编. 电机与拖动技术 [M]. 西安：西安电子科技大学出版社. 2016.

[62] 陈志新. 注册电气工程师执业资格考试专业基础辅导教程 [M]. 北京：中国电力出版社. 2016.

[63] 彭鸿才，边春元主编. 电机原理及拖动 [M]. 北京：机械工业出版社. 2016.

[64] 李克军主编；杨征，马丽副主编. 简明电工手册第 2 版 [M]. 北京：化学工业出版社. 2016.

[65] 张晓江，顾绳谷主编. 电机及拖动基础下 [M]. 北京：机械工业出版社.

2016.

[66] 姚玉钦，雷慧杰主编．电机与拖动基础[M]．北京：科学出版社．2016．

[67] 王岩，曹李民编．电机与拖动基础学习指导第4版[M]．北京：清华大学出版社．2016．

[68] 电机与拖动基础（少学时）思考题与习题解答[M]．北京：高等教育出版社．2016．

[69] 周定颐．电机及电力拖动第4版[M]．北京：机械工业出版社．2016．

[70] 邵世凡．应用型本科自动化专业规划教材电机与拖动第2版[M]．杭州：浙江大学出版社．2016．

[71] 陈勇，罗萍，向敏著．电力拖动与控制工业和信息化普通高等教育"十二五"规划教材立项项目[M]．北京：人民邮电出版社．2016．

[72] 郭宝忠，沈华编．电梯控制原理与调试技术[M]．北京：中国水利水电出版社．2016．

[73] 尤海峰，尤晓萍主编．电工工艺技能实训[M]．北京：中国水利水电出版社．2016．

[74] 张燕宾著．张燕宾电工实践[M]．北京：机械工业出版社．2016．

[75] 中国航空规划设计研究总院有限公司组编．工业与民用供配电设计手册上第4版[M]．北京：中国电力出版社．2016．

[76] 范国伟主编．电机与拖动基础[M]．北京：北京师范大学出版社．2016．

[77] 白皓然著．电机与拖动基础第2版[M]．北京：北京航空航天大学出版社．2017．

[78] 魏立明著．电机拖动基础与仿真应用[M]．北京：北京理工大学出版社．2017．

[79] 杨德志，陈雷平主编. 电机及拖动基础实验指导 [M]. 长沙：湖南大学出版社．2017.

[80] 张家生，邵虹君，郭峰著. 电机原理与拖动基础第 3 版 [M]. 北京：北京邮电大学出版社．2017.

[81] 梁文涛，聂玲，刘兴华主编；苑尚尊主审. 电气设备装调综合训练教程 [M]. 重庆：重庆大学出版社．2017.

[82] 孟宪芳著. 高职高专机电及电气类专业"十三五"规划教材电机及拖动基础第 3 版 [M]. 西安：西安电子科技大学出版社．2017.

[83] 单文培. 常用电气设备故障诊断与处理 600 例 [M]. 北京：中国电力出版社．2017.

[84] 胡幸鸣. 教育部高职高专规划教材电机及拖动基础第 3 版 [M]. 北京：机械工业出版社．2017.

[85] 汤天浩，谢卫著. 电机与拖动基础第 3 版 [M]. 北京：机械工业出版社．2017.

[86] 王艳秋；刘寅生主编. 21 世纪高等院校电气工程与自动化规划教材电机及电力拖动基础 [M]. 北京：化学工业出版社．2017.

[87] 陈众著. 电机模型分析及拖动仿真基于 MATLAB 的现代方法 [M]. 北京：清华大学出版社．2017.

[88] 刘爱民，倪元相编. 电机与拖动技术第 2 版 [M]. 大连：大连理工大学出版社．2017.

[89] 蔡黎，邱刚，任红卫主编. 电机拖动教程 [M]. 西安：西北工业大学出版社．2017.

[90] 李元庆著．"十三五"职业教育规划教材电机技术 [M]．北京：中国电力出版社．2017．

[91] 宋强主编．电机与拖动 [M]．北京：北京出版社．2017．

[92] 刘慧娟．电气传动与调速系统 [M]．北京：中央广播电视大学出版社．2017．

[93] 许翏著．电机与电气控制技术第 2 版 [M]．北京：机械工业出版社．2017．

[94] 于文波，富强著．"十三五"普通高等教育规划教材电工与电机实验技术 [M]．北京：中国电力出版社．2017．

[95] 王海文，葛敏娜，王楠主编．电机与拖动 [M]．武汉：华中科技大学出版社．2018．

[96] 庞丽芹．电机与电气控制项目化教程 [M]．北京：机械工业出版社．2018．

[97] 单海欧，王立岩，刘权中，王天施．电机与拖动基础 [M]．北京：机械工业出版社．2018．

[98] 赵振宁，侯丽春编著．汽车电工电子与电力电子基础 [M]．北京：机械工业出版社．2018．

[99] 张晶，郑立平．高职高专电机与拖动技术实训篇第 5 版 [M]．大连：大连理工大学出版社．2018．

[100] 尹湛华，罗庚兴主编．维修电工 [M]．北京：北京师范大学出版社．2018．

[101] 许庭春，李凯，许媛媛主编．渔船电气轮机长、管轮 [M]．大连：大连海事大学出版社．2018．

[102] 程真启，高峰．船舶电机与电气控制系统 [M]．大连：大连海事大学出版社．2018．

[103] 何澍炜，陈仕臣，李琦主编．电机与拖动基础 [M]．成都：电子科技大学出

版社．2018.

[104] 莫莉萍．电机与拖动基础项目化教程 [M]．北京：电子工业出版社．2018.

[105] 张晶，郑立平，王文一．"十二五"职业教育国家规划教材高职高专电机与拖动技术基础篇第 5 版 [M]．大连：大连理工大学出版社．2018.

[106] 汤天浩，谢卫著；陈伯时，李杰仁主审．电机与拖动基础第 3 版 [M]．北京：机械工业出版社．2018.

[107] 李卫，罗辉红，黄春勇主编．新能源汽车电力电子 [M]．北京：中国发展出版社．2018.

[108] 单海欧，刘权中，王立岩著．电机与拖动基础学习指导与习题解答 [M]．北京：机械工业出版社．2018.

[109] 周渊深．"十三五"普通高等教育本科规划教材工程教育创新系列教材基于 MATLAB 的电气控制系统图形化仿真技术 [M]．北京：中国电力出版社．2018.

[110] 刘启新主编；盛国良，张丽华，祁增慧副主编．"十三五"普通高等教育本科规划教材江苏省高等学校重点教材电机与拖动基础第 4 版 [M]．北京：中国电力出版社．2018.

[111] 刘江彩主编；张新岭，石利云副主编．电机与电气控制 [M]．北京：化学工业出版社．2018.

[112] 刘小春，张蕾主编．电机与拖动第 2 版 [M]．北京：人民邮电出版社．2018.

[113] 王皓天，黄俊梅主编．电机与 PLC 控制技术 [M]．西安：西安电子科技大学出版社．2019.

[114] 许晓峰主编．电机及拖动 [M]．北京：高等教育出版社．2019.

[115] 王慧丽，刘江主编. 电工电子技术基础 [M]. 北京：机械工业出版社. 2019.

[116] 王伟平主编. 电机及拖动基础实验指导书 [M]. 北京：中国电力出版社. 2019.